ERGONOMICS

普通高等教育规划教材

人体工程学

殷陈君 主编 ｜ 王璞 晋海燕 副主编

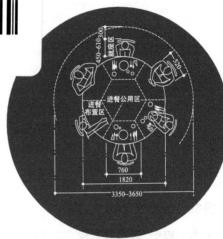

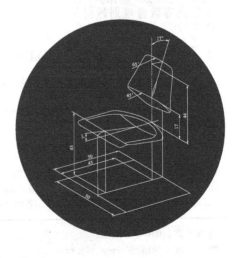

化学工业出版社

·北京·

本书以"人-机-环境"系统中人体尺度与机器、人体尺度与空间环境之间的关系为主线，全面系统地阐述了人体工程学的概念、内容、方法和应用。本书在编写过程中注重理论与实践相结合，突出了教材的实用性。全书共分8章，分别介绍了人体工程学的概念、人体尺寸及应用、显示装置设计、操纵装置设计、工作空间设计、建筑室内外环境中的人机因素、视觉传达设计与人体工程学，以及无障碍化设计等方面的基本知识与应用。

本书为高等院校艺术设计类专业，如产品设计、环境设计、视觉传达设计、风景园林、建筑学等本科专业的主干学科基础课程教材，也可作为从事产品造型设计、室内外环境设计等设计人员的学习参考用书。

图书在版编目（CIP）数据

人体工程学/殷陈君主编 . —北京：化学工业出版社，
2014.6（2020.5重印）
普通高等教育规划教材
ISBN 978-7-122-20282-6

Ⅰ.①人… Ⅱ.①殷… Ⅲ.①工效学-教材 Ⅳ.TB18

中国版本图书馆 CIP 数据核字（2014）第 068941 号

责任编辑：王文峡　　　　　　　　　　　文字编辑：王新辉
责任校对：吴　静　　　　　　　　　　　装帧设计：尹琳琳

出版发行：化学工业出版社（北京市东城区青年湖南街 13 号　邮政编码 100011）
印　　装：北京七彩京通数码快印有限公司
787mm×1092mm　1/16　印张 18　字数 478 千字　2020 年 5 月北京第 1 版第 4 次印刷

购书咨询：010-64518888　　　　　售后服务：010-64518899
网　　址：http://www.cip.com.cn
凡购买本书，如有缺损质量问题，本社销售中心负责调换。

定　　价：49.00 元

前　言

随着 21 世纪我国建设进程的加快，特别是经济的全球化大发展和我国加入 WTO 以来，我国对从事艺术设计类相关工作的复合型高级专门人才的需求逐渐扩大，而这种扩大又主要体现在对应用型人才的需求上。这使得高校艺术设计类学科专业人才的教育培养面临新的挑战与机遇。本书是在总结以往教学经验、研究成果和参阅大量有关文献资料的基础上编写的，主要突出以下几个特点。

（1）专业的融合性　　根据国家提出的"宽口径、厚基础"的高等教育办学思想，本书按照该专业指导委员会制定的平台课程的结构体系方案来规划配套。编写时注意不同的平台课程之间的交叉、融合，不仅有利于形成全面完整的教学体系，同时又可以满足不同类型、不同专业背景的院校开办艺术设计类学科专业的教学需要。

（2）知识的系统性和完整性　　因为产品设计、环境艺术设计、视觉传达设计等专业人才是在国内外从事相关艺术与技术相结合的工作，同时可能是在政府、教学和科研单位从事教学、科研和管理工作的复合型高级专门人才，所以本书所包含的知识点较全面地覆盖了不同行业工作实践中需要掌握的人体工程学方面的基础知识，同时在组织和设计上也考虑了与相邻学科有关课程的关联与衔接。

（3）内容的实用性　　本书遵循教学规律，避免大量理论问题的分析和讨论，提高可操作性和实践性，特别是紧密结合了设计与应用的内容，与后续学习本专业系列设计课程的要求相吻合，并通过具体的案例练习，使学生能够在本专业领域获得系统深入的专业知识和基本技能。

（4）教材的创新性与时效性　　本书及时地反映了人体工程学基础理论与实践知识的更新，将本学科最新的创意思维、标准和规范纳入教学内容。

本书充分考虑了艺术设计类专业学科学生的知识结构以及相关专业水平，力求简明扼要、浅显易懂，注重基本概念及实际操作的要求，划定了基本的知识范围。为了有利于教学工作的开展，结合案例，以方便教学。

本书由天津城建大学殷陈君主编，天津城建大学王璞和晋海燕担任副主编，参加编写的还有天津城建大学张文举和宋钢，具体编写分工如下：张文举编写第 1 章，殷陈君编写第 2 章、第 5 章和第 8 章，王璞编写第 3 章和第 4 章，宋钢编写第 6 章，晋海燕编写第 7 章，最后由殷陈君进行统稿。

特别感谢天津城建大学尚金凯教授在百忙之中对本书进行审校，并提出建设性的宝贵意见。

由于时间匆忙，专业水平有限，本书内容存在不足之处，希望广大读者提出宝贵意见，以便再版时不断完善。

编　者
2014 年 4 月

目　录

1 绪 论

1.1 人体工程学概述

1.1.1 人体工程学的基本概念和定义

人体工程学是研究"人-机-环境"系统中人、机、环境三大要素之间的关系，为解决该系统中人的效能、健康问题提供理论与方法的科学。这个定义有下面几个重点。

（1）在人、机、环境三个要素中，"人"是指作业者或使用者，人的心理特征、生理特征以及人适应机器和环境的能力都是重要的研究课题。"机"是指机器，但其较一般技术术语的意义要广得多，包括人操作和使用的一切产品和工程系统。怎样才能设计出满足人的要求、符合人的特点的机器产品，是人体工程学探讨的重要问题。"环境"是指人们工作和生活的环境，这包括声音、照明、气温等环境因素以及无处不在的社会文化，它们对人的工作和生活的影响，是人体工程学研究的主要对象。

（2）"系统"是人体工程学最重要的概念和思想。人体工程学的特点是，它不是孤立地研究人、机、环境这三个要素，而是从系统的总体高度，将它们看成是一个相互作用、相互依存的系统。"系统"即由相互作用和相互依赖的若干组成部分结合成的具有特定功能的有机整体。人体工程学讨论的"人机系统"具有人和机两个组成部分，它们通过显示仪、控制器以及人的感知系统和运动系统相互作用、相互依赖，从而完成某一个特定的生产过程。

（3）"效能"主要是指人的作业效能，即人按照一定要求完成某项作业时所表现出的效率和成绩。工人的作业效能由其工作效率和产量来测量。一个人的效能决定于工作性质、人的能力、工具和工作方法，决定于人、机、环境三个要素之间的关系是否得到妥善处理。

（4）"健康"包括身心健康和安全。近几十年来，人的心理健康受到广泛重视。心理因素能直接影响生理健康和作业效能，因此，人体工程学不仅要研究某些因素对人的生理损害，如强噪声对听觉系统的直接损伤，而且要研究这些因素对人的心理损害，如有的噪声虽不会直接伤害人的听觉，却造成心理干扰，引起人的应激反应。安全是与事故密切相关的概念。事故一般是指发生概率较小的事件，研究事故主要是分析造成事故的原因，人体工程学着重研究造成事故的人为因素。

（5）"舒适"就是要使工作者、生活者和操作者觉得满意和舒适。当然，这是人体工程学的更高要求，因为不安全的、不健康的环境肯定是不令人满意和舒适的。在美国本学科称为"Human Engineering"（人机工程学）、"Human Factors Engineering"（人的因素工程学），在英国称为"Ergonomics"（人类工效学），有许多国家也引用英国的学科名称。我们来考察一下"Ergonomics"一词的词源，该词是由希腊词根"ergon"（即工作、劳动）和"nomos"（即规律、规则、法规、学问、研究等意思）复合而成的，其本义为人的工作法则，或工作的学问，是研究如何在工作中省力、省事、安全、正确的学问。

由于该词能够较全面地反映本学科的本质，词义能保持中立性，不显露它对各组成学科的亲密和间疏，又源自希腊文，便于各国语言翻译上的统一，因此，目前较多国家采用"Ergonomics"一词作为该学科的命名。

2000 年之前，国际人机工程学学会对人机工程学的定义如下：人机工程学是研究各种工作环境中人的因素，研究人和机械与环境的相互作用，研究工作中、生活中的休闲时怎样考虑工作效率、人的健康、安全、舒适等问题的学科。

2000 年 8 月，国际人机工程学学会对人机工程学重新定义如下：人机工程学是研究人与系统中其他因素之间的相互作用，以及应用相关理论、原理、数据和方法来设计以达到优化人类和系统效能的学科。人机工程学的工作任务旨在设计与评估任务、工作、产品、环境和系统，使之满足人类的能力、限度和需要。

而建筑、环境艺术设计界越来越喜欢采用人体工程学或简称人体工学。它首先基于一种理念，把使用产品的人作为产品设计的出发点，要求产品的外形、色彩、性能等都要围绕人的生理、心理特点来设计。其知识基础来源于工程心理学、人体测量学、预防医学、技术美学等。然后是整理形成的设计技术，包括设计准则和标准等。这些设计技术再和特定领域的其他设计技术及制造技术相结合，就形成了符合人体工学的产品，这些产品让使用者更健康、高效、愉快地工作和生活。

所以，Chapanis 关于人因工程学的说法完全适合人体工程学，即"人体工程学是将人类因素学知识应用到工具、机械、系统、作业、工作和环境等的设计中去，使之安全、舒适与有效使用的一门应用学科"。

了解了上述几个基本概念以后，就能更好地理解关于人体工程学的定义。另外，我们还应掌握两点：

第一，人体工程学是在人与机器、人与环境不协调，甚至存在严重矛盾的这样一个历史条件下逐步形成建立起来的，而且还在不断发展；

第二，人体工程学研究的重点是人、机、环境系统之间的交互关系，所以人体工程学就是对人、家具、设施、空间和环境系统的研究，以优化人的生活和生产环境，适合人的身心活动要求。安全、健康、高效和舒适是这个系统优化的四个目标。

人体工程学的应用涉及环境和建筑、室内设计、工业设计的各个方面，从座椅、课桌、卧具、沙发、厨具到服装、运动鞋、牙刷，到汽车驾驶室、电站控制室、宇航员座舱，处处离不开人体工程学。有的时候，设计者无需专门的知识，也会根据亲身体验和常识自觉遵循，而有的时候，设计者则可能对使用者的需求特点难以把握或者视而不见，既影响产品使用的效能，也会在竞争中处于劣势，使设计最终走向失败。

从设计角度来说，人体工程学主要通过对人、家具、设施、空间和环境系统的研究，提高设计人员对该系统的正确认识，使设计人员在设计中利用人体工程学的知识，主动创造安全、健康、高效和舒适的工作和生活环境。具体来说，人体工程学可以为设计提供以下指导：

① 为确定活动空间范围提供设计依据；

② 为家具设计提供依据；

③ 为环境系统的优化提供设计依据；

④ 使设计中考虑对事故的预防；

⑤ 为重要类型（如住宅、办公室和学校等）的环境设计提供人体工程学理念和设计指导；

⑥ 为弱势群体的环境和设施设计提供设计依据。

人体工程学是一门关于人、机、环境的协调关系的科学，是一系列的知识基础和研究方法，其知识基础来源于工程心理学、预防医学、技术美学、人体测量学等，其研究方法包括自然观察、访谈和问卷调查、现场或实验室的对照比较和测试、有关的统计分析等；然后是整理形成的设计技术，包括设计准则、标准、计算机辅助设计软件等；这些设计技术再和特定领域

的其他设计技术及制造技术相结合，就形成符合人体工学的产品，这些产品让使用者更舒适、安全、高效地工作和生活。

人体工程学是一门多学科的交叉学科，研究的核心问题是不同的作业中人、机器及环境三者间的协调，研究方法和评价手段涉及心理学、生理学、医学、人体测量学、美学和工程技术的多个领域，研究的目的则是通过各学科知识的应用，来指导工作器具、工作方式和工作环境的设计和改造，使得作业在效率、安全、健康、舒适等几个方面的特性得以提高。

人体工程学从不同的学科、不同的领域发源，又面向更广泛领域的研究和应用，是因为人机环境问题是人类生产和生活中普遍性的问题。其发源学科和地域的不同，也引起了学科名称长期的多样并存，在英语中，主要有 Ergonomics（欧洲）、Human Engineering（美国）等，在汉语中，则还有"人类工效学"、"人类工程学"和"人体工学"。我国一般把"人类工效学"作为这个学科的标准名称，比较起来，前者指明人类和工效的研究是学科的主要内容，但后者更能抓住问题的核心在于人机关系，也更适合学科目的的丰富内涵。

人体工程学的应用领域有电话、电传、计算机控制台、数据处理系统、高速公路信号、汽车、航空、航海、现代化医院、环境保护、教育等，人体工程学甚至可用于大规模社会系统。

1.1.2 人体工程学的研究对象和目的

1.1.2.1 人体工程学的研究内容

（1）人与产品关系的设计 在人与产品关系中，作为主体的人，既是自然的人，也是社会的人。在人的自然因素方面的研究内容有人体形态特征参数、人的感知特性、人的反应特性、人在工作和生活中的生理特征和心理特征等。在人的社会因素方面的研究内容有人在工作和生活中的社会行为、价值观念、伦理道德、风俗习惯等，目的是解决机器设施、工具、作业、场所以及各种用具的设计如何适应人的各方面特征，为使用者创造安全、舒适、健康、高效的工作条件。

（2）人机系统的整体设计 人机系统设计的目的就是创造最优的人机关系、最佳的系统效益、最舒适的工作环境，充分发挥人、机各自的特点，取长补短、相互协调、相互配合。如何合理分配人与机在系统功能以及人机间有效传递信息是系统整体设计的基本问题。

（3）工作场所和信息传递装置的设计 工作场所设计得是否宜人，将对人的舒适、健康和工作效率产生直接的影响。工作场所设计一般包括作业空间设计、作业场所的总体布置、工作台或操纵台设计、座椅设计、工具设计等，工作场所设计的研究目的是保证工作场所适合操作者的作业目的，工作环境符合人的特点，使人在工作过程中健康不会受到损害，高效而又舒适地完成工作。

（4）环境控制和安全保护设计 人机工程学研究环境因素，如温度、湿度、照明、噪声、振动、粉尘、有害气体、辐射等对作业过程和健康的影响；研究控制、改良环境条件的措施和方法，为操作者创造安全、健康、舒适的工作空间。人机系统设计的首要任务应该是保护操作者的人身安全，要求在产品的设计过程中，研究产生不安全的因素时，如何采取预防措施。这方面的内容包括防护装置、保险装置、冗余性设计、防止人为失误装置、事故控制方法、救援方法、安全保护措施等。

1.1.2.2 人体工程学的研究方法

（1）自然观察法 自然观察法是研究者通过观察和记录自然情境下发生的现象来认识研究对象的一种方法。观察法是有目的、有计划的科学观察，是在不影响事件的情况下进行的。

（2）实测法 这是一种借实验仪器进行实际测量的方法，也是一种比较普遍使用的方法。

（3）实验法 实验法是当实测法受到限制时所选择的实验方法。实验可以在作业现场进行，也可以在实验室进行。

（4）分析方法　美国人类工程专家亨利·威尔（Henry Well）对人机系统的分析和评价提出的方法如图1.1所示。

（5）计算机辅助研究　随着计算机技术和数字技术的发展，在数字环境中建立人体模型成为可能，可利用人体模型模仿人的特征和行为，描述人体尺度、形态和人的心理（如疲劳等）。

数字人体模型可以使产品设计与产品的人机分析过程可视化，对于产品设计师和人机工程学专家来说，数字人体模型具有以下优点：

① 它能使产品的变数在设计的早期得到了解，且易获取这些变化的发展趋势；

② 它可以控制产品的特性，即依人的特性决定产品的功能参数；

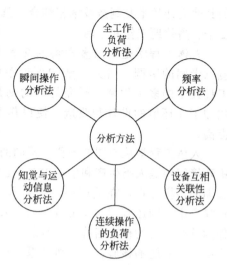

图1.1　人机系统的分析和评价方法

③ 可以用人的数字模型进行产品的安全测试。随着虚拟现实技术的发展，完全虚拟人与产品各种参数的技术逐步走向成熟，因此计算机辅助人机研究将会进一步深入。

1.1.2.3　人体工程学的研究目的

在前面讨论过人体工程学的研究目标是创造健康、安全、舒适、协调的人-机-环境系统，其目的就在于让工作状态、工作条件和工作人员的活动之间的关系得到协调。这样的目的是很明确的，但是这却不是那么容易就能达到的。因为虽然人类本身是有弹性和适应性的，而且个体之间的差异性还是非常大的，有一些差异，如体型、力量大小是非常明显且可以测得的，但是，有一些差异，如文化差异、经验差异或操作技术好坏就不是那么容易就可以定义出来的。所以，最后的结果通常是工作人员用不好的方式，或是在不好的环境之下工作了好几年。因此，建立一个系统性的方法是必要的，在一个完整的系统概念之中，会设定一些可以测量的目标，然后了解这些目标的完成情况，以此作为设计产品的依据。

1.2　人体工程学的发展史

1.2.1　人体工程学的形成与发展

1.2.1.1　早期的人体工程学

早在两千多年前的《考工记》中，就有我国商周时期以按人体尺寸设计制作各种工具及车辆的论述。

在18世纪末期的欧洲，英国和其他资本主义国家发生了产业革命，机器大工业代替了手工工业，人们的工作条件与用于生产的设备发生了很大的变化；为了适应新生产模式，出现了许多新的机器设备和工具用于生产与生活，从而引发新的人与机器的关系问题。

为了解决新的人机关系问题，出现了对工作时间与作业的研究。美国工程师泰勒是较早从事这方面的研究人员之一，他从1881年开始，在米德瓦尔钢铁厂（Midvale Steel Works）进行了一项"金属切削试验"，由此研究出每个金属切削工人每个工作日的合适工作量。1898年，泰勒受雇于伯利恒钢铁公司，并着手进行了著名的"搬运生铁块试验"和"铁锹试验"。美国工程师F.W泰勒（Frederick W. Toylor，1856～1915，如图1.2所示）开创的"时间与动作研究"（Time and Motion Study）包括泰勒的"铁锹作业试验"和吉尔布雷斯夫妇的"砌砖作业试验"等多项研究。"铁锹作业试验"是将大小不同的铁锹交给工人使用，比较他们在每个班次 8h 里的工作效率，结果表明工效有明显差距。这其实是关于体能合理利用的最早科学实验。另一个专题是对比各种不同的操作方法、操作动作的工作效率。这就是关于合理作业姿势的最早科学研究。

图 1.2　F.W 泰勒

　　砌砖作业试验是用当时问世不久的连续拍摄的摄影机，把建筑工人的砌砖作业过程拍摄下来，进行详细分解分析，精简掉所有非必要动作，并规定严格的操作程序和操作动作路线，让工人像机器一样刻板"规范"地连续作业，他们合著的《疲劳研究》（1919 年出版）更被认为是美国"人的因素"方面研究的先驱。

　　1914 年，美国哈佛大学心理学教授闵斯特伯格（Minsterberg），把心理学与泰勒等人的上述研究综合起来，出版了《心理学与工业效率》一书。1915 年英国成立了军火工人保健委员会，研究生产工人的疲劳问题；1919 年此组织更名为"工业保健研究部"，展开有关工效问题的广泛研究，内容包括作业姿势、负担限度、男女工体能、工间休息、工作场所光照、环境温湿度以及工作中播放音乐的效果等。

　　至此，提高工作效率的观念和方法开始建立在科学实验的基础上，具有了现代科学的形态，但这一时期研究的核心是最大限度地开挖人的操作效率。从对待人机关系这个基本方面考察，总体来看是要求人适应于机器，即以机器为中心进行设计；研究的主要目的是选拔与培训操作人员。在基本学术理论上与现代人机学是南辕北辙，存在对立的。因此，应该把这段时期看成是人机学产生前的孕育期。

1.2.1.2　科学人机工程学

　　本学科发展的第二阶段是第二次世界大战期间。在这个阶段中，由于战争的需要，许多国家大力发展效能高、威力大的新式武器和装备，但由于片面注重新式武器和装备的功能研究，而忽视了其中"人的因素"，因而由于操作失误而导致失败的教训屡见不鲜。

　　科学人机工程学一直延续到 20 世纪 50 年代末。在其发展的后一阶段，由于战争的结束，学科的综合研究从军事领域向非军事领域发展，并逐步把应用在军事领域中的研究成果用来解决工业与工程设计中的问题，如飞机、汽车、机械设备、建筑设施以及生活用品等。

　　在这一发展阶段中，学科的研究课题已超出了心理学的研究范畴，使许多生理学家、工程技术专家参与到该学科中来共同进行研究，从而使本学科的名称也有所变化，大多称"工程心理学"。本学科在这一阶段的发展特点是：重视工业与工程设计中"人的因素"，力求使机器适应于人。

　　20 世纪的两次世界大战期间，制空权是交战各国必争的焦点之一。飞行员在高空复杂多变的气象条件下控制飞行，本来就不轻松。驾驶战斗机与敌机对战，还要高度警觉地搜索、识别、跟踪和攻击敌机，躲避与摆脱对方的威胁，短短几十秒内，在警视窗外敌情的同时，要巡视、认读各种仪表，立即做出判断，完成多个飞行与作战操作，更是不易。从第一次世界大战到第二次世界大战，随着科技进步，飞机逐渐实现了飞得更快更高、机动性更优的技术升级。与之相应，机舱内的仪表和操作件（开关、按钮、旋钮、操纵杆等）的数量，也急剧增多，如

图 1.3　飞机驾驶舱里的仪表和操纵器

图 1.3 所示。例如，第一次世界大战时期英国 SE.5A 战斗机上只有 7 个仪表，到第二次世界大战时期的"喷火"战斗机上增加到了 19 个。第一次世界大战时期美国"斯佩德"战斗机上的控制器不到 10 个，到第二次世界大战时期 P-51 上增加到了 25 个。这就使得经过严格选拔、培训的"优秀飞行员"也照顾不过来，致使意外事故、意外伤亡频频发生。投入巨资研制出了"先进"的飞机，却未必能打胜仗，使人们惊愕，也使人们醒悟过来：一味追求飞机技术性能的优越，倘若不能与使用人的生理机能相适配，那实在是器物设计方向上的歧途和误区，必不能发挥设计的预期效能。而人的各项生理机能都有一定限度，并非通过训练就能突破再突破的。出现在飞机上的问题擦亮了人们的眼睛，再去考察其他的兵器和民用产品，才发现从复杂机器到简单工具，类似的问题原来程度不同地普遍存在着。例如，第二次世界大战中入侵苏联的德国军队的枪械问题，也是一个典型的事例。俄罗斯冬季极冷，枪械必须戴上手套使用。但德军的枪械扳机孔较小；在天寒地冻的苏联广袤大地上，戴了手套手指伸不进扳机孔，不戴手套手指立即冻僵，甚至能被冰冷的金属粘住。这说明，器物不但要与人的生理条件相适应，而且还必须顾及环境因素。

针对前面这些问题，有的国家开始聘请生理医学专家、心理学家来参与设计。仪表还是那么多，改进它们的显示方式、尺寸、读值标注方法、指针刻度和底板的色彩搭配，重新布置它们的位置和顺序，使之与人的视觉特性相符合，结果就提高了认读速度、降低了误读率。操作件也还是那么多，改进它们的形状、大小、操作方式（扳拧、旋转或按压）、操作方向、操作力、操作距离及安置的顺序与位置，使之与人手足的解剖特性、运动特性相适应，结果就提高了操作速度、减少了操作失误。这些做法并不需要增加多少经费投入，却收到了事半功倍的效果。

从第二次世界大战到战后初期，上述正反两方面的现实，使各国科技界加深了这样的认识：器物设计必须与人的解剖学、生理学、心理学条件相适应。这就是现代人机工程学产生的背景。1947 年 7 月，英国海军部成立了一个研究相关课题的交叉学科研究组。次年英国人默雷尔（K. F. H. Murrell）建议构建一个新的科技词汇"Ergonomics"，并将它作为这个交叉学科组的学科名称。新的学科名称及其涵盖的研究内容为各国学者所认同，意味着现代人机学的诞生。一些专家在当时对人机工程学所做的阐释，便反映了这一时期的学科思想。例如美国人伍德（Charles C. Wood）说："设备设计必须适合人的各方面因素，使操作的付出最小，而获得最高的效率。"与人机学的孕育期对比，学科思想至此完成了一次重大的转变：从以机器为中心转变为以人为中心，强调机器的设计应适合人的因素。

1949 年恰帕尼斯（A. Chapanis）等三人合著的《应用实验心理学——工程设计中人的因素》一书出版，该书总结了此前的研究成果，最早系统论述了人机学的理论和方法。这是新学科建立时期的另一重要事件。

1.2.1.3　现代人机工程学

到了 20 世纪 60 年代，欧美各国进入了大规模的经济发展时期，在这一时期，由于科学技术的进步，人机工程学获得了更多的发展机会。

从 20 世纪 60 年代至今，可以称其为现代人机工程学发展阶段。随着人机工程学所涉及的研究和应用领域的不断扩大，从事本学科研究的专家所涉及的专业和学科也愈来愈多，主要有

解剖学、生理学、人类学、工业卫生学、工业与工程设计、工作研究、建筑与照明工程、管理工程等专业领域。

直到 20 世纪中叶，在设计和工程方面，人机学的研究和应用还主要局限于军事工业和装备（但在劳动和生产管理方面的研究和应用不局限于军事部门）。从那以后，迅速地延伸到民用品等广阔领域，主要有家具、家用电器、室内设计、医疗器械、汽车与民航客机、飞船宇航员生活舱、计算机设备与软件、生产设备与工具、事故与灾害分析、消费者伤害的诉讼分析等。事实上，近几十年来，人机工程常常成为设计竞争的焦点之一。例如在相机的机械、光学、电子性能水平趋同之时，竞争在较长时期内集中在产品的造型、使用方便等方面，其中"使用方便"即优良的人机性能尤为关键。

20 世纪五六十年代以来，人机学的学科思想在继承中又有新的发展。设计中重视人的因素固然仍是正确的原则，但若单方面地过于强调机器适应于人、过于强调让操作者"舒适"、"付出最小"，在理论上也是不全面的。宇航员远离地球进行空间探索，心理、生理负担都很重，理当为他们提供优良适宜的生活与工作环境。但即使如此，也需要在多种因素中确定合理的平衡点。美国阿波罗登月舱设计中，原方案是让两名宇航员坐着，即使开了 4 个窗口，宇航员的视野也有限，无论倾斜或垂直着陆，都看不到月球着陆点的地表情况。为了寻找解决方案，工程师们互相争论，花了不少时间。一天，一位工程师抱怨宇航员的座位太重，占的空间也太大，另一位工程师马上接着说，登月舱脱离母舱到月球表面大约只一个小时而已，为什么一定要坐着，不能站着进行这次短暂的旅行吗？一个牢骚引出了大家都赞同的新方案。站着的宇航员眼睛能紧贴窗口，窗口虽小，而视野甚大，问题迎刃而解，整个登月舱的质量减轻了，方案也更为安全、高效和经济。今天说到这件往事，会觉得新方案并无出奇之处，但当时确实囿于"让宇航员尽量舒适"这一思维定式，硬是打不开思路。这一特殊事例是发人深省的，它告诉人们此前过分强调"让机器适应人"也有片面性。

20 世纪五六十年代系统论、信息论、控制论这"三论"相继建立与发展，对多种学科的思想有所影响，受到上面所述事例的启发，也由于"三论"，尤其是系统论的影响与渗入，人机学的学科思想又有了新的发展，前面已经介绍的国际人机工程学学会（IEA）关于人机学的定义，就是在这一时期提出的，反映了新转变之后的学科思想。与人机学建立之初强调"机器设计必须适合人的因素"不同，IEA 的定义阐明的观念是人机（以及环境）系统的优化，人与机器应该互相适应、人机之间应该合理分工。人机学的理论至此趋于成熟。

1.2.2 人体工程学学科思想的演进

1.2.2.1 现代人机工程学发展特点

国际人机工程学学会在其会刊中指出，现代人机工程学发展有以下 3 个特点。

（1）不同于传统人机工程学研究中着眼于选择和训练特定的人，使之适应工作要求，现代人机工程学着眼于工程设计及各类产品的设计。

（2）密切与实际应用相结合，通过严密计划规定的广泛的实验性研究，尽可能利用所掌握的基本原理进行具体的产品设计。

（3）力求使实验心理学、生理学、功能解剖学、人类学等学科的专家与物理学、数学、工程技术等方面的研究人员共同努力、密切合作。

现代人机工程学研究的方向是：把人-机-环境系统作为一个统一的整体来研究，以创造最适合于人的各种产品和作业环境，使人-机-环境系统和谐统一，从而获得系统的最优综合效能。

1.2.2.2 人机工程学的未来发展

随着科学技术、信息技术的进一步发展，人机工程学会朝着以下几个方向发展。

（1）高科技化　信息技术的革命，带来了计算机业的巨大变革。计算机越来越趋向平面化、超薄型化；便捷式、袖珍型电脑的应用，大大改变了办公模式；输入方式已经由单一的键盘、鼠标输入，朝着多通道输入化发展。

（2）自然化　由于硬件技术的发展以及计算机图形学、软件工程、人工智能、窗口系统等软件技术的进步，图形用户界面（graphic user interface）、直观操作（direct manipulation）、"所见即所得"（what you see is what you get）等交互原理和方法相继产生并得到了广泛应用，取代了旧有"键入命令"式的操作方式，推动人机界面自然化向前迈进了一大步。

（3）人性化　当今产品设计风格已经从功能主义逐步走向了多元化、情感化和人性化。消费者纷纷要求表现自我意识、个人风格和审美情趣，反映在设计上亦使产品越来越丰富、细化，体现一种人情味和个性。一方面要求产品功能齐全、高效，适于人的使用；另一方面又要满足人们的审美和文化认同需要。

（4）和谐的人机环境　未来的产品应能听、能看、能说，而且应能"善解人意"，即理解和适应人的情绪或心情。未来产品的设计应以人为中心，必须易用好用，能让人以语言、文字、图像、手势、表情等自然方式与产品进行信息交流。

人机学和其他一切事物一样，只要还存在着，就必然会继续发展和演变。人机学如今在如何演进、今后还将如何演进呢？以下是一些提供探讨的刍议。

人机学的应用，除了上一段中所列的种种方面会继续下去以外，以下方面可能形成热点：计算机的人机界面；永久太空站的生活工作环境；弱势群体（残疾人、老年人）的医疗和便利设施；海陆空交通安全保障；生理与心理保健产品与设施等。数字技术、信息技术、基因技术急剧地改变着人类的文明进程，可能带给人们空前的福祉，同时也可能潜伏着更多危及人们身心健康的负面影响，人机学以提高人们的生活质量为目的，今后无疑任重而道远。

反思200年以来，尤其是近半个多世纪工业文明的负面后果，可持续发展的理念成为当代文明的强音，影响了当代很多学科的思想。可以认为，由于可持续发展理论的渗透，现今人机学的学科思想也正经历着又一次新的演进。可持续发展理论下的设计观有节能设计、再生设计（可回收利用）、生态设计等。总的说是要求保护生态环境、人与自然保持持久和谐，设计伦理回归到中国古代"天人合一"的理念。人机学此前的观念是：要求人、机、环境三者和谐统一，吸取可持续发展理念以后，可以表述为：要求人、机、环境、未来四者和谐统一，即由原先的三维（人、机、环境）和谐统一，加上一维（时间、未来），演进为四维的和谐统一。

1.2.2.3　人机工程学的相关学科

人机工程学的相关学科之间的关系见表1.1。

表1.1　人机工程学的相关学科之间的关系

工程技术		人体科学		环境科学
工业设计 制造工程 建筑工程 交通运输 企业运输 家居生活 材料工程 管理学	⟷	人类学 生理学 心理学 卫生学 解剖学 生物力学 人体测量学 劳动卫生学	⟷	生态学 环境保护学 环境医学 环境心理学 环境检测技术 环境行为学

1.2.3　人体工程学学术组织

1.2.3.1　国际的和各国的学术团体及其主要活动

（1）各主要工业国的学术团体及其活动　最早建立的人机学学术团体是英国人机工程学

会，成立于 1950 年。随后建立国家人机学学会的有德国（1953 年）、美国（1957 年）、前苏联（1962 年）、法国（1963 年）、日本（1964 年）。现在世界上工业与科技较发达的国家均建立了本国的国家人机学学术团体。

英国人机工程学会从 1957 年起发行会刊《ERGONOMICS》（人机工程），几十年一直坚持着，对国际人机学的发展贡献卓著。

美国人机工程学会除发行会刊外，还出版书刊、发布专利。美国是提供人机学研究成果、数据资料最多的国家。如前所述，在人机学建立与发展过程中，军事背景是相当突出的。在 20 世纪漫长的冷战年代里，为了军备竞赛，美国是世界上对人机工程研究投入人力和经费最多的国家。据统计，1971 年美国有 4400 人从事人因工程研究，其中直接属于军事部门的人员 850 名。那些年，美国的陆海空三军和宇航局（NASA）每年把数以亿计的美元投入人因工程的研究。一份研究报告称，美国海军曾研制出一种技术非常先进的推进系统，并安装在许多舰艇上准备使用，但由于这种推进系统的操纵过于复杂，部队难以正常使用，不得不又把它们拆卸下来，换上原来技术性能较差的推进系统，造成巨额资金浪费。这样的例子在调研报告里成串地列出，用于表明军费中人机研究方面可观的支出具有必要性。军事领域人机工程研究成果主要用于两个方面：武器装备设计研制和军事人员选拔训练。这里所说的武器装备涵盖面非常广泛，从单兵携带的枪械等轻武器，到火炮、装甲车、坦克、飞机、战舰、潜艇、宇宙飞船和宇航员工作生活环境（这也具有军事性质），直到后勤辎重保障系统。通过上述研究，美国陆海空三军已经制定了很多军事方面的人机工程技术标准。在 1960 年，美国的人因学会约有会员 500 人，到 1980 年增加到了 3000 人以上。

（2）国际人机工程学学会 国际人机工程学学会（IEA，也译作国际人类工效学学会）成立于 1960 年。1961 年在瑞典斯德哥尔摩举行了第一届国际人机工程学会议。此后，每三年一次的人机工程学国际会议依次在德国、英国、法国、荷兰、美国、波兰、日本等国举行。其中 1982 年 8 月在日本东京举行的第 8 届会议，参加者达 800 余人，我国学者也首次应邀参加了这次会议。

（3）国际人机工程学标准化技术委员会 代号 ISO/TC—159，成立于 1957 年。

1.2.3.2 我国的学术团体及其主要活动

（1）中国人类工效学学会（Chinese Ergonomics Society，简称 CES），1989 年 6 月 30 日成立，是我国与 IEA 对应的国家学术团体，中国科学技术协会下的一级学会。

该学会成立以来已组织召开了多次学术会议，协同国家技术监督局制定了数十个人机工程的国家技术标准，对人机学在我国的发展做出了贡献。

（2）中国人类工效学标准化技术委员会。

（3）其他的人机学学术组织。我国在其他一级学会下或行业部门中，也设有人机工程方面的学会或专业委员会。如机械工业系统中，在 1980 年成立了工效学学会；冶金工业系统中的人机学会于 1985 年建立；中国工业设计协会下属的人机工程学专业委员会也于 1985 年建立；中国系统工程学会下的"人-机-环境系统工程专业委员会"成立于 1993 年。我国人机学的起步虽然较晚，但 20 多年来发展进步很快。仅以人-机-环境系统工程委员会的工作为例，该学会成立 11 年来已召开 5 次全国性的学术会议，累计出版会议论文集 5 卷，共收论文 400 多篇，研究领域广泛，已取得一批有价值的应用成果。

1.2.3.3 人机学的专业教育

（1）在国际上，高等教育中将人机工程学作为必修、选修课开设的专业有管理（劳动安全和卫生）、工业设计、航空航天、车辆设计与交通工程、机械工程、环境工程等。人机工程学也被作为这些专业硕士、博士学位的一个研究方向。

（2）在我国，高等教育中开设人机工程学课程的情况与国际上类似。目前，我国已有一批高等院校和研究院所设有人机学研究方向的博士学位授予点。

1.2.3.4 人机工程技术标准简介

将成熟、可靠的研究成果制定成技术标准，是现代社会经济、科技、工业方面一项意义重大的政策和手段。一个国家各方面标准化制定和执行的水平，是这个国家发展水平的一个衡量指标。

发布技术标准，使相关部门遵循应用，可以达到（相关技术的）质量控制、缩短设计和研制周期、降低成本、提高规范性等方面的目的。

（1）人机工程的国际技术标准 国际人机工程学标准化委员会（代号 ISO/TC—159）是国际标准化组织（International Standardization Organization，简称 ISO）的一个下属组织。

ISO/TC—159 已制定出一批人机工程的正式国际技术标准、标准草案或建议，并已发布多个正式标准，例如，ISO—6385—1981《工作系统设计的人类工效学》。该标准不但适用于工业，也适用于有人类活动的任何领域。

（2）我国的人机工程技术标准 中国人类工效学标准化技术委员会于 1980 年建立。中国人类工效学标准化技术委员会下设 8 个分技术委员会：基础分委员会、人体测量和生物力学分委员会、控制与显示分委员会、劳动环境分委员会、工作系统的工效学要求分委员会、颜色分委员会、照明分委员会、劳动安全分委员会。

在我国的国家标准中，属于人机工程学（人类工效学）技术标准的大分类号为"A25"。但是还有更多有关人机学的标准，是分别放在机械、建筑、轻工、环境等门类的技术标准里面的，这一点在查找时应予注意。

1.3 人机系统与人机界面

1.3.1 系统

系统是系统论里的一个重要概念，指为了达到一定目标，由相互依赖、起互动作用的若干部分所组成的一个整体。这个概念里有两个要点：第一，各部分组合在一起是要达到一定目标、共同完成某些任务的，这是该概念中的必要条件；把几件事物放在一起，如果不存在这个必要条件，就不能称为系统。第二，各部分是有联系、在互动中发挥功能、完成任务的。与其他部分不存在这种联系的事物，一般不属于系统的组成部分，即不是该系统的子系统。因此，当一个系统被确认，就意味着：明确了目标和怎样达到该目标，分析了需要哪些组成部分，以及这些部分如何协作来实现这些目标。

系统论的基本思想，是系统的各个组成部分（子系统）的作用应通过总体来解释评价。虽然总体的高效能一般依赖于各子系统的优良效能，但更依赖于各子系统之间的协调关系。离开互相协调、在互动中有效发挥作用的前提，子系统的"独善其身"对整个系统并无价值，是系统设计所不取的。

1.3.2 人机系统

人机系统特指人与机（器）共同组成的系统。很明显，人机系统的内涵是：人与机器协同去达到目标、完成任务。由于环境条件常能影响人机系统的工作情况，研究者把环境这个共同起作用的部分与人机系统结合起来成为一个系统，就是人-机-环境系统。

人机系统可能很小很简单，也可能很庞大很复杂。如前所述，这里的"机"是广义的。人在使用一把钳子、一把镰刀、一个卷发器时，就各构成一个人机系统。人骑自行车，开机床，开起重机，驾驶汽车、飞机时也各构成了人机系统。更复杂的人机系统由多人、多"机"所构

成。例如，一条生产线由数百人、数百台设备构成一个人机系统，现代战争中的一个军事单位、实施航天飞行的庞大组织、大公司的办公系统、大企业的储运系统等，均是较大的人机系统。但根据工业设计本科教学的需要，本教材一般不涉及很复杂的人机系统。

1.3.3 人机界面

单人单机构成的人机系统及其工作（运行）状态，一般用图1.4所示的关系来表示。

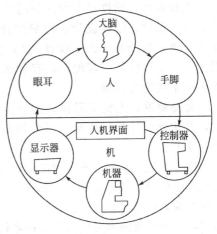

图1.4 单人单机人机系统

如图1.4所示，这一类人机系统的运行过程，如图中6个箭头循环所指：人（操作者）通过手脚操纵控制器（操纵器），机器按人操纵的指令运行的同时，将其当时的运行状态在显示器上显示出来，人的眼耳等感觉器官接受信息并传递给大脑，大脑经过分析判断，再通过手脚进行操作……如此循环下去，形成人机系统的工作流程。人驾驶汽车或飞机的状态，是这一运行过程的典型实例。

如图1.4所示，人机系统的工作过程中，把机器的信息传递给人的是显示器，接受人赋予的信息（指令）的是控制器；可见，显示器和控制器是人（操作者）与机器之间实现双向信息交流的接口、通道。它们就是机器上的人机界面，或者说是人机界面的一种、人机界面的一部分。

人机学文献里关于人机界面的定义，尚未完全统一。本教材采用如下定义：一般把机器上实现人与机器互相交流沟通的显示器、控制器称为人机界面；机器上与人的操作有关的实体部分，也是机器的人机界面。

上述定义有两点值得注意。第一，定义的前一句话指明，人机界面只是机器的某一部分（显示器、控制器等），而不能说人的某一部分（如眼耳、手脚）也是人机界面。因为设计时只设计机器，并不设计人的眼耳手脚。所以，在图1.4中"人机界面"四个字放在机器这一侧，而不像有些著作里的图上把这四个字放在人与机的交界线上。这一点对澄清人机界面的概念是必要的。第二，从人机学应用的需要来看，定义里的后一句话不应该忽略。例如，人手握剪刀剪东西时，人和剪刀构成简单的人机系统，剪刀的两个把手是与人操作有关的实体部分，而把手的形式、尺寸等对剪刀工作有直接影响，是人机工程设计关注的要点之一，应该算做剪刀的人机界面。人骑自行车时，自行车的车座支撑着人体，是与人操作（骑行）有关的实体部分之一，车座虽没有为人与自行车之间互相交流沟通传递什么信息，但车座的位置、形状、软硬、材质等对自行车骑行是有影响的，是人机工程设计的要点之一，所以也应该算做自行车人机界面的一部分。

有的学者指出，人机系统所处的环境条件，如照明、振动、噪声、工作空间、小环境气候以及生命保障条件等，也作用于人的生理、心理过程，对系统功能的实现有所影响，因此也是一种人机界面。

1.4 人机工程设计

1.4.1 人机工程设计的内涵和目的

设计涉及的范围很广泛，大的领域有工程设计、工业产品设计、环境设计等。每一大领域下又分很多门类，如工程设计领域中就有机械设计、电路设计、土木工程设计、（工艺）流程设计、软件程序设计等门类。机械设计这一门类下还可细分出机构设计、传动设计、强度设计、刚度设计、润滑设计、优化设计、可靠性设计等。环境设计这一领域也可这么一级一级分列下去。设计的门类，真可谓数不胜数。那么，什么是"人机工程设计"呢？人机工程设计与其他设计有什么区别以及有什么分工呢？这是学习人机工程学这门课程不可不明确的问题。

简要地说，人机工程设计的对象是人机界面，涉及解剖学、生理学、心理学等人的因素，要达到的目标是生活、工作的舒适、安全、高效。这样，就把人机工程设计与其他设计区别开来了。

以车床设计为例，车床里的传动系统、各种机构、材料及热处理、润滑系统，电动机及电路系统、床身、底座和其他零部件的刚度、强度等，都不是人机界面，因此不属于人机工程设计的对象，而是工程技术设计的工作。而车床操作部件的尺寸、位置、操作方式、操作力、操作方向、照明系统和刻度盘等标识系统等，才是车床人机工程设计的内容。至于车床的造型和色彩设计，一般属于工业设计（工业产品艺术设计）的范围，但造型和色彩显然与人的心理因素、精神因素有关，可见与人机工程设计也是相关的。

理解了上面这个例子，就可举一反三，分析其他产品中的哪些部分属于人机工程设计的对象、哪些部分不属于人机工程设计的对象。

1.4.2　人机合理分工

凡进行产品的人机工程设计，就应该明确一个观念：人们设计的不是孤立的产品，而是人机系统中产品这个子系统。设计任何产品，确定这个产品"做什么用"、"有什么用"，即对产品进行"功能定位"，无疑是必须最先加以明确的。而这实质上是对人机系统的总功能进行分解以后，把这部分功能"分配"给了产品子系统。与此同时，不论设计者当时是否已经意识到，设计者也把另一部分功能分配给了人这个子系统。例如，设计楼道走廊的照明灯，设计者把照明灯的普通开关安置在照明灯附近的墙壁上，这就意味着设计者把开灯关灯这个功能分配给人了。倘若设计者决定采用声控开关或光敏开关（环境亮度低到一定程度，开关自动接通），就意味着设计者把开灯关灯这个功能分配给"开关-灯"这个产品子系统了。对于普通的烧水壶，人必须担负监看水何时被烧开这个功能，而设计叫壶，意味着给该产品（子系统）增加了一项功能：能向一定距离外的人通报水已被烧开的信息。

人机功能分配，是产品设计首要和顶层的问题。如果这个问题处理得不恰当，其后的设计无论怎么好，也会存在着根本性的缺陷。

人与机器各有所长。人机合理分工的基本原则，是发挥人与机器各自的优势。为此需要弄清楚人与机器两者的所长和所短。表1.2是人与机器在感受能力、控制能力、工作效能、信息处理能力、可靠性、耐久性、适应性和创造性等方面的机能对比。

根据人和机器各自的优势，可得出人机合理分工的一般原则：设计中应把笨重、快速、单调、规律性强、高阶运算及在严酷和危险条件下的工作分配给机器，而将指令程序的编制、机器的监护维修、故障排除和处理意外事故等工作安排人去承担。

但是人机分工并不单纯是人机工程本身的问题，它还取决于社会、经济、科技发展水平等更广泛的条件。应用时尤其受以下两方面因素的影响。

第一，由于科技的发展进步，使机器能够承担的功能日益扩大。20世纪中叶美国研制过一种无人驾驶飞机，在最初的800次航行中发生大小事故达155次之多；而对应的有人驾驶飞机，在800次飞行中只发生小故障3次而已。即使不用人直接驾驶，仅仅有人作监督和后备，也能大大降低投入的经费，同时又大幅度减少事故率。因此当时的结论是研制无人机"得不偿失"。对于40多年以后的今天，科学技术与当年已经不可同日而语，对研制无人机的评价也显然

表 1.2　人与机器的机能对比

对比的内容	人的特征机能	机器的特征机能
感受能力	能感受的可见光、声波频谱范围虽较窄,但对颜色、音色的分辨能力较强	能接收的物理量种类多,而且频谱范围极宽:从紫外线、红外线、微波到长波,从次声波到超声波,还可接收磁场等物理量
控制能力	可进行各种控制,且在自由度、调节和联系能力等方面优于机器。同时,其动力源和响应运动完全合为一体,能"独立自主"	操纵力、速度、精确度、操作数量等方面都超过人的能力。但必须外加动力源才能发挥作用
工作效能	可依次完成多种功能作业,但不能进行高阶运算,不能同时完成多种操纵和在恶劣环境条件下作业	能在恶劣环境条件下工作;可进行高阶运算和同时完成多种操纵控制;单调、重复的工作也不降低效率
信息处理	人的信息传递率一般为 6bit/s 左右,接受信息的速度约每秒 20 个,短时间内能同时记住信息约 10 个,每次只能处理 1 个信息	能储存信息和迅速取出信息,能长期储存,也能一次废除,信息传递能力、记忆速度和保持能力都比人高得多。在作决策之前,能将所存储的全部有关条件周密"考虑"一遍
可靠性	就人脑而言,可靠性和自动结合能力都远远超过机器。但工作过程中,人的技术高低、生理和心理状况等因素对可靠性都有响。能处理意外的紧急事态	经可靠性设计后,其可靠性高,且质量保持不变。但本身的检查和维修能力非常微薄。不能处理意外的紧急事态
耐久性	容易产生疲劳,不能长时间连续工作,且受年龄、性别与健康情况等因素的影响	耐久性高,能长期连续工作,并大大超过人的能力
适应性	具有随机应变的能力。具有很强的学习能力。对特定的环境能很快适应	没有随机应变的能力。只有很低的学习能力。只能适应事先设定的环境
创造性	具有创造性和能动性。具有思维能力、预测能力和归纳总结能力。会自己总结经验	只能在人所设计的程序功能范围内进行一定程度的创造性工作,以及达到一定程度的智能化

有所不同了。日常生活中的事物也是如此,例如,由于声控开关、热敏感应器等元器件的技术成熟、价格低廉,才使得其在路灯、公共卫生间等方面能逐渐推广使用。今后,人工智能的进展,自动化和信息化等技术的结合,将使机器承担监护维修、故障排除等工作的可能性进一步增大。

第二,社会、经济条件对人机分工有很强的制约作用。高级轿车的驾驶条件、驾驶环境和人身安全保障系统,当然是合理、优秀的人机工程设计,但受经济、社会条件的制约,还不能推广应用于所有的普通车辆。劳动密集型产业中,工人还有不少"笨重、快速、单调、规律性强"的操作,当代的技术水平已经能让这些工作由机器自动完成;但在一定历史条件下,劳动密集型产业却是社会发展的需要。改革开放之初,珠江三角洲等沿海地区从吸收海外劳动密集型产业开始经济的崛起,如今我国中西部地区也把吸引劳动密集型产业作为当前的发展战略。傻瓜相机与普通相机相比,人机分工做了重大调整,使用方便而快捷,深受广大公众欢迎。所以,傻瓜相机在大众产品中,堪称合理人机分工设计的典范。但是,专业的摄影艺术家出于艺术创作的需要,却并不使用傻瓜相机,哪怕是高级的傻瓜相机。

可见人机合理分工的上述一般原则,在应用中还需要根据具体条件权衡把握。

1.4.3　人机关系

人机分工是人机关系中的基本方面,优良的人机关系应首先考虑以合理的人机分工来实现。但是人机关系的范围比人机分工要大得多。人机工程设计的目标,并不限于合理的人机分工,却可以简要地概括为建立优良的人机关系。因为在人机分工确定即产品的功能定位以后,还有很多人机工程设计的工作要做。例如,农用车辆虽然不能套用高级轿车的功能设计,但在已经确定的功能范围内,改进其宜人性却大有可为。劳动密集型产业还不能用自动生产线来代替,但在一定经济、成本条件下减轻劳动者的精神、体力负担,提高生产效率却是人机工程设计义不容辞的责任。

优良的人机关系应该是"机宜人"和"人适机"两个方面的结合。所谓机宜人，就是器物设计要适合解剖学、生理学、心理学等各方面人的因素，前面已经有所阐述。所谓人适机，就是充分发挥人在能动性、可塑性、创造性、通过学习训练提高技能等方面的特长，使人机系统更好地发挥效能。

1.5 人体生理机制

1.5.1 骨骼肌

人体的一切活动都是由人体的运动系统实现的。运动系统由三个主要部分组成：骨、关节和肌肉（即骨骼肌）。运动系统的运动作用是肌肉收缩牵动骨绕关节转动。所以人体活动能力决定于肌肉。

1.5.1.1 肌肉

（1）肌肉组织和肌力　肌肉占人身体总重量的 40％ 左右，分布于人体各部。肌肉由肌纤维组成，肌纤维的直径约 0.1mm，其长度依肌肉大小而不同，为 5～140mm。一块肌肉由 10 万～100 万条肌纤维组成。每块肌肉的两端形成肌腱，肌腱的强度极高，没有弹性，牢牢地附着在骨上。长肌肉的肌纤维通常组成肌束，由肌束组成肌肉块。

肌肉可收缩到它正常长度的一半，肌肉收缩做功产生力，这是内部能的消耗。这种做功的能力与其长度有关，肌肉越长其做功的能力越大。为了达到增加肌肉长度的目的，运动员常常要做拉伸活动。肌纤维具有许多极细的蛋白质微丝，这种微丝分粗细两种，构成一个可以收缩的系统。每一条肌纤维都能以一定大小的力收缩，肌力为许多肌纤维的收缩力之和。

一般而言，肌力与肌肉的截面积有关，一次运动中使用的肌纤维数量愈多，能发挥的力量也愈大；当肌肉的长度为其静止状态的长度时，可产生最大的肌力，并且随着长度缩短，肌肉产生肌力的能力逐渐减少；骨的机械作用是杠杆，肌肉附着在骨上，将骨的节点确定一个可以施加最大力量的角度；在同样的训练条件下，由于女性的肌肉较小，故其肌力比男性约小 30％。

（2）肌肉收缩的三种形式　肌肉收缩时因肌肉长度的变化而分为等长收缩、向心收缩和离心收缩。前者为当肌肉拉力等于外界阻力时，肌肉的长度不改变，这种收缩是在持重物或维持身体姿势时所必需的。因其没有位移，故肌肉没有做机械功。后两者为肌肉拉力不等于外界阻力时，肌肉的长度要改变。当肌肉拉力超过外界阻力时，肌肉缩短，这称为向心收缩，是克制性工作。因其产生了位移，肌肉做了机械功（外功）。当肌肉拉力小于外界阻力时，肌肉虽然在收缩，但还是被拉长了，这称为离心收缩或超等长收缩。此时肌肉做负机械功（内功），肌肉不能利用此能量做功，而是转化为热量。

肌肉收缩过程具有电活动，这与神经冲动的电现象十分相似。这种电活动放大后可以记录下来，此记录称为肌电图。记录的电极紧贴在肌肉外的皮肤表面上，这样可以反映出整个肌肉的电活动。如果将电极做成针状插入肌肉，也可测量单根肌纤维的电活动。

1.5.1.2 骨与骨骼

人体内有 200 多块骨。人体骨骼系统按照结构形态和功能，可分成颅骨、躯干骨、四肢骨三大部分。颅骨包括 8 块脑颅骨和 15 块面颅骨。脑颅骨构成颅腔，脑髓位于其中，它起着脑髓保护壳的作用。面颅骨构成眼眶、鼻腔、口腔。躯干骨包括椎骨、胸骨和肋骨。椎骨构成脊柱，支持和保护脊髓组织。胸骨和肋骨形成胸廓，对肺、心、肝、胆等内脏具有支持与保护作用。四肢骨又分为上肢骨和下肢骨。在人体骨骼系统中，脊柱与四肢骨与操作活动有特别密切的关系。

脊柱由 24 块椎骨、5 块骶骨和 4 块尾骨连接而成，其形状如图 1.5 所示。椎骨包括颈椎（7 块）、胸椎（12 块）和腰椎（5 块）。每一椎骨又可分为椎体、椎弓和突起。椎弓围成椎孔。前后椎骨的椎孔连贯而成椎管，脊髓位于其中。相邻两椎骨间有椎间孔，脊神经由此通过。

椎骨间由椎间盘连接。椎间盘形状与椎体一致，它由纤维软骨环和胶状髓核组成。椎间盘坚韧并富有弹性，因而能承受较大重力，又具有一定的活动度。腰椎部的椎间盘较别处的厚，因而能作较大幅度的活动。腰部扭伤或腰部运动太剧烈时会产生纤维软骨环破裂，导致椎间盘脱出。

四肢骨包括上肢骨和下肢骨。左右上肢骨均由 32 块骨组成，分为锁骨、肩胛骨、肱骨、尺骨、桡骨、腕骨、掌骨和指骨。下肢骨也分左右两肢。每侧下肢骨均由 30 块骨组成。它们是髋骨、坐骨与耻骨、股骨、胫骨和腓骨、跗骨、跖骨和趾骨。人体骨骼结构示意如图 1.6 所示。

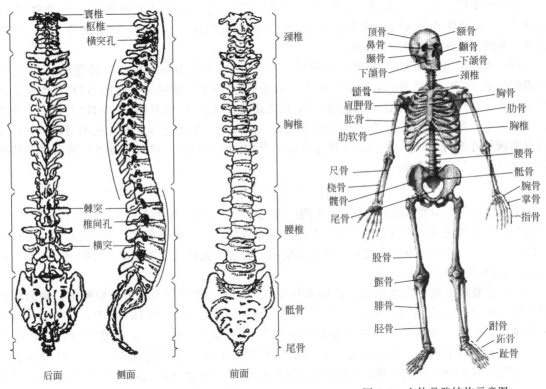

图 1.5　脊柱的前后与侧立面图　　　　图 1.6　人体骨骼结构示意图

1.5.1.3　关节

骨与骨间有两类连接方式，即直接连接和间接连接。直接连接主要依靠韧带或软骨连接，如颅顶骨的缝连接，脊椎骨间由椎间盘连接等。直接连接起来的骨不能做任意活动，或只能做很有限的活动。凡是能作较大范围活动的部位，其骨间都是通过各种关节实现间接连接。人体四肢骨之间普遍由关节连接。关节的主要作用在于可使人的肢体有可能作曲伸、环绕和旋转等活动。假使肢体不能作出这几种运动，那么即使最简单的运动如走步、握物等动作也是不可能实现的。在关节中有四类被称为 I 型、II 型、III 型和 IV 型的神经末梢。这些神经末梢把关节活动的信息传向大脑，经大脑分析综合后又发出神经冲动调节肌肉及关节的活动。

1.5.2　人体活动能源

能量供给是通过体内能源物质的氧化或酵解来实现。这些能源物质包括糖、糖原、脂肪和蛋白质等。人体每天以食物的形式吸收能源物质，在氧的参与下将能源物质氧化产生能量，供给人体活动使用。在氧气供应不足时，上述能源物质还会以无氧酵解产生能量。

1.5.2.1 人体活动的直接能源

人的肌肉、神经元和其他细胞活动的能源直接来自人体的三磷酸腺苷（ATP）。这是一种高能磷化物。人体内每1摩尔（mol）ATP分解时能产生 33.6～42kJ 的能量。ATP 贮存在人体各种细胞中，肌肉活动时，贮存在肌纤维中的 ATP 在 ATP 酶的催化下，迅速分解成二磷酸腺苷（ADP）和无机磷（Pi），并释放能量。但是肌肉中的 ATP 含量很少，1kg 肌肉中仅含 5‰（摩尔分数）左右。若得不到补充合成，它很快会分解完。实际上，ATP 是一边分解一边合成的，因此它能不断地向肌肉或其他身体组织提供活动能量，其反应式为：

$$ATP \xrightarrow{ATP\ 酶} ADP + Pi\ 能量$$

1.5.2.2 人体活动的供能系统

人体活动时，ATP 分解为 ADP 与 Pi 并放能后，这时若能从其他供能系统获取能量，ADP 与 Pi 又可合成为 ATP。这种还原合成所需的能量来自三个系统，即磷酸原（ATP-CP）系统、乳酸能系统和有氧氧化系统。

（1）磷酸原（ATP-CP）系统 磷酸原（ATP-CP）系统由细胞内的三磷酸腺苷（ATP）和磷酸肌酸（CP）这两种高能磷化物构成。磷酸肌酸（CP）分解时，能比 ATP 放出更大的能量。当 ATP 分解向细胞活动供能时，CP 随之迅速分解并向 ADP 输能。ADP 好像一个放电后的蓄电池，当 CP 分解过程中产生的能向它输入后，它就好像还原为充了电的蓄电池，即还原成为恢复潜能的 ATP。每 1mol CP 分解时可合成 1mol ATP。它们通过下面的可逆反应过程取得平衡，其反应式为：

$$CP + ADP \xleftrightarrow{磷酸肌酸激酶} C + ATP$$

上述反应的方向受磷酸肌酸激酶（CPK）控制。在安静状态时肌肉中的高能磷化物以 CP 形式存在，其含量为 ATP 的 3～5 倍。但这仍然很有限，即使全部分解，也不足以维持 10s 以上的剧烈活动。磷酸原系统供能是一种无氧供能，它的供能特点是速度快、时间短，它是短时爆发式活动能量的主要来源。

（2）乳酸能系统 乳酸能系统也称无氧糖酵解系统，其能量来自糖原的酵解。糖原酵解时产生的能量供应给 ADP，再合成 ATP。当人体进行剧烈活动达 10s 以上，ATP-CP 系统无力继续供能时，继续活动所需的能量主要依靠乳酸能系统提供。但是糖原酵解会产生乳酸。乳酸是一种强酸，一种有毒物质。当肌肉和血液中乳酸积累过度时，会使肌肉发生暂时性疲劳，导致活动能力下降。1mol 的糖原酵解后可以产生 3mol 的 ATP 和 2mol 的乳酸，其反应式为：

$$1mol\ 糖原 \xrightarrow{磷酸果糖激酶} 3mol\ ATP + 2mol\ 乳酸$$

（3）有氧氧化系统 有氧氧化供能系统是指糖或脂肪在氧的参与下分解为二氧化碳和水。同时产生能量，使 ADP 再合成 ATP 后向肌肉或其他细胞提供活动能量。糖与脂肪的有氧氧化系统所能产生的能量比前面两种供能系统大得多。例如，1mol 由糖原产生的葡萄糖，有氧氧化结果能产生 39mol ATP，为无氧酵解的 13 倍。人体内的糖和脂肪都可以通过食物不断得到补充。因此有氧氧化系统是人体活动能量最大的和最主要的供应源。糖原和脂肪都需要供应氧才能实现有氧氧化供能。若增加活动量，自然需要提供更多的氧量。有氧氧化系统所能提供的能量大，但提供的速度慢。因此，它不能满足短时爆发式剧烈活动的供能要求。但在长时间持续活动中所需要的能量主要靠它来提供。总之，三种供能系统各有特点，也有不同作用，见表 1.3。

表 1.3   三种能量供应系统比较

项目	磷酸原系统	乳酸能系统	有氧氧化系统
能量产生方式	无氧代谢	无氧代谢	有氧代谢
能源物质	ATP-CP	糖原	糖原、脂肪、蛋白质
供能速度	很快	快	缓慢
供能数量	很少	少	大量
对人体疲劳影响	容易疲劳	容易疲劳	不易疲劳
适用场合	短暂剧烈活动	1~2min 内短时间、强度大的活动	长时间的耐力活动

（4）氧的作用与氧债   从原来的营养物质变化为能量的整个过程称作新陈代谢，这个过程需要氧。氧由肺吸入被血液所吸收。人在进行剧烈的体力活动时，呼吸速度显著加快，增大呼吸量以补充氧气的摄入。当人的供氧系统跟不上氧的需要时，即造成所谓氧债状态。在工作结束后仍需要通过呼吸获得大量的氧，将乳酸合成丙酮酸和重新获得高能的磷化物，也为丙酮酸的再分解产生能量提供条件。

葡萄糖和氧气必须依靠血液输送，所以人在进行体力活动时，人体对血液的需要量成倍地增加，循环系统为了适应这种需要而发生一系列变化，如心率加快、血压升高、通往肌肉的血管扩张等。

1.5.3   活动能耗与效率

1.5.3.1   能量输出与效率

一般而言，输入肌肉的能量可转换为下列几种输出能量：机械能（肌肉做功）、热和高能磷酸化合物（贮备的能量）。大部分输出的能量是热，而贮备的能量所占的比例最小，也就是说，大部分能源物质所供应的能量摄后被热量的形式消耗掉了，真正机械做功的能量其实只占小部分。

在新陈代谢中能耗是以千卡（kcal）来表示的（1kcal＝4184J）。能耗的测量可以间接地通过氧耗量来求得。燃烧 1L 氧相当于 4.8kcal 的能耗。在进行一项特定工作时，可以用呼吸器来测量氧耗量，将测出来的氧耗量乘以 4.8，即得到以 kcal 计的能耗。

用"效率"一词来表示可以测量的有用功和总能量之比。在最有利的条件下，人类的活动可以达到 30％的效率，亦即 70％的能量被转化成热。也就是说，人体将大部分能量变成热而只有一小部分能量转变成有用的机械能。如果在活动中包括静态施力时，效率立刻下降，因为静态施力的结果并无可以测量的有用工作的效能，如弯着背进行的工作更为如此。由此可以看出在一项给定的活动中，包含的静态施力工作愈少，人体施力的效率愈高。几种人体活动的效率见表 1.4。

表 1.4   几种人体活动的效率

活动	效率/%	活动	效率/%
铲，弯腰清洁地板或整理床铺	3~5	上、下楼梯	23
铲，直立的姿势清洁地板或整理床铺	6~10	骑自行车	25
举重物	9	在平地上行走	27
用重的工具进行手工工作	15~20	爬坡度为 5°的小山	30
拖重物	17~20		

1.5.3.2   工作负荷

人体能量的消耗随着施力的多少而增加，这部分额外的消耗可以用多少个工作能耗来表示。工作能耗的值可以从完成此项工作的总能耗中减去休息状态下的人体能耗求得。几种不同类型活动的工作能耗见表 1.5。

表 1.5 某些人体基本活动的能耗（工作能耗＝总能耗－休息状态下的能耗）

活动	条件			工作能耗/(kJ/min)
	坡度	荷重	速度	
坐				1.26
跪				2.09
蹲				2.09
站				2.51
弯腰				3.35
不负重行走	平地		3km/h	7.12
	平地		4km/h	8.79
	不平整		3km/h	21.77
负重行走	平地	10kg	4km/h	15.07
	平地	30kg	4km/h	22.19
爬升	14°		11.5m/min	34.75
爬楼梯	30°		17.2m/min	57.36
负重爬楼梯	30°	20kg	17.2m/min	77.04
骑自行车			16km/h	21.77

为了解各种职业的工作负荷，人体工程学研究者对各种不同职业的能耗进行了测量，并按 24h 计算。各种职业的能耗见表 1.6。必须注意这是平均值，对于体重较小的人来讲，这些值要适当减少。还应指出，只有体力活动的能耗会增加，而脑力活动的能耗目前还不能测量，能耗只能用来估计体力活动。

表 1.6 各种职业的能耗

职 业	每 24h 的能耗/kJ	
	男	女
簿记员，速记员，钟表工人	10048～11304	8374～9420
纺织工人，大客车司机，医生	12560	10467
鞋匠，机械师，邮递员，家庭主妇	13816	11514
石匠，生产线工人，重工作日的主妇，扫烟囱人	15072	12560
女芭蕾舞演员，建筑工地上的木匠	16328	13607
矿工，农场工人，伐木工人，搬运工人	17584～20097	—

1.5.3.3 工作心率

在一定范围内人体心率的增加与能耗成正比，所以现在愈来愈多地用心率来测量人体的劳动强度。心率特别适用于静态条件下测量人体的劳动强度和热应力，而耗氧量则不易反映出静态施力情况下的劳动强度。在轻工作时，心率很快升到一适当高度，一直保持到工作结束。但在重工作时，心率继续升高，当升至每分钟 180 次时，工作必须停止，因为这已到达过度劳累或有力竭的危险。

Karrasch 和 Muller 设定的耐受极限为：若工作继续下去而心率不再升高，或工作停止后 15min 心率回复到休息时的值。这个限值似乎相当于能耗正好与有关肌肉的需要平衡的工作负荷。现在普遍接受的是，将满足这些条件的最大工作负荷作为 8h 工作日的限值。实际上对于

健康的男子和妇女来讲，这个限值不得超过休息时的心率 30 次/min，换句话说，工作心率（心率的增量）为 30 次。如果一般人休息时的心率为 60～80 次/min，其维持的极限为 90～110 次/min。

1.5.4 静态施力及其效应

1.5.4.1 静态施力和动态施力

肌肉施力就是收缩和产生肌力，肌力作用于骨并通过人体结构再作用于其他物体上。肌肉施力有两种方式，即动态肌肉施力和静态肌肉施力。动态运动时肌肉有节奏地收缩和放松，而静态施力的时候，肌肉较长时间保持一种特定的收缩状态，从外表上看不出做什么有用的功，却在稳定地消耗能。在这两种状态之间者即称为混合施力。

动态施力的例子很多，如走路、上楼梯、旋把手等。静态施力的例子如握住东西，或将手臂水平并伸直，笔直站立，将脚、膝和臀部保持一个固定的姿势等，这些姿势只有通过有关肌肉静态施力才有可能。又如持久地将脊柱向前或向侧面弯曲时，要求某些脊肌保持静态施力。

静态与动态的混合施力，如一只手握住一个物体，而另一只手在它上面操作。譬如左手拿一只锅右手清洗它，或者左手拿着一只马铃薯右手削皮。其他混合施力的例子，如在整理床铺或擦地板的时候，背弯曲着而手臂进行动态的工作；或者在负重行进时，背和肩的肌肉支托一个重物完成静态的工作，而腿是动态地工作着。一般工作往往既有静态施力又有动态施力。由于静态施力容易疲劳并且比较费力，因此当两种施力方式同时存在时，首先要处理好静态工作。

动态施力和静态施力的基本区别在于它们对血液流动的影响。静态施力时收缩的肌肉组织压迫血管，阻止血液进入肌肉，肌肉无法从血液获得氧气和糖的补充，不得不依赖于本身的能量储备，对肌肉影响更大的是代谢废物不能迅速排除，积累的废物造成肌肉酸痛，引发代谢废物不能迅速排除，引起肌肉疲劳。由于酸痛难忍，静态作业的持续时间受到限制。而动态施力时，则肌肉有节奏地收缩和舒张，此时血液输送量比平时提高几倍，血液大量流动，不但使肌肉获得足够的糖和氧，而且迅速排除了代谢废物。因此，动态施力可以持续很长时间而不产生疲劳。

静态施力时用力愈多，血液供应的阻碍愈大，疲劳的出现也愈快。用力的大小达到最大肌力的 60% 时，血液供应几乎中断，用力较小时仍能获得血液供应。另外，静态用力的大小和最大维持时间成反比关系。当使用最大力量的 50% 时，可维持 1min，使用最大力量的 30% 时可维持 4min，如果只用最大力量的 20% 可坚持几个小时。因此在设计工作场所和工作设备时，必须消除静态肌肉施力，或至少将它减少到最大力量的 20%，这是减轻人们工作负担最实际的方法。

1.5.4.2 静态施力的不良效应

(1) 静态施力的生理效应　假如其他作业条件均相似，静态施力与动态施力相比，在生理上产生下列各种影响：更大的能量消耗；心率加快；需要更长的恢复时间。造成这些现象的主要原因是供氧不足，糖的代谢无法释放出足够的能量，以合成高能磷酸化合物；其次是肌肉内积累了大量的乳酸，氧债是静态施力的必然结果，因此肌肉的有效工作能力受到损害。

如图 1.7 所示，三个小学生使用三种不同的方式携带书包。单手提书包比背书包要多消耗一倍多的能量，图中数字为耗氧量，说明静态施力对耗能量的影响。由此可见手臂、肩和躯干部分的静态施力造成的能耗（以耗氧量比较）明显增加。如图 1.8 所示，一个用手工播种土豆的试验，经过 30min 作业后，手提篮子的播种者的心率增加 45 次，而肩挎篮子的只增加 31 次。

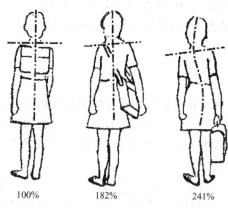

图 1.7　三种携带书包失掉的耗氧量　　　　图 1.8　手臂静态施力对播种者心率的影响

（2）静态施力引发的病症　静态施力过大过久引发的病痛可分两类：第一类症状称为劳累性疼痛，痛的持续时间短，痛的位置容易确定，一般位于肌肉和腱上，只要卸掉肌肉的负荷，痛也随之消失，劳累通过休息即可恢复；第二类症状是痛的部位从肌肉和腱扩散到关节，即使停止工作，仍疼痛不止，而且这种疼痛总是与某个特别的动作或是身体姿势有密切关系，它出现得比第一类症状晚。一些常见的作业姿势和可能发生的症状见表 1.7。

表 1.7　一些常见的作业姿势和可能发生的症状

作业姿势	可能疼痛的部位	作业姿势	可能疼痛的部位
固定站于一个位置	腿和脚；静脉曲张	坐或站时弯背	腰；椎间盘症状
座位无靠背	背部的伸肌	手水平或向上伸直	肩和手臂；肩周关节炎
座位太高	膝关节，小腿，脚	过分低头和仰头	颈；椎间盘症状
座位太低	肩和颈	不自然地抓握工具	前臂；腿部炎症

（3）避免静态施力的一般措施　持续的静态肌肉施力一方面加速肌肉疲劳过程，引起难忍的酸痛，另一方面长期受静态施力的影响，就会发生永久性疼痛的病症，不仅肌肉酸痛，而且扩散到关节、腱和其他组织。提高人体作业的效率，一方面要合理使用肌力，降低肌肉的实际负荷，另一方面要避免静态肌肉施力。无论是设计机器设备、仪器、工具，还是进行作业设计和工作空间设计，都应遵循避免静态肌肉施力这一人体工程学的基本设计原则。例如，应避免使操作者在控制机器时长时间地抓握物体。当静态施力无法避免时，肌肉施力的大小应低于该肌肉最大肌力的 20%。

避免静态肌肉施力的以下几个要点可以作为设计参考。

① 首先须避免弯腰或其他不自然的身体姿势。当身体和头向两侧弯曲造成多块肌肉静态受力时，其危害性大于身体和头向前弯曲所造成的危害性。

② 避免长时间地抬手作业。抬手过高不仅引起疲劳，而且降低操作精度和影响人的技能的发挥。操作者的右手和右肩的肌肉静态受力容易疲劳，操作精度降低，工作效率受到影响。只有重新设计，使作业面降到肘关节以下，才能提高作业效率，保证操作者的健康。

③ 应该选择坐着而不是站着工作。工作椅的坐面高度应调到使操作者能十分容易地改变站和坐的姿势的高度，这就可以减少站起和坐下时造成的疲劳，尤其对于需要频繁走动的工作，更应如此设计工作椅。

④ 应双手同时操作时，手的运动方向应相反或者对称运动，单手作业本身就造成背部肌

肉静态施力。另外，双手作对称运动有利于神经控制。

⑤ 作业位置（台面或作业的空间）高度应按工作者的眼睛和观察时所需的距离来设计。观察时所需要的距离越近，作业位置应越高。作业位置的高度应保证工作者的姿势自然，身体稍微前倾，眼睛正好处在观察时要求的距离。还可以允许操作者手臂支承，以避免手臂肌肉静态施力。

⑥ 常用工具，如钳子、手柄、工具和其他零部件、材料等，都应按其使用的频率或操作频率安放在人的附近。最频繁的操作动作，应该在肘关节弯曲的情况下就可以完成。为了保证手的用力和发挥技能，操作时手最好距眼睛 250～300mm，肘关节呈直角，手臂自然放下。

⑦ 当手不得不在较高位置作业时，应使用支承物来托住肘关节、前臂或者手。支撑物应可调节，以适应不同体格的人。脚的支撑物不仅应托住脚的重量，还应允许脚适当地移动。

⑧ 支持肢体，并尽可能利用重力作用。

思考练习题

1. 什么是人体工程学？人体工程学的应用涉及哪些领域？
2. 人体工程学的研究内容是什么？
3. 人体工程学的研究方法有哪些？
4. 简述人体工程学的发展史。
5. 什么是人机系统和人机界面？
6. 简述人与机器的机能对比。
7. 简述人体生理机制。

2 人体尺寸及应用

2.1 人体测量学

人体测量学是研究用何种精密的仪器和方法来测量产品设计时所需的有关人体参量，以及如何将这些人体参量应用于产品设计的学科。工程人体测量所测量的人体参量涉及人的众多肢体、骨骼、肌肉和组织的生物物理特性等的测定，但是与设计有关的一些数据还是集中在人体尺寸的测量。

2.1.1 人体测量方法与常用仪器

目前，人体尺寸测量已形成一整套严密、科学、系统的测量方法。我国已制定了一系列有关人体尺寸测量的国家标准，包括人体测量术语、人体测量方法、人体测量仪。在具体进行人体测量工作中，针对人体各部分尺寸、活动限制和力量等收集数据的过程，需要用到大量测量设备，这包括人体测量仪、游标卡尺，用于测量头部与足部尺寸的各种特殊的测量工具、卷尺、体重计、测力计和量角器等，部分测量仪器设备如图2.1～图2.4所示。由于在一次测量中需要使用很多仪器，所以人体测量既耗时费力又昂贵。现在，则可以充分利用现代科学技术的成果，来减少人体测量的工作强度。在人体测量过程中可以使用包括数字化仪、光学扫描仪和三维测量仪在内的数字化测量技术，这将会使人体测量的效率得到很大提高。

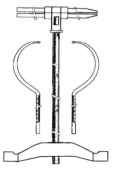

图2.1 人体测高仪

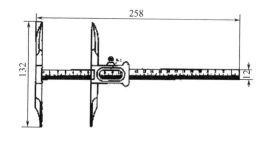

图2.2 人体测量用直角规（单位：mm）

图2.3 人体测量用弯角规

图2.4 人体测量用角度针

100年多来各国已积累了大量的人体尺寸数据可供参考使用，所以任何设计人员若在设计工作中需要某些人体尺寸时，不必急于自己设计一些测量项目，而应先查文献资料，尽可能找到自己所需的数据。即使在进行人体尺寸测量调查时，应请体质人类学家作有关测量技术的指导工作，而且在进行人体尺寸测量时，应该具有一定的人体解剖学知识，并严格遵循国家标准的要求，只有这样才能确保测量数据的可靠性。

2.1.2 人体尺寸的测量项目与方法

2.1.2.1 人体尺寸的测量项目

人体尺寸的测量项目很多，设计者可以根据需要查阅现行国家标准《中国成年人人体尺寸》。这个标准根据人类工效学要求提供了我国成年人人体尺寸的基础数值，适用于工业产品、建筑设计、军事工业等方面。标准中所列数据代表从事工业生产的法定中国成年人（男18～60岁，女18～55岁）状况。该标准中共列出47项人体尺寸基础数据，按男女性别分开包括三个年龄段：18～25岁（男、女），26～35岁（男，女），36～60岁（男）、36～55岁（女）。这47项人体尺寸基础数据如下。

（1）人体主要尺寸　身高、体重、臂长、前臂长、大腿长、小腿长。

（2）立姿人体尺寸　眼高、肩高、肘高、手功能高、会阴高、胫骨点高。

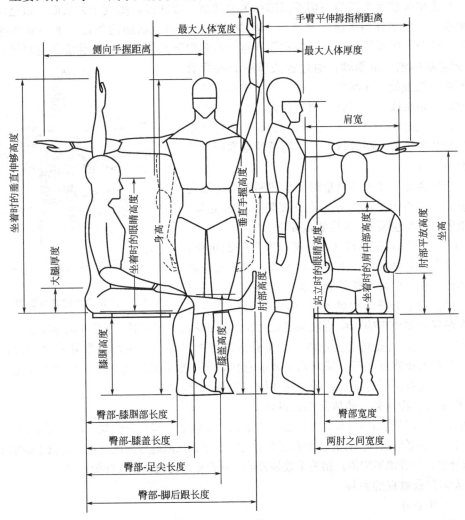

图2.5　设计中常用人体测量尺寸部位

（3）坐姿人体尺寸　坐高、坐姿颈椎点高、坐姿眼高、坐姿肩高、坐姿肘高、坐姿大腿厚、坐姿膝高、小腿加足高、坐深、臀膝距、坐姿下肢长。

（4）人体水平尺寸　胸宽、胸厚、肩宽、最大肩宽、臀宽、坐姿臀宽、坐姿两肘间宽、胸围、腰围、臀围。

（5）人体头部尺寸　头全高、头矢状弧、头冠状弧、头最大弧、头最大长、头围、形态面长。

（6）人体手部尺寸　手长、手宽、食指长、食指近位指关节宽、食指远位指关节宽。

（7）人体足部尺寸　足长、足宽。

图 2.5 为设计中常用的人体测量尺寸部位。

2.1.2.2　人体尺寸的测量方法

现行国家推荐标准《用于技术设计的人体测量基础项目》对人体尺寸测量的被测者衣着和支撑面、基准轴和基准面、测量姿势等测量条件都作了详尽、具体的规定。

（1）衣着和支撑面　人体测量时，被测者不穿鞋袜，只穿单薄内衣。立姿测量时站立在地面或平台上；坐姿测量时，座椅平面为水平面、稳固、不可压缩。

（2）测量基准面和基准轴

① 测量基准面。矢状面：沿身体中线对称地把身体切成左右两半的铅垂平面，称为正中矢状面；与正中矢状面平行的一切平面都称为矢状面。冠状面：垂直于矢状面，通过铅垂轴将身体切成前、后两部分的平面。水平面：垂直于矢状面和冠状面的平面；水平面将身体分成上、下两个部分。眼耳平面：通过左右耳屏点及右眼眶下点的平面，又称法兰克福平面。

② 测量基准轴。铅垂轴：通过各关节中心并垂直于水平面的一切轴线。矢状轴：通过各关节中心并垂直于冠状面的一切轴线。冠状轴：通过各关节中心并垂直于矢状面的一切轴线。人体尺寸测量均在测量基准面内、沿测量基准轴的方向进行。人体测量的基准面和基准轴参看图 2.6。

（3）测量姿势　在人体测量时要求被测者保持规定的标准姿势，基本的测量姿势为直立姿势（简称立姿）和正直坐姿（简称坐姿），姿势要点如下。

① 立姿。被测者挺胸直立，头部以眼耳平面定位，眼睛平视前方，肩部放松，上肢自然下垂，手伸直。掌心朝向体侧，手指轻贴大腿外侧，腰部自然伸直，左右足后跟并拢、前端分开，约成 45°，体重均匀分布于两足。为确保直立姿势正确，应使被测者足后跟、臀部和后背部与同一铅垂面相接触。

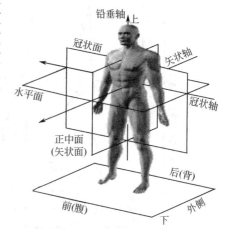

图 2.6　人体测量的基准面和基准轴

② 坐姿。被测者挺胸端坐在调节到腓骨头高度的平面上，头部以眼耳平面定位，眼睛平视前方，左右大腿接近平行，膝弯曲大致成直角，足平放在地面上，手轻放在大腿上。为确保坐姿正确，应使被测者臀部和后背部靠在同一铅垂面上。

2.1.3　百分位、标准差、均值及相关系数

在对人体测量数据做统计处理时，通常使用四个统计量，即百分位数（P）、标准差（SD）、均值（μ）以及相关系数（r）。百分位数和标准差是表示事物离散趋势的统计量；均值是表示事物集中趋势的统计量，是算术平均值；相关系数是表示两列变量之间相关程度的统计量。

2.1.4　人体测量数据的差异

2.1.4.1　人体差异

任何两个人都不会完全相同，双胞胎也不例外。对设计者来说，问题在于人与人差别有时很大。

（1）个体内部差异　在生长过程中，人体尺寸不断变化。一些变化是由衰老或饮食引起的，另一些是由运动或环境所致。随着年龄不同，身高与体重都有变化。25 岁以前身高一直都在增长，30 岁后身高开始逐渐缩短。体重在 60 岁以前一直都会增加，30～40 岁之间体重增加最快。据一般估计，60 岁妇女的身高比她 40 岁时矮 4cm，而当她 70 岁时的身高可以比 40 岁时矮 9cm。从近 100 年中的人体测量数据中观察到，人类的身材在逐渐变高，孩子们一般比他们的父母亲长得高，这个问题从总人口身高的平均值上也可以得到证实。

关于儿童的人体尺寸不多见，但这些尺寸对幼儿园、学校、家具和设备设计来说却很重要，儿童人体尺寸有其特殊性，往往头部尺寸较大，头能钻过的间隔，身体也能钻过去，所以儿童意外伤亡事故多少都与设计不当有关。通常的人体尺寸都是关于成年人的，关于老年人的一些尺寸也较缺乏。

（2）个体间的差异　由于性别、人种和种族的原因，人体有很大的差异。这种差异包括皮肤的颜色、眼睛和头发的颜色、身体比例和其他特征。美国和加拿大的农民比美国一般男性要高。这个特殊群体中 95 个百分点的人身高是 1920mm，与美国人口中 99 个百分点的人的身高差不多。但他们坐高相同，所以农民的腿要长出大约 43mm。

在美国进行的人体测量中确实发现，不同种族间在身体结构上存在着比例上的差异。白人、黑人和日本男性的差异见表 2.1。

表 2.1　白人、黑人和日本男性的差异　　　　　单位：mm

人种	腿长	臂长	坐高（头顶到坐面）	坐面高度（男性平均值）
白人	平均值	平均值	平均值	444
黑人	平均值＋38	平均值＋15	平均值－38	457
日本人	平均值－91	平均值－51	平均值（几乎一样高）	400

从这个数据中我们可以看出，与白人和黑人相比，以日本人为代表的东亚人群的坐高较高，其与白人和黑人差不多，但是腿与臂的长度都要比白人和黑人短出不少。在三种人群中，黑人的四肢最长，上身最短。

（3）长期变化　人在不断进化之中，但这种进化相对比较慢。1920 年以来，美国人的身高以每 10 年 10mm 的速度递增，和欧洲人的增长率接近。因此早期的数据必须被不断更新。据说美国人口中"包括世界上任何国家的不同的人种和种族"，可是仍然不能代表世界人口。例如，对美国人的研究中，低于 15 个百分点的日本矮个女性不包括在内，因为 1 个百分点的日本女性比同样的美国女性要矮 58mm。

根据德国的资料估计，欧洲的居民每 10 年身高增加 10～14mm。由此可见，人体尺寸的资料是不能借用国外的，也不能沿用 10 年前或 20 年前的数据。附带说明，日本人的身高从 1900～1960 年平均每年增长约 1mm，战后由于成长期移至幼龄期，所以从整体看似乎增长了许多，实际上成年人最终的增长仅仅是 30mm。下肢只是增长了这一段的长度，而从全体来看与过去相比变化并不大。

2.1.4.2　人体尺寸的要点

（1）从全世界范围来看，一般都有南方地区身高矮、北部地区身高高的趋向。

（2）人体各部分尺寸按长度方向与身高计算比例关系，横方向与体重计算关系。

（3）人体各部的重量比率，四肢对头部和躯干的比例是 54∶46，坐在座位上时落在座面的重量约为全体重量的 85%。

（4）全身的重心在脐部稍下方，如果扶手、栏杆和挡板等低于它，人们则会感到不安全。

（5）设备或机器大多与人体、手足密切相关，把手等的大小必须参照手的尺寸进行设计。

诸如缝纫机、自行车之类的踏板、脚蹬子或阶梯的每一蹬的尺寸也要根据脚的大小来确定，而且还必须把手、脚的动作或用力量的方式考虑进去。手足的发育和身高的发育密切相关，身高的发育停止时也就可以看作是达到了一定的值。

（6）平均人概念的谬误。Herzberg 曾指出，在对约 4000 个美国空军人员进行的一次调查中，没有一个人的全部 10 项测量数据能够都落在中间 1/3 的范围（平均值）内。因此，平均人的概念有些像是神话。所以不存在"平均人"的概念，某种意义上，这是一种容易产生错觉的含糊不清的概念。

2.1.4.3 人体测量数据的特征

（1）正态分布　如果将身体尺寸数据绘制成图，图 2.7 中的横轴向右为正，表示测量的项目，竖轴表示测量值出现的概率，向上为正。那么多数人体尺寸曲线，会出现光滑的钟形曲线（高斯或普通分布曲线）。根据中心极限定律，很多人体尺寸都会接近或符合正态分布，如很多涉及骨骼长度的人体尺寸项目（身高、坐高、

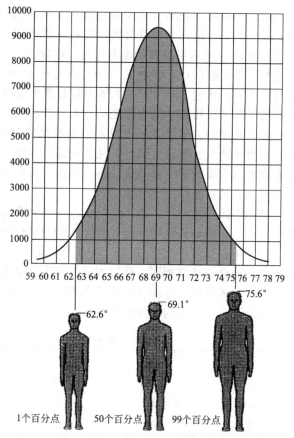

图 2.7　美国成年男子身高分布曲线

上肢长等）的测量数据的分布基本上符合或接近正态分布。因为影响这些数据的因素非常多，但是没有任何一个因素占主导地位。美国成年男子身高分布曲线如图 2.7 所示，这是一个典型的正态分布曲线。

在正态分布情况下，均值、众数和中位数是相符的，即"三数重叠"。"均值"是算术平均值，"中位数"是一系列数的中间值，可以将观察值一分为二。"众数"是最常出现的数值并且也是曲线的峰值。这三个数都描述了观察值的集中趋势。不同分布的均值、众数与中位数的关系如图 2.8 所示。

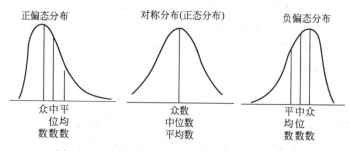

图 2.8　不同分布的均值、众数与中位数的关系

正态分布在统计学中是一个很重要的概念，它是一个两边完全对称的钟形分布，如果我们把正态分布的面积视为 100% 的话，那么，以正态分布的中线为分隔的每一边就占据了 50% 的面积。对一个呈正态分布的变量来说，中线就是这个变量的平均值。正态分布的最大特点是，

不管正态分布的整体形态是尖锐还是平坦，68.26%的面积总是处于以平均值为中心的±1(标准差SD)之内，95.44%的面积总是处于以平均值为中心的±2(标准差SD)之内，99.72%的面积总是处于以平均值为中心的±3(标准差SD)之内。

但是也有一些人体尺寸的分布不是正态分布，如人体的一些围度（胸围、上臂围等）以及体重的测量数据的分布等则与正态分布相差稍远。这些尺寸的曲线是不对称的，即曲线顶点偏离中心，这种曲线简称"变形曲线"。在这种情况下，均值、众数和中位数并不重合。从一个方向取得的数据并不和从另一个方向取得的数据相关。例如，矮个女性的臀部宽度和深度可能差别很大。在为一般人进行设计时，需要牢记这点。

(2) 百分位数 一般设计是不针对个人的。在常用曲线的两端可能已经趋向极端，如果要把这些极端数值都包括在内，生产起来代价可能非常昂贵。美国军方选择从低端的5%到高端的5%这个范围，这样，就能够适应军方标准人口的90%。这个5%的数值被称为5个百分点，95%的数值被称为95个百分点，这就是百分位数的概念。如果将一组测量值分成100个等分就是一个百分位或称百分点，每个等分上的数值就是百分位数。由于百分位是从最小到最大排列的，这就是说高位的数值大于低位的数值，如第95百分位上的数值一定大于第50百分位上的数值。第50百分位上的数值习惯上称为"中位数"。第25和第75百分位上的数值称为"四分位数"。

(3) 满足度 一个设计不可能完全满足各种尺寸人体的要求，一般只能按一部分人的人体尺寸来设计，但这部分人只占整个分布的一部分，我们称此为满足度。例如，某项设计对身高的考虑是满足测量样本总体的90%，则该设计的满足度为90%，余下10%的人就不能满足。这余下的10%中既包括5%更高的人，也包括5%更矮的人。

一般来说，了解了一组测量值的均值和标准差后，根据正态分布规律，可以推算出不同百分位的推算，也可以得出满足度所对应的测量值，这个测量值就称为百分位数。求某百分位数人体尺寸 $X=$均值$\pm(K\times SD)$。SD为标准差，K为转换系数，常用的转换系数见表2.2。当求1%~50%百分位数时，式中取"-"；当求50%~99%百分位数时，式中取"+"。

表2.2 正态分布人体尺寸的均值、标准差与百分位数的关系

百分位数	包括百分比(满足度)	百分位数	包括百分比(满足度)
99.9=平均值+(3×SD)	99.8	25=平均值-(0.67×SD)	50
99.5=平均值+(2.576×SD)	99	20=平均值-(0.84×SD)	60
99=平均值+(2.326×SD)	98	15=平均值-(1.04×SD)	70
97.5=平均值+(1.95×SD)	95	10=平均值-(1.28×SD)	80
97=平均值+(1.88×SD)	94	5=平均值-(1.65×SD)	90
95=平均值+(1.65×SD)	90	3=平均值-(1.88×SD)	94
90=平均值+(1.28×SD)	80	2.5=平均值-(1.95×SD)	95
85=平均值+(1.04×SD)	70	1=平均值-(2.326×SD)	98
80=平均值+(0.84×SD)	60	0.5=平均值-(2.576×SD)	99
75=平均值+(0.67×SD)	50	0.1=平均值-(3×SD)	99.8
50=平均值			

注：SD=标准偏差。

以满意度分别为95%和90%的满足度为例：

$$95\%满足度(P2.5-P97.5)=\mu\pm1.95SD$$

$$90\%满足度(P5-P95)=\mu\pm1.65SD$$

如果在某身高测量中得到平均身高为1720mm，标准差为72.7mm，则90%的满足度为：$172\pm(1.65\times7.27)=(172\pm12)$ cm。所以满足度为90%时的身高范围为1600~1840mm。

满足度也可用百分位来表示,满足度 90% 也可表示为从第 5 百分位数至第 95 百分位数。满足度也叫作可信范围或适应域。但是对各种偏态分布的人体尺寸,若根据正态分布理论进行推算,就难免有较大误差。

2.2 我国的人体尺寸与测量

长期以来我国的人体测量是一项空白,只有征兵时的一些零星的有关人员的身高、体重记录。此前当需要人体尺寸数据时,多半是根据一些征兵时得来的数据,再把日本人的相关数据作为参考。到 20 世纪 80 年代末,由我国的人类工效学标准化技术委员会提出并在国家技术监督局的支持下,在全国范围内展开了实测工作,足迹踏遍十余个省市,测量了逾万人。于1988 年 12 月 10 日正式颁布了《中国成年人人体尺寸》(GB 10000—88),并于 1991 年 6 月 8日颁布了《在产品设计中应用人体尺寸百分位数的通则》(GB/T 12985—91),又于 1992 年 7月 2 日公布了《工作空间人体尺寸》(GB/T 13547—92)等国家标准,填补了这项空白。

2.2.1 我国人体尺寸的地区差异

我国地域辽阔,不同地区间人体尺寸差异较大,为此将全国划分为六个区域,即:东北、华北区,西北区,东南区,华中区,华南区,西南区。这是根据征兵体检等局部人体测量资料划分的区域。

① 东北、华北区包括黑龙江、吉林、辽宁、内蒙古、山东、北京、天津、河北。

② 西北区包括甘肃、青海、陕西、山西、西藏、宁夏、河南、新疆。

③ 东南区包括安徽、江苏、上海、浙江。

④ 华中区包括湖南、湖北、江西。

⑤ 华南区包括广东、广西、福建、海南。

⑥ 西南区包括贵州、四川、云南、重庆。

表 2.3 列举了我国各地区人体尺寸的均值和标准差。从表中可见各地区中身材最高的是东北和华北,东南地区次之,但是体重不如西北地区;身材最矮的是华南和西南地区。表 2.4 列举了我国不同地区人体的平均尺寸。

表 2.3 我国各地区人体尺寸的均值和标准差

地区	项目	男(18~60 岁)			女(18~55 岁)		
		体重/kg	身高/mm	胸围/mm	体重/kg	身高/mm	胸围/mm
东北、华北区	均值 δ	64	1693	888	55	1586	848
	标准差 SD	8.2	56.6	55.5	7.7	51.8	66.4
西北区	均值 δ	60	1684	880	52	1575	837
	标准差 SD	7.6	53.7	51.5	7.1	51.9	55.9
东南区	均值 δ	59	1686	865	51	1575	831
	标准差 SD	7.7	55.2	52.0	7.2	50.8	59.8
华中区	均值 δ	57	1669	853	50	1560	820
	标准差 SD	6.9	56.3	49.2	6.8	50.7	58
华南区	均值 δ	56	1650	851	49	1549	819
	标准差 SD	6.9	57.1	48.9	6.5	49.7	57.6
西南区	均值 δ	55.5	1647	855	50	1546	809
	标准差 SD	6.8	56.7	48.3	6.9	53.9	58.3

表 2.4 我国不同地区人体的平均尺寸

编号	部 位	较高身材地区		中等身材地区		较矮身材地区	
		男	女	男	女	男	女
1	人体高度	1690	1580	1670	1560	1630	1530
2	肩宽度	420	387	415	397	414	386
3	肩峰至头顶高度	293	285	291	282	285	269
4	正立时眼的高度	1573	1474	1547	1443	1512	1420
5	正坐时眼的高度	1203	1140	1181	1110	1144	1078
6	胸廓前后径	200	200	201	203	205	220
7	上臂长度	308	291	301	293	307	289
8	前臂长度	238	220	238	220	245	220
9	手掌长	196	184	192	178	190	178
10	肩峰高度	1397	1295	1379	1278	1345	1261
11	上身高度	600	561	586	546	565	524
12	臀部宽度	307	307	309	319	311	320
13	肚脐高度	992	948	983	925	980	920
14	指尖至地面高度	633	612	616	590	606	575
15	上腿长度	415	395	409	379	403	378
16	下腿长度	397	373	392	369	391	365
17	脚高度	68	63	68	67	67	65
18	坐高度	893	846	877	825	850	793
19	腓骨头的高度	424	390	407	382	402	382
20	大腿水平长度	450	435	445	425	443	422
21	肘关节至椅面高	243	240	239	230	220	216

2.2.2 我国成年人人体尺寸

下面就设计中常用的我国主要人体尺寸做一初步介绍。这里只探讨人体主要尺寸、立姿尺寸、坐姿尺寸和人体水平尺寸，并且不分年龄段，男的为18～60岁，女的为18～55岁。图2.9～图2.15为相关人体尺寸及部位。表2.5～表2.11为中国相关人体尺寸的数据，资料均来自现行国家标准《中国成年人人体尺寸》。

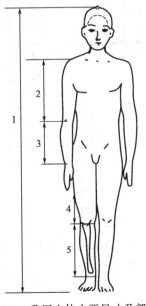

图 2.9 我国人体主要尺寸及部位

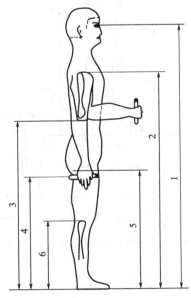

图 2.10 我国人体立姿尺寸（一）及部位

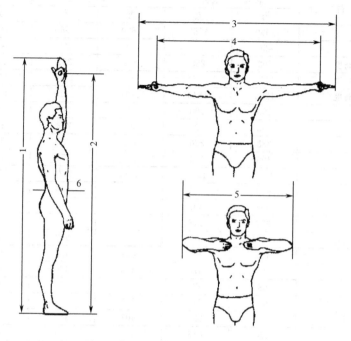

图 2.11 我国人体立姿尺寸（二）及部位

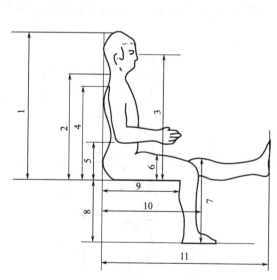

图 2.12 我国人体坐姿尺寸（一）及部位

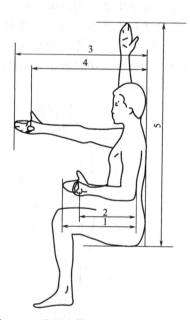

图 2.13 我国人体坐姿尺寸（二）及部位

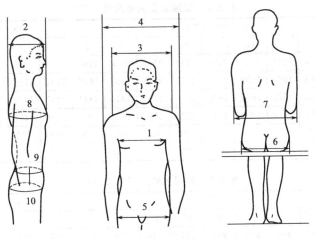

图 2.14　我国人体水平尺寸及部位

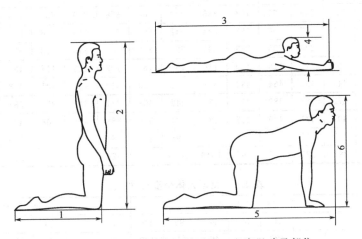

图 2.15　我国人体跪姿、俯卧姿、爬姿尺寸及部位

表 2.5　我国人体主要尺寸　　　　　单位：mm

年龄分组	18～60 岁男子							18～55 岁女子						
百分位数	1	5	10	50	90	95	99	1	5	10	50	90	95	99
1 身高	1543	1583	1604	1678	1754	1775	1814	1449	1484	1503	1570	1640	1659	1697
2 上臂长	279	289	294	313	333	338	349	252	262	267	284	303	308	319
3 前臂长	206	216	220	237	253	258	268	185	193	198	213	229	234	242
4 大腿长	413	428	436	465	496	505	523	387	402	410	438	467	476	494
5 小腿长	324	338	344	369	396	403	419	300	313	319	344	370	376	390
6 体重/kg	44	48	50	59	71	75	83	39	42	44	57	63	66	74

表 2.6　我国立姿人体尺寸（一）　　　　　单位：mm

年龄分组	18～60 岁男子							18～55 岁女子						
百分位数	1	5	10	50	90	95	99	1	5	10	50	90	95	99
1 眼高	1436	1474	1495	1568	1643	1664	1705	1337	1371	1388	1454	1522	1541	1579
2 肩高	1244	1281	1299	1367	1435	1455	1494	1166	1195	1211	1271	1333	1350	1385
3 肘高	925	954	968	1024	1079	1096	1128	873	899	913	960	1009	1023	1050
4 手功能高	656	680	693	741	787	801	828	630	650	662	704	746	757	778
5 会阴高	701	728	741	790	840	856	887	648	673	686	732	779	792	819
6 胫骨点高	394	409	417	444	472	481	498	363	377	384	410	437	444	459

人体工程学

表 2.7　我国立姿人体尺寸（二）　　　　　　　　　　　单位：mm

年龄分组	18～60 岁（男）							18～55 岁（女）						
百分位数	1	5	10	50	90	95	99	1	5	10	50	90	95	99
1 中指指尖点上举高	1913	1971	2002	2108	2214	2245	2309	1798	1845	1870	1968	2063	2089	2143
2 双臂功能上举高	1815	1869	1899	2003	2108	2138	2203	1696	1741	1766	1860	1952	1976	2030
3 两臂展开宽	1528	1579	1605	1691	1776	1802	1849	1414	1457	1479	1559	1637	1659	1701
4 两臂功能展开宽	1325	1374	1398	1483	1568	1593	1641	1206	1248	1269	1344	1418	1438	1480
5 两肘展开宽	791	816	822	875	921	936	966	733	756	770	811	856	869	892
6 立姿腹厚	149	160	166	192	227	237	262	139	151	158	186	226	238	258

表 2.8　我国人体坐姿尺寸（一）　　　　　　　　　　　单位：mm

年龄分组	18～60 岁（男）							18～55 岁（女）						
百分位数	1	5	10	50	90	95	99	1	5	10	50	90	95	99
1 坐高	836	858	870	908	947	958	979	789	809	819	855	891	901	920
2 坐姿颈椎点高	599	615	624	657	691	701	719	563	579	587	617	648	657	675
3 坐姿眼高	729	749	761	798	836	847	868	678	695	704	739	773	783	803
4 坐姿肩高	539	557	566	598	631	641	659	504	518	526	556	585	594	609
5 坐姿肘高	214	228	235	263	291	298	312	201	215	223	251	277	284	299
6 坐姿大腿厚	103	112	116	130	146	151	160	107	113	117	130	146	151	160
7 坐姿膝高	441	456	464	493	523	532	549	410	424	431	458	485	493	507
8 小腿加足高	372	383	389	413	439	448	463	331	342	350	382	399	405	417
9 坐深	407	421	429	457	486	494	510	388	401	408	433	461	469	485
10 臀膝距	499	515	524	554	585	595	613	481	495	502	529	561	570	587
11 坐姿下肢长	892	921	937	992	1046	1063	1096	826	851	865	912	960	975	1005

表 2.9　我国人体坐姿尺寸（二）　　　　　　　　　　　单位：mm

年龄分组	18～60 岁（男）							18～55 岁（女）						
百分位数	1	5	10	50	90	95	99	1	5	10	50	90	95	99
1 肩臂加手前伸长	402	416	422	447	471	478	492	368	383	390	413	435	442	454
2 前臂加手功能前伸长	295	310	318	343	369	376	391	262	277	283	306	327	333	346
3 上肢前伸长	755	777	789	834	879	892	918	690	712	724	764	805	818	841
4 上肢功能前伸长	650	673	685	730	776	789	816	586	607	619	657	696	707	729
5 坐姿双手上举高	1210	1249	1270	1339	1407	1426	1467	1142	1173	1190	1251	1311	1328	1361

表 2.10　我国人体水平尺寸　　　　　　　　　　　单位：mm

年龄分组	18～60 岁（男）							18～55 岁（女）						
百分位数	1	5	10	50	90	95	99	1	5	10	50	90	95	99
1 胸宽	242	253	259	280	307	315	331	219	233	239	260	289	299	319
2 胸厚	176	186	191	212	237	245	261	159	170	176	199	230	239	260
3 肩宽	330	344	351	375	397	403	415	304	320	328	351	371	377	387
4 最大肩宽	383	398	405	431	460	469	486	347	363	371	397	428	438	458
5 臀宽	273	282	288	306	327	334	346	275	290	296	317	340	346	360
6 坐姿臀宽	284	295	300	321	347	355	369	295	310	318	344	374	382	400
7 坐姿两肘间宽	353	371	381	422	473	489	518	326	348	360	404	460	478	509
8 胸围	762	791	806	867	944	970	1018	717	745	760	825	919	949	1005
9 腰围	620	650	665	735	859	895	960	622	659	680	772	904	950	1025
10 臀围	780	805	820	875	948	970	1009	795	824	840	900	975	1000	1044

表 2.11 我国人体跪姿、俯卧姿、爬姿尺寸　　　　　　单位：mm

年龄分组	18～60 岁（男）							18～55 岁（女）						
百分位数	1	5	10	50	90	95	99	1	5	10	50	90	95	99
1 跪姿体长	577	592	599	626	654	661	675	544	557	564	589	615	622	636
2 跪姿体高	1161	1190	1206	1260	1315	1330	1359	1113	1137	1150	1196	1244	1258	1284
3 俯卧姿体长	1946	2002	2028	2127	2229	2257	2310	1820	1867	1892	1982	2076	2102	2153
4 俯卧姿体高	361	364	366	372	380	383	389	355	359	361	369	381	384	392
5 爬姿体长	1218	1247	1262	1315	1369	1384	1412	1161	1183	1195	1239	1284	1296	1321
6 爬姿体高	745	761	769	798	828	836	851	677	694	704	738	773	783	802

上列各表中所列数值均为裸体测量的结果，在用于设计时应考虑全国各地区的不同衣着而增加的余量（修正量）。站立时的姿势为自然挺胸直立，坐时为端坐姿势，如果用于其他立、坐姿（例如放松的坐姿）的设计时，要附加适当的修正值。为便于按各地区的特征进行设计，标准中的表 2.3 给出了六个区域的身高、胸围、体重的均值及标准差及详细尺寸。

2.2.3　我国人体尺寸与各国人体尺寸的比较

由于人体尺寸存在民族和地区之间的差异，所以比较一下各国和地区差异很有必要。

在我国进行全国成年人人体尺寸抽样测量工作时，香港尚未回归祖国，因而在我国 GB 10000—88 标准中，所划分的全国成年人人体尺寸分布的六个区域内不包括香港。而在此之前，香港已为各种设计提供了较完整的成年人人体尺寸。表 2.12 列有中国香港地区常用的 P5、P50、P95 三种百分位数的成年人人体尺寸。

另外，中国的各项人体尺寸与日本的数据比较接近，有时在设计中找不到国内的相关数据时，一些设计就可参照日本的相关数据，有的确实差异不大。表 2.12 中也提供了日本的一些数据，该数据与我国全国性测量工作的时间比较接近。

表 2.12　中国、中国香港特区、日本、美国和英国成年人人体尺寸比较　　单位：mm

测量项目	男性			女性			测量项目	男性			女性		
	P5	P50	P95	P5	P50	P95		P5	P50	P95	P5	P50	P95
1. 身高							5. 立姿臀高（股骨关节）						
中国	1583	1678	1775	1484	1570	1659	中国	—					
中国香港特区	1585	1680	1775	1455	1555	1655	中国香港特区	790	855	920	715	785	855
日本	1599	1688	1777	1510	1584	1671	日本	775	834	899	730	787	847
美国	1647	1756	1867	1528	1629	1737	美国	853	928	1009	789	862	938
英国	1625	1740	1855	1505	1610	1710	英国	840	920	1000	740	810	885
2. 立姿眼高							6. 立姿指关节高						
中国	1474	1568	1664	1371	1454	1541	中国	680	741	801	650	704	757
中国香港特区	1470	1555	1640	1330	1425	1520	中国香港特区	685	750	815	650	715	780
日本	1489	1577	1664	1382	1460	1541	日本**	675	740	805	650	705	760
美国	1528	1634	1743	1415	1516	1621	美国**	700	765	830	670	730	790
英国	1515	1630	1745	1405	1505	1610	英国	690	755	825	660	720	780
3. 立姿肩高							7. 立姿指尖高						
中国	1281	1367	1455	1195	1271	1350	中国	—					
中国香港特区	1300	1380	1460	1180	1265	1350	中国香港特区	575	640	705	540	610	680
日本	1291	1370	1454	1208	1279	1367	日本	600	644	694	563	608	652
美国	1342	1443	1546	1241	1334	1432	美国	591	653	716	551	610	670
英国	1315	1425	1535	1215	1310	1405	英国	590	655	720	560	625	685
4. 立姿肘高							8. 坐高						
中国	954	1024	1096	899	960	1023	中国	858	947	958	809	855	901
中国香港特区	950	1015	1080	870	935	1000	中国香港特区	845	900	955	780	840	900
日本	970	1035	1098	909	967	1028	日本	859	910	958	810	855	902
美国	995	1073	1153	926	998	1074	美国	855	914	972	795	852	910
英国	1005	1090	1180	930	1005	1085	英国	850	910	965	795	850	910

测量项目	男性			女性			测量项目	男性			女性		
	P5	P50	P95	P5	P50	P95		P5	P50	P95	P5	P50	P95
9. 坐姿眼高							**17. 坐姿上举功能高**						
中国	749	798	847	695	739	783	中国	—	—	—	—	—	—
中国香港特区	720	780	840	660	720	780	中国香港特区	1110	1205	1300	855	940	1025
日本	741	790	837	692	733	778	日本＊＊	1105	1185	1265	1030	1095	1160
美国	735	792	848	685	739	794	美国	1221	1310	1401	1127	1212	1296
英国	735	790	845	685	740	795	英国	1145	1245	1340	1060	1150	1235
10. 坐姿肩高							**18. 立姿上举功能高**						
中国	557	598	641	518	556	594	中国	1869	2003	2138	1741	1860	1976
中国香港特区	555	605	655	510	560	610	中国香港特区	1835	1970	2105	1685	1825	1965
日本	549	591	633	513	551	588	日本＊＊	1805	1940	2075	1680	1795	1910
美国	549	598	646	509	556	604	美国	1958	2107	2260	1808	1947	2094
英国	540	595	645	505	555	610	英国	1925	2060	2190	1790	1905	2020
11. 坐姿肘高							**19. 上肢功能前伸长**						
中国	228	263	298	215	251	284	中国	673	730	789	607	657	707
中国香港特区	190	240	290	165	230	295	中国香港特区	640	705	770	580	635	690
日本	216	254	292	202	236	269	日本＊＊	630	690	750	570	620	670
美国	184	231	274	176	221	264	美国	693	751	813	632	686	744
英国	195	245	295	185	235	280	英国	720	780	835	650	705	755
12. 坐姿腿厚							**20. 最大上肢长(肩峰至中指尖长)**						
中国	112	130	151	113	130	151	中国	—	—	—	—	—	—
中国香港特区	110	135	160	105	130	155	中国香港特区	680	730	780	615	660	705
日本	138	156	176	130	143	162	日本＊＊	665	715	765	605	645	685
美国	149	168	190	140	160	180	美国	729	790	856	662	724	788
英国	135	160	185	125	155	180	英国	720	780	840	655	705	760
13. 坐姿膝高							**21. 肩-指功能长(肩峰至手所抓物体之中心线)**						
中国	456	493	532	424	458	493	中国	—	—	—	—	—	—
中国香港特区	450	495	540	410	455	500	中国香港特区	580	620	660	525	560	595
日本	475	509	545	442	475	508	日本＊＊	565	610	655	515	550	585
美国	514	558	606	474	515	560	美国	612	666	722	557	700	664
英国	490	545	595	455	500	540	英国	610	665	715	555	600	650
14. 坐姿腿弯高							**22. 胸厚**						
中国	383	413	448	342	382	405	中国	186	212	245	170	199	239
中国香港特区	365	405	445	325	375	425	中国香港特区	155	195	235	160	215	270
日本	371	402	434	345	372	402	日本	190	217	246	190	215	250
美国	395	434	476	351	389	429	美国	210	243	280	209	239	279
英国	395	440	490	355	400	445	英国	215	250	285	210	250	295
15. 肩肘长							**23. 坐姿腹厚**						
中国	—	—	—	—	—	—	中国(立姿腹厚)	160	192	237	151	186	238
中国香港特区	310	340	370	290	315	340	中国香港特区	150	210	270	150	215	280
日本	307	337	366	289	315	339	日本	179	208	245	161	188	218
美国	340	369	399	308	336	365	美国	199	236	291	185	219	271
英国	330	365	395	300	330	360	英国	220	270	325	205	255	305
16. 肘-指尖长							**24. 臀膝距**						
中国	—	—	—	—	—	—	中国	515	554	595	495	529	570
中国香港特区	410	445	480	360	400	440	中国香港特区	505	550	595	470	520	570
日本	418	448	479	390	416	445	日本	530	567	604	511	550	586
美国	432	465	500	394	425	556＊	美国	569	616	667	542	589	640
英国	440	475	510	400	430	460	英国	540	595	645	520	570	620

034

续表

测量项目	男性			女性			测量项目	男性			女性		
	P5	P50	P95	P5	P50	P95		P5	P50	P95	P5	P50	P95
25. 臀-腿弯距(坐深)							32. 头宽						
中国	421	457	494	401	433	469	中国	—	—	—	—	—	—
中国香港特区	405	450	495	385	435	485	中国香港特区	150	160	170	135	150	165
日本**	410	470	510	405	450	495	日本	152	161	171	143	151	160
美国	458	500	546	440	482	528	美国	143	152	161	137	144	153
英国	440	495	550	435	480	530	英国	145	155	165	135	145	150
26. 肩宽							33. 手长						
中国	344	375	403	320	351	377	中国	—	—	—	—	—	—
中国香港特区	335	365	395	315	350	385	中国香港特区	175	190	205	150	165	180
日本	368	395	423	346	367	391	日本**	165	180	195	150	165	180
美国	367	397	426	333	363	391	美国	179	194	211	165	181	197
英国	365	400	430	325	355	385	英国	175	190	205	160	175	190
27. 最大肩宽							34. 手宽						
中国	398	431	469	363	397	438	中国	—	—	—	—	—	—
中国香港特区	380	425	475	335	385	435	中国香港特区	70	80	90	60	70	80
日本**	405	440	475	365	395	425	日本	79	85	91	70	75	81
美国	450	492	535	397	433	472	美国	84	90	98	73	79	86
英国	420	465	510	355	395	435	英国	80	85	95	70	75	85
28. 坐姿臀宽							35. 足长						
中国	282	306	334	290	317	346	中国	—	—	—	—	—	—
中国香港特区	300	335	370	295	330	365	中国香港特区	235	250	265	205	225	245
日本	318	349	380	331	358	386	日本	234	251	269	217	232	246
美国	329	367	412	343	385	432	美国	249	270	292	224	244	265
英国	310	360	405	310	370	435	英国	240	265	285	215	235	255
29. 双臀展开宽							36. 足宽						
中国	1579	1691	1802	1457	1559	1659	中国	—	—	—	—	—	—
中国香港特区	1480	1635	1790	1350	1480	1610	中国香港特区	85	95	105	80	85	90
日本	1591	1690	1795	1483	1579	1693	日本	97	104	111	89	96	103
美国	1693	1823	1960	1542	1672	1809	美国	92	101	110	82	90	98
英国	1655	1790	1925	1490	1605	1725	英国	85	95	110	80	90	100
30. 双肘展开宽							37. 体重						
中国	816	875	936	756	811	869	中国	48	59	75	42	52	66
中国香港特区	805	885	965	690	775	860	中国香港特区	47	60	75	39	47	62
日本**	790	870	950	715	780	845	日本	54	66	80	45	54	65
美国**	875	955	1035	790	860	930	美国	58	78	99	39	62	85
英国	865	945	1020	780	850	920	英国	55	75	94	44	63	81
31. 头长													
中国	—	—	—	—	—	—							
中国香港特区	175	190	205	160	175	190							
日本	178	190	203	168	177	187							
美国	185	197	209	176	187	198							
英国	180	195	205	165	180	190							

注：1. * 表示此为原文数据，估计有误，似为 456。

2. 中国数据来自于《中国成年人人体尺寸》(GB 10000—88)。

3. 中国香港特区数据来自于 Pheasant S. (1996) 和丁玉兰 (2003)。

4. 日本数据来自于 Kagimoto (1990)，引自于 Karwowski W. & Marras W. S. (2003)。其中某些数据不全，** 表示数据为根据 Pheasant S. (1996) 补入。

5. 美国数据根据 Gordon Churchill Clauser (1989)，引自于 Karwowski W. & Marras W. S. (2003)。其中某些数据不全，** 表示数据为根据 Pheasant S. (1996) 补入。

6. 英国数据来自于 Pheasant S. (1996)。

在比较了 Kagimoto（1990）的调查结果与 Pheasant（1996）所提供的日本人体尺寸（Pheasant 的数据引自于日本 20 世纪 70 年代的人体尺寸，但测量时间不详），发现日本人体尺寸有了长足的进步。譬如一般认为日本人的身高，男性平均为 1650mm（Pheasant，1996；小原，1989），女性为 1550mm（小原，1989，Pheasant 的数据为 1530mm）。而 Kagimoto（1990）的数据揭示现在日本男子平均身高 1680mm，女子为 1584mm，已经超过我国。在体重方面，日本男子的平均体重已经从 60kg 增加至 66kg，女子平均体重已经从 51kg 增加至 54kg，也超过我国数据。

2.3　人体尺寸的设计应用

标准的人体测量尺寸是静态的，但实际生活中人们是活动的。人体尺寸并不能直接作为设计尺寸。目前还没有将人体测量尺寸直接转化为设计尺寸的系统的标准程序，因而如何选用人体尺寸既是一门科学，也是一门艺术。

尽管不存在一个标准的固定转换程序，但确有一些基本规律。下面以学校宿舍中高低床（双层床）的设计为例，说明将人体测量尺寸转换成设计尺寸，至少需要考虑的程序。

（1）在制定某个设计尺寸之前，首先必须考虑哪些人体尺寸对该设计来说至关重要。例如，坐高对于高低床设计中高床与低床之间的距离来说是一个基本尺寸。

（2）然后确定谁会使用该设备或设施，即设计所考虑的使用者范围。例如，该高低床的使用者是大学生还是小学生？是男孩还是女孩？是中国人还是外国人？

（3）再确定人体测量尺寸的使用原则。例如，这个高低床是供一般的学生使用，还是为某些特殊群体如模特或体校生使用？这些人群分布的百分位是多少？是 P90、P95 还是 P50？

（4）是否考虑动态的设计。例如，高床的高度是否可以调节？

（5）随之在相应人群的人体尺寸表上查到相关值。

（6）为使人们方便、安全和舒适地使用，在该人体尺寸的基础上设计尺寸须预留一定的余量。例如，由于着装情况、放松的坐姿以及心理方面等因素，对前一步查到的人体尺寸按照实际情况做必要调整。

（7）如果有可能，应该通过实验或模拟来进一步确认该设计尺寸的有效性。例如，让有代表性的大个子或小个子来试试这个床。

2.3.1　人体身高应用方法

人体尺寸决定了人机环境系统的操作是否方便和舒适，因此，各种工作面的高度和设备高度，如橱柜、操纵件的安装高度以及设备的设置高度等，都要根据人的身高来确定。以身高为基准确定工作面高度、设备和用具高度的方法，通常是把设计对象归成各种典型的类型，并建立设计对象的高度与人体身高的比例关系，以供设计时选择和查用。如图 2.16 为以身高为基准的设备和用具的尺寸推算图，图中各代号的定义见表 2.13。

2.3.2　人体尺寸百分位的选择

设计师一般不直接进行大规模的人体测量，主要的工作是选用现成的人体尺寸，那么该如何选用和运用这些人体尺寸呢？在确定一个设计尺寸时，首先需要了解该设计尺寸涉及到哪些人体尺寸。所以人体尺寸在设计中的应用，第一步就是应选对相应的人体尺寸。人体尺寸百分位的选用原则如下。

2.3.2.1　身高

（1）应用举例　用于确定通道和门的最小高度。然而，一般建筑规范规定的和成批生产加工的门和门框高度都适用于 99% 以上的人，所以，这些数据可能对于确定人头顶上的障碍物高度更为重要。

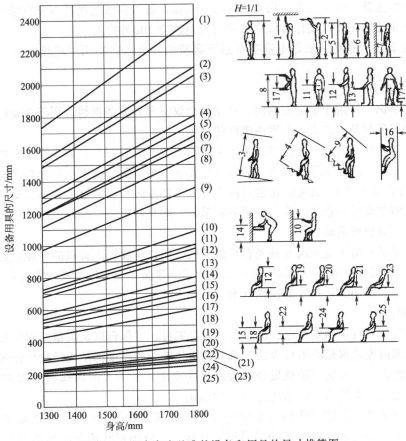

图 2.16　以身高为基准的设备和用具的尺寸推算图

表 2.13　图 2.16 中各代号的定义

代号	定　义	设备与身高之比
1	举手达到的高度	4/3
2	可随意取放东西的搁板高度(上限值)	7/6
3	倾斜地面的顶棚高度(最小值,地面倾斜度为5°~15°)	8/7
4	楼梯的顶棚高度(最小值,地面倾斜度为25°~35°)	1/1
5	遮挡住直立姿势视线的隔板高度(下限值)	33/34
6	直立姿势眼高	11/12
7	抽屉高度(上限值)	10/11
8	使用方便的搁板高度(上限值)	6/7
9	坡度大的楼梯的天棚高度(最小值,倾斜度为50°左右)	3/4
10	能发挥最大拉力的高度	3/5
11	人体重心高度	5/9
12	采取直立姿势时工作面的高度;坐高(坐姿)	6/11
13	灶台高度	10/19
14	洗脸盆高度	4/9
15	办公桌高度(不包括鞋)	7/17
16	垂直踏板爬梯的空间尺寸(最小值,倾斜80°~90°)	2/5
17	手提物的长度(最大值);使用方便的搁板高度(下限值)	3/8
18	桌下空间(高度的最小值)	1/3
19	工作椅的高度	3/13
20	轻度工作的工作椅高度①	3/14
21	小憩用椅子高度①	1/6
22	桌椅高差	3/17
23	休息用的椅子高度①	1/6
24	椅子扶手高度	2/13
25	工作用椅子的椅面至靠背点的距离	3/20

① 为坐位基准点的高度（不包括鞋）。

（2）百分位选择　由于主要功用是确定净空高度，所以应该选用高百分位数据。因为天花板高度一般不是关键尺寸，设计者应考虑尽可能地适应100％的人。

（3）注意事项　身高一般是不穿鞋状态下测量的，所以在使用时应给予适当补偿（加修正量）。

2.3.2.2　立姿眼高

（1）应用举例　可用于确定在剧院、礼堂、会议室等处人的视线，用于布置广告和其他展品，用于确定屏风和开敞式大办公室内隔断的高度。

（2）百分位选择　百分位选择将取决于关键因素的变化。例如，如果设计中的问题是决定隔断或屏风的高度，以保证隔断后面人的私密性要求，那么隔断高度就与较高人的眼睛高度有关（第95百分位或更高）。其逻辑是假如高个子人不能越过隔断看过去，那么矮个子人也一定不能；反之，假如设计问题是允许人看到隔断里面，则是相反的，隔断高度应考虑较矮人的眼睛高度（第5百分位或更低）。

（3）注意事项　由于这个尺寸是光着脚测量的，所以还要加上鞋跟的高度，男子大约需加25mm，女子大约需加76mm。这些数据应该与脖子的弯曲和旋转以及视线角度资料结合使用，以确定不同状态、不同头部角度的视线范围。

2.3.2.3　肘部高度

（1）应用举例　对于确定柜台、梳妆台、厨房案台、工作台以及其他站着使用工作表面的舒适高度，肘部高度数据是必不可少的。通常，这些表面的高度都是凭经验估计或是根据传统做法确定的。然而，通过科学研究发现，最舒适的高度是低于人的肘部高度约80mm。另外，休息平面的高度大约应该低于肘部高度30～50mm。

（2）百分位选择　假定工作面高度确定为低于肘部高度约80mm，那么从884mm（第5百分位数据）到1026mm（第95百分位数据）这样一个范围都将适合中间的90％的男性使用者。考虑到第5百分位的女性肘部高度较低，这个范围应为829～953mm，才能对男女使用者都适应。但是由于其中包含许多其他因素，如存在特别的功能要求和每个人对舒适高度见解不同等，所以这些数值也只是参考性的。

（3）注意事项　确定上述高度时必须考虑活动的性质，这一点比推荐的"低于肘部高度80mm"还重要。

2.3.2.4　挺直坐高

（1）应用举例　用于确定座椅上方障碍物的允许高度。在布置上下层床时或利用阁楼下面的空间用餐或工作都要由这个关键的尺寸来确定其高度。

（2）百分位选择　由于涉及间距问题，采用第95百分位的数据是比较合适的。

（3）注意事项　座椅的倾斜、座椅软垫的弹性、衣服的厚度以及人坐下和站起来时的活动都是需要考虑的重要因素。

2.3.2.5　放松坐高

（1）应用举例　确定办公室或其他场所的低隔断要用到这个尺寸，确定餐厅和酒吧里的火车座隔断也要用到这个尺寸。

（2）百分位选择　由于涉及间距问题，采用第95百分位的数据也是比较合适的。

（3）注意事项　座椅的倾斜、座椅软垫的弹性、衣服的厚度以及人坐下和站起来时的活动都是需要考虑的重要因素。

2.3.2.6　坐姿眼高

（1）应用举例　当视线是设计问题的中心时，确定视线和最佳视区要用到这个尺寸，这类

设计对象包括剧院、礼堂、教室和其他需要有良好视听条件的室内空间。

（2）百分位选择　假如有适当的可调节性，就能适应从第5百分位到第95百分位或者更大的范围。

（3）注意事项　应该考虑本书中其他章节所论述的头部与眼睛的转动范围、座椅软垫的弹性、座椅面距地面的高度和可调座椅的调节范围。

2.3.2.7　坐姿的肩中部高度

（1）应用举例　该高度很少被建筑师和室内设计师所使用。但是，在设计那些对视听有要求的空间时，这个尺寸有助于确定出妨碍视线的障碍物，或许在确定火车座的高度以及类似的设计中有用。

（2）百分位选择　由于涉及间距问题，一般使用第95百分位的数据。

（3）注意事项　要考虑座椅软垫的弹性。

2.3.2.8　肩宽

（1）应用举例　肩宽数据可用于确定环绕桌子的座椅间距和影剧院、礼堂中的排椅座位间距，也可用于确定公用和专用空间的通道间距。

（2）百分位选择　由于涉及间距问题，一般使用第95百分位的数据。

（3）注意事项　使用这些数据要注意可能涉及的变化。要考虑衣服的厚度，还要注意由于躯干和肩的活动，两肩之间所需的空间会加大。

2.3.2.9　两肘之间宽度

（1）应用举例　可用于确定会议桌、餐桌、柜台和牌桌等周围座椅的位置。

（2）百分位选择　由于涉及间距问题，一般使用第95百分位的数据。

（3）注意事项　应该与肩宽尺寸结合使用。

2.3.2.10　臀部宽度

（1）应用举例　这些数据对于确定座椅内侧尺寸和设计酒吧、柜台和办公座椅等极为有用。

（2）百分位选择　由于涉及间距问题，一般使用第95百分位的数据。

（3）注意事项　根据具体条件、与两肘之间宽度和肩宽结合使用。

2.3.2.11　肘部平放高度

（1）应用举例　与其他一些数据和考虑因素联系在一起，用于确定椅子扶手、工作台、书桌、餐桌和其他特殊设备的高度。

（2）百分位选择　肘部平放高度既不涉及间距问题，也不涉及伸手拿物品的问题，其目的只是能使手臂得到舒适的休息即可。选择第50百分位左右的数据是合理的。在许多情况下，这个高度在140～279mm，这样一个范围可以适合大部分使用者。

（3）注意事项　座椅软垫的弹性、座椅表面的倾斜以及身体姿势都应予以注意。

2.3.2.12　大腿厚度

（1）应用举例　大腿厚度是设计柜台、书桌、会议桌、家具及其他一些室内设备的关键尺寸，而这些设备都需要把腿放在工作面下面。特别是有直拉式抽屉的工作面，要使大腿与大腿上方的障碍物之间有适当的间隙，这些数据是必不可少的。

（2）百分位选择　由于涉及间距问题，一般使用第95百分位的数据。

（3）注意事项　在确定上述设备的尺寸时，其他一些因素也应该同时予以考虑，如腿弯高度和座椅软垫的弹性。

2.3.2.13　膝盖高度

（1）应用举例　是确定从地面到书桌、餐桌和柜台底面距离的关键尺寸，尤其适用于使用者需要把大腿部分放在家具下面的场合。坐着的人与家具底面之间的靠近程度，决定了膝盖高度和大腿厚度是否是关键尺寸。

（2）百分位选择　由于涉及间距问题，一般使用第95百分位的数据。

（3）注意事项　要同时考虑座椅高度和坐垫的弹性。

2.3.2.14　腿弯高度

（1）应用举例　腿弯高度是确定座椅面高度的关键尺寸，尤其对于确定座椅前缘的最大高度更为重要。

（2）百分位选择　确定座椅高度，应选用第5百分位的数据，因为如果座椅太高，大腿受到压力会感到不舒服。例如，一个座椅高度能适应小个子人，也就能适应大个子人。理想的情况是椅子高度可以调节。

（3）注意事项　选用这些数据时必须注意坐垫的弹性。

2.3.2.15　臀部至腿弯长度

（1）应用举例　这个长度尺寸用于座椅的设计中，尤其适用于确定腿的位置、确定长凳和靠背椅等前面的垂直面以及确定椅面的长度（进深）。

（2）百分位选择　应该选用第5百分位的数据，这样能适应最多的使用者（臀部至膝腘部长度较长和较短的人）。如果选用第95百分位的数据，则只能适合这个长度较长的人，而不适合这个长度较短的人。

（3）注意事项　要考虑椅面的倾斜度。

2.3.2.16　臀部至膝盖长度

（1）应用举例　用于确定椅背到膝盖前方的障碍物之间的适当距离，例如，用于影剧院、礼堂等的固定排椅设计中。

（2）百分位选择　由于涉及间距问题，应选用第95百分位的数据。

（3）注意事项　这个长度比臀部至足尖长度要短，如果座椅前面的家具或其他室内设施没有放置足尖的空间，就应该使用臀部至足尖长度。

2.3.2.17　臀部至足尖长度

（1）应用举例　用于确定椅背到足部前方的障碍物之间的适当距离，如用于影剧院、礼堂等的固定排椅设计中。

（2）百分位选择　由于涉及间距问题，应选用第95百分位的数据。

（3）注意事项　如果座椅前方的家具或其他室内设施有放脚的空间，而且间隔要求比较重要，就可以使用臀部至膝盖长度来确定合适的间距。

2.3.2.18　臀部至脚后跟长度

（1）应用举例　对于室内设计人员来说，使用是有限的，当然可以利用它们布置休息室座椅或不拘礼节地就坐座椅。另外，还可用于设计搁脚凳、理疗和健身设施等综合空间。

（2）百分位选择　由于涉及间距问题，应选用第95百分位的数据。

（3）注意事项　在设计中，应该考虑鞋、袜对这个尺寸的影响。一般对于男鞋要加上25mm，对于女鞋则加上76mm。

2.3.2.19　坐姿垂直伸手高度

（1）应用举例　主要用于确定头顶上方的控制装置和开关等的位置，所以较多地被设备专业的设计人员所使用。

（2）百分位选择　选用第5百分位的数据是合理的，这样可以同时适应小个子人和大个子人。

（3）注意事项　要考虑椅面的倾斜度和坐垫的弹性。

2.3.2.20 立姿垂直手握高度

(1) 应用举例　可用于确定开关、控制器、拉杆、把手、书架以及衣帽架等的最大高度。

(2) 百分位选择　由于涉及伸手拿东西的问题，如果采用高百分位的数据就不能适应小个子人，所以设计出发点应该基于适应小个子人，这样也同样能适应大个子人。

(3) 注意事项　尺寸是不穿鞋测量的，使用时要给予适当补偿。

2.3.2.21 立姿侧向手握距离

(1) 应用举例　它们有助于设备设计人员确定控制开关等装置的位置，还可以为建筑师和室内设计师用于某些特定的场所，如医院、实验室等。如果使用者是坐着的，这个尺寸可能会稍有变化，但仍能用于确定人侧面的书架位置。

(2) 百分位选择　由于主要的功用是确定手握距离，这个距离应能适应大多数人，因此，选用第5百分位的数据是合理的。

(3) 注意事项　如果涉及的活动需要使用专门的手动装置、手套或其他某种特殊设备，这些都会延长使用者的一般手握距离。对于这个延长量应予以考虑。

2.3.2.22 手臂平伸手握距离

(1) 应用举例　有时人们需要越过某种障碍物去拿一个物品或者操纵设备，这些数据可用来确定障碍物的最大尺寸。例如，在工作台上方安装搁板或在办公室工作桌前面的低隔断上安装小柜，也包括平开窗开至最远处手能够到达把手的距离。

(2) 百分位选择　选用第5百分位的数据，这样能适应大多数人。

(3) 注意事项　要考虑操作或工作的特点。

2.3.2.23 人体最大厚度

(1) 应用举例　这个尺寸可能对设备设计人员更为有用，但它们也有助于建筑师在较局促的空间里考虑间隙或在人们排队的场合下设计所需要的空间。

(2) 百分位选择　应该选用第95百分位的数据。

(3) 注意事项　衣服的厚薄、使用者的性别以及一些不易察觉的因素都应予以考虑。

2.3.2.24 人体最大宽度

(1) 应用举例　可用于设计通道宽度、走廊宽度、门和出入口宽度以及公共集会场所等。

(2) 百分位选择　应该选用第95百分位的数据。

(3) 注意事项　衣服的厚薄、人走路或做其他事情时的影响以及一些不易察觉的因素都应予以考虑。

2.3.3 修正量

2.3.3.1 修正量的概念

设计产品尺寸时，人体尺寸百分位数只是作为一项基准值，它必须作某些修正后才能成为产品功能尺寸。修正量有功能修正量和心理修正量两种。

功能修正量是为了保证实现产品的某项功能，而对作为产品尺寸设计依据的人体尺寸百分位数所作的尺寸修正量。因为人体测量值均是在裸体条件下测得的，在依据它们进行产品功能尺寸设计时应考虑到由于穿鞋引起的高度变化量和由于着衣引起的围度、厚度变化量。另外，在人体测量时要求被测者的躯干保持挺直姿势。而人在正常作业时，躯干采取自然放松的姿势，因此要考虑到由于姿势不同所引起的变化量。最后要考虑为了确保实现该产品的功能所需的修正量。所有这些修正量总称为功能修正量，各种功能修正量举例如下。

(1) 着装修正量　坐姿时的坐高、眼高、肩高、肘高加6mm，胸厚加10mm，臀膝距加20mm。

(2) 穿鞋修正量　身高、眼高、肩高、肘高对男子加25mm，对女子加20mm。

（3）**姿势修正量** 立姿时的身高、眼高等减10mm；坐姿时的坐高、眼高减44mm。

（4）确定各种操纵器的布置位置或柜类的搁板时，应以上肢前展长为依据，但上肢前展长是后背至中指尖点的距离，因此对按按钮减12mm，推或拨动钮、开关减25mm。

但是，上述的着装和穿鞋修正量的建议值有的已经不适应当前的生活状况。关于着装的修正量，还可参照表2.14中正常人着装尺寸修正量。

表2.14 正常人着装尺寸修正量

项目	尺寸修正量/mm	修正原因	项目	尺寸修正量/mm	修正原因
站姿高	25～38	鞋高	两肘间宽	20	
坐姿高	3	裤厚	肩-肘	8	手臂弯曲时,肩肘部衣物压紧
站姿眼高	36	鞋高	臂-手	5	
坐姿眼高	3	裤厚	大腿厚	13	
肩宽	13	衣	膝宽	8	
胸宽	8	衣	膝高	33	
胸厚	18	衣	臀-膝	5	
腹厚	23	衣	足宽	13～20	
立姿臀宽	13	衣	足长	30～38	
坐姿臀宽	13	衣	足后跟	25～38	
肩高	10	衣（包括坐高3及肩7）			

另外，也可参照Kroemer-Elbert（1997）等的建议修正，见表2.15。

表2.15 实际工作中标准测量值的修正量导则

工作状态	修正量
放松时的立姿与坐姿	在相关人本测量值中减去5%～10%
放松时的躯体	在躯干的围度与厚度上增加5%
穿鞋	立姿与坐姿的测量值上增加25mm,如"高跟鞋"要加得更多
穿轻便衣服	相关测量值上增加5%
穿厚重衣服	相关测量值上增加15%和更多(注意:由于衣服穿得多导致灵活性大大降低)
伸展	由于躯干大幅度动作,故相关伸展值上要加10%或更多
手工工具使用	从手腕量起,手柄中心约是手长的40%
前倾时头(和脖子)姿势	耳朵-眼睛的连线接近水平
舒服的坐的高度	在标准坐高上最多增加或减去10%

心理修正量是为了消除空间压抑感、恐惧感或为了追求美观等心理需要而作的修正量。譬如在设计护栏高度时，对高度低的工作平台，只要栏杆高度略高于人体重心就不会发生因人体重心高而导致的跌落事故。但对于高度高的平台，如10m高台，操作者站在普通高度的护栏旁时会有恐惧心理，因此只有将栏杆高度进一步加高才能克服上述现象。这项附加的加高量便属于心理修正量。从这个角度来说，高层住宅阳台的扶手栏杆应该随建筑高度的升高而增加。

2.3.3.2 修正量的确定方法

修正量通常用实验方法求得。例如，在确定解放鞋（胶鞋）的功能修正量——内底放余量时，制作了一系列实验用的解放鞋，它们的内底放余量分别在0～18mm范围内，分别让一些经过挑选的、足长相同的被试者一一试穿这些不同长度的鞋，然后将实验结果进行统计分析，求出不感到"顶足趾痛"所需的放余量。在确定心理修正量时，让被试者对不同超长度的实验鞋进行试穿实验，将被试者对鞋的头式美观的主观评价量表的评分进行统计，求出心理修正量。

同样，如果要在厨房设计中确定厨房操作台的高度，当然应该以肘高为人体尺寸来考虑，

但是厨房操作台的高度应该距离肘高多少，即需要多大的功能修正量呢？这就需要通过实验来确定了。可以让被试者在距肘高不同的操作台上进行备餐活动，看看哪一种操作台在各种备餐活动上更合适，以此来确定这个很重要的功能修正量。

2.3.4 产品功能尺寸的设定

设计师在确定某一设计尺寸时，应以相应的人体尺寸作为设计依据，而不应把人体尺寸直接作为产品功能尺寸。产品功能尺寸是指为了确保产品实现某一项功能而规定的产品尺寸，它分两类：最小功能尺寸和最佳功能尺寸。

最小功能尺寸是为了确保产品实现某一功能在设计时所规定的产品最小尺寸。所以在根据这个尺寸所设计出来的空间或设施上工作，是谈不上舒适的。

最佳功能尺寸是指为了方便、舒适地实现产品的某项功能而设定的产品尺寸。人体工程学是以追求高效、安全、健康和舒适为目标的，所以只要条件许可，应考虑最佳功能尺寸。特别是随着经济发展，社会已经积累起一定财富时，应该首先想到的是最佳功能尺寸。我们可以船舶的层高为例：

$$产品最小功能尺寸＝人体尺寸百分位数＋功能修正量$$

$$产品最佳功能尺寸＝人体尺寸百分位数＋功能修正量＋心理修正量$$

船舶的最低层高设计，可取男子身高 P90 为 1775mm（16～35 岁组），鞋跟高修正量为 25mm，高度最小富裕量为 90mm。所以船的最低层高＝1775＋（25＋90）＝1890mm。船舶的最佳层高设计时，可取男子身高 P90 为 1775mm，鞋跟高修正量为 25mm，高度富裕量为 90mm，高度的心理修正量为 115mm。所以船的最佳层高＝1775＋（25＋90）＋115＝2005mm≈2000mm。

2.3.5 人体模板（型）及其应用

也可以将人体测量数据与人体结构相结合，制作人体二维的人体模板以及三维的人体模型。通过空间、设备与人体模板相关位置的分析，便可以直观地求出有关设计参数，为合理布置设计提供可靠条件。

2.3.5.1 坐姿人体模板

GB/T 14779—93 标准规定了三种身高等级的成年人坐姿模板的功能设计基本条件、功能尺寸、关节功能活动角度、设计图和使用条件。图 2.17 是该标准提供的坐姿人体模板侧视图（其俯视图和正视图从略）。模板设计尺寸采用穿鞋裸体人体尺寸，并按人体身高尺寸的分布将人群分为大身材（P95）、中身材（P50）、小身材（P5）三个身高等级。侧视图中人身各肢体上标出的基准线是用来确定关节调节角度的，这些角度可以从人体模板上相应部位所设置的刻度盘上读出来。

人体模板可以在侧视图上演示关节的多种功能，但不能演示侧向外展和转动运动。模板上带有角刻度的人体关节调节范围，是指功能技术测量系统的关节角度，包括健康人在韧带和肌肉不超过负荷的情况下所能达到的位置，而不考虑那些对活动姿势来说超出了有生理意义的极限运动。人体模板关节角度的调节范围见表 2.16。

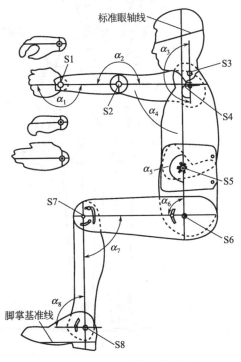

图 2.17 坐姿人体模板侧视图

表 2.16　人体模板关节角度的调节范围

身体关节	调节范围①					
	侧视图		俯视图		正视图	
S1,D1,V1 腕关节	α_1	140°～200°	β_1	140°～200°	λ_1	140°～200°
S2,D2,V2 肘关节	α_2	60°～180°	β_2	60°～180°	λ_2	60°～180°
S3,D3,V3 头/颈关节	α_3	130°～225°	β_3	55°～125°	λ_3	155°～205°
S4,D4,V4 肩关节	α_4	0°～135°	β_4	0°～110°	λ_4	0°～120°
S5,D5,V5 腰关节②	α_5	168°～195°	β_5	50°～130°	λ_5	155°～205°
S6,D6,V6 髋关节	α_6	65°～120°	β_6	86°～115°	λ_6	75°～120°
S7,D7 膝关节③	α_7	75°～180°	β_7	90°～104°	λ_7	—
S8,D8,V8 踝关节	α_8	70°～125°	β_8	90°	λ_8	165°～200°

① 关节角度调节范围的图样是按照功能技术测量系统绘出的。
② 模板腰部的设计仅表现一种协调关系，并不体现它在生理意义上可能有的活动范围。
③ 模板的正视图中取消了膝关节，此时小腿的运动将围绕髋关节进行。

2.3.5.2　人体外形模板

GB/T 15759—95 标准提供了设计用人体外形模板的尺寸数据及其图形。该模板按人体身高尺寸不同分为四个等级，一级采用女子第 5 百分位身高；二级采用女子第 50 百分位身高与男子第 5 百分位身高重叠值；三级采用女子第 95 百分位身高与男子第 50 百分位身高重叠值；四级采用男子第 95 百分位身高。如图 2.18 所示为人体外形模板的两个视图，该模

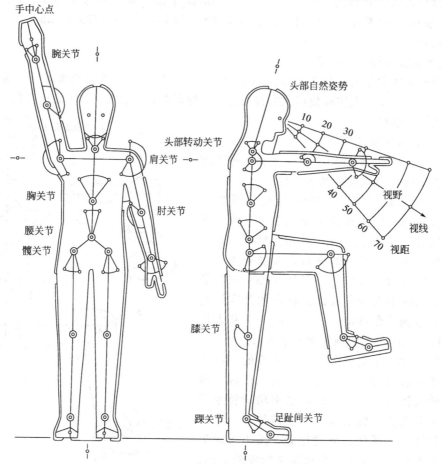

图 2.18　人体外形模板

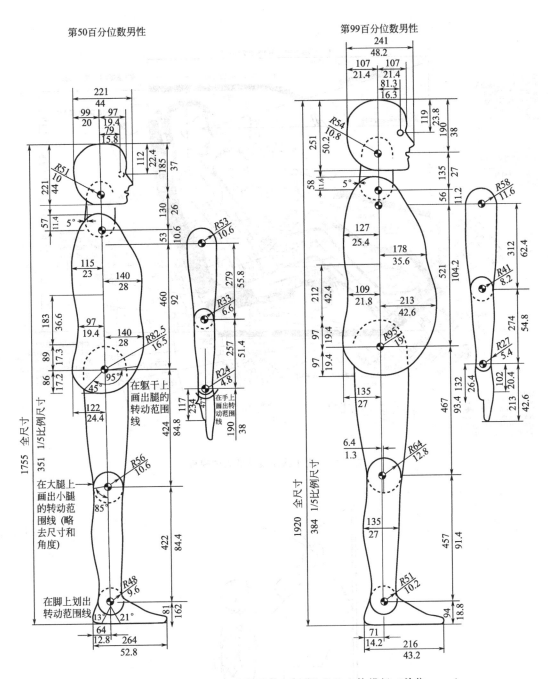

图 2.19　美国男子第 50 百分位和第 99 百分位的人体模板（单位：mm）

板的关节角度调节范围符合表 2.16 的规定。图 2.19 是美国男子第 50 百分位和第 99 百分位的人体模板。

2.3.5.3　人体模板的应用

坐姿人体模板适用坐姿条件下确定座椅、工作面、支撑面、调节部件配置等人体工程学分析和设计。人体外形模板还适用于工作空间、操作位置等辅助设计及其人体工程学分析和评价。人体模板的应用十分广泛，可用于辅助设计、辅助演示或模拟测试等方面。图 2.20 是汽车驾驶室中人与设备相对位置的设计图，图 2.21 是用于工作空间设计的人体模板。

人
体
工
程
学

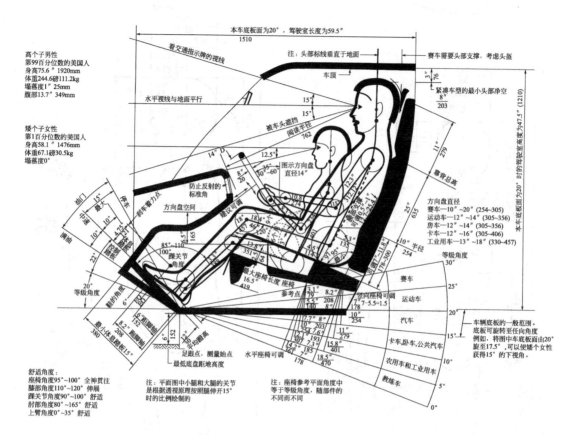

图 2.20　用于汽车设计的人体模板

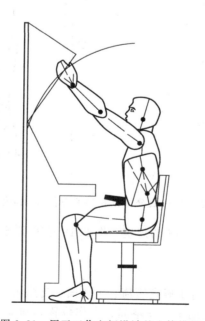

图 2.21　用于工作空间设计的人体模板

思考练习题

1. 人体测量的方法有哪些？人体测量的常用仪器有哪些？
2. 人体尺寸的测量项目有哪些？如何测量人体各部位尺寸？
3. 人体测量数据有何差异？
4. 人体尺寸的要点是什么？
5. 人体测量数据有何特征？
6. 人体尺寸在设计中如何应用？
7. 人体模板的应用范围有哪些？
8. 测量某特定人群（如一个班级所有成员）的人体各部位尺寸。

3 显示装置设计

3.1 人的感觉知觉特性

3.1.1 感觉与知觉

3.1.1.1 定义

感觉是有机体对客观事物的个别属性的反映，是感觉器官受到外界的光波、声波、气味、温度、硬度等物理与化学刺激作用而得到的主观经验。有机体对客观世界的认识是从感觉开始的，感觉是知觉、思维、情感等一切复杂心理现象的基础。

知觉是人对事物的各个属性、各个部分及其相互关系的综合的整体的反映。知觉必须以各种感觉的存在为前提，但并不是感觉的简单相加，而是由各种感觉器官联合活动所产生的一种有机综合，是人脑的初级分析和综合的结果，是人们获得感性知识的主要形式之一。

3.1.1.2 人的感知响应过程

感觉是基础，没有感觉便产生不了知觉；但只有将感觉综合成为知觉，人的大脑才能作出判断与反应。由于感觉与知觉关系密切，心理学中常将两者合起来统称为感知觉，简称感知。

人因接受到外界信息刺激而作出一定的反应，这一过程称为感知响应过程。人体中的感知响应系统，依照感知响应过程的顺序，依次由以下部分组成和起作用：感觉器官传入神经→大脑皮质→传出神经→运动器官。如图3.1为人的神经系统结构。

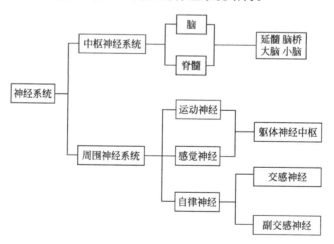

图3.1 人的神经系统结构

3.1.2 人体的主要感觉器官与感觉类型

人依靠感觉器官时刻接受外界环境中的和人体自身状况的信息。各种外界信息以不同类型的物理量呈现，心理学中把呈现的各种物理量称为刺激。人体有能够接受多种刺激的感觉器官，其中主要感受外界刺激的感觉器官参见表3.1。

研究表明，在人所接受的外界信息中，从视觉获得的信息所占的比例最大，从听觉获得的信息次之，从皮肤觉（包括温度觉、触压觉、干湿觉等）获得的信息再次之。显示装置中利用的感觉类型，其重要性的排序也是如此。

表 3.1　人的感觉类型与感觉器官

感觉类型	感觉器官	刺激类型	感觉、识别的信息
视觉	眼睛	一定频率范围的电磁波	形状、位置、色彩、明暗
听觉	耳朵	一定频率范围的声波	声音的强弱、高低、音色
嗅觉	鼻子	某些挥发或飞散的物质微粒	香、臭、酸、焦等
味觉	舌头	某些被唾液溶解的物质	甜、咸、酸、苦、辣等
皮肤觉	皮肤及皮下组织	温度、湿度、对皮肤的触压、某些物质对皮肤的作用	冷热、干湿、触压、痛、光滑或粗糙等
平衡觉	半规管	机体的直线加速度、旋转加速度	人体的旋转、直线加速度
运动觉	机体神经及关节	机体的转动、移动和位置变化	人体的运动、姿势、重力等

3.1.3　感觉与知觉的基本特征

3.1.3.1　感觉的基本特征

（1）人的各种感受器都有一定的感受性和感觉阈限。感受性是指有机体对适宜刺激的感觉能力，它以感觉阈限来度量。感觉阈限是指刚好能引起某种感觉的刺激值。感受性与感觉阈限成反比，感觉阈限越低，感觉越敏锐。

感觉阈限分为绝对阈限和差别阈限。绝对阈限又分上限与下限。下限为刚刚能引起某种感觉的最小刺激值；上限为仍能产生某种感觉的最大刺激值。例如，声音频率低到某一点或高过某一点时就听不到了，这两点便分别称为下限或上限。差别阈限是指刚刚引起差别感觉的两个同类刺激间的最小差异量。并不是任何刺激量的变化都能引起有机体的差别感觉的，如在 100g 重的物体上再加上 1g，任何人都觉察不出重量的变化；至少需要在 100g 重量中再增减 3~4g，人们才能觉察出重量的变化。增减的 3~4g，就是重量的差别阈限。这一指标对某些机器操作者非常重要，所谓操作者的"手感"，就是人的差别感受性能在生产实际中的应用。

（2）从人的感觉阈限来看，刺激本身必须达到一定强度才能对感受器官发生作用。但是如果刺激超过一定强度（最大阈值）时，刺激不仅无效，还会引起不适或痛觉，甚至产生不能复原的损伤。

（3）一种感受器官只能接受一种刺激和识别某一种特征，眼睛只接受光刺激，耳朵只接受声刺激。人的感觉印象 80% 来自眼睛，14% 来自耳朵，6% 来自其他器官。如果同时使用视觉和听觉，感觉印象保持的时间较长。

（4）同时有多种视觉信息或多种听觉信息，或视觉信息与听觉信息同时输入时，人们往往倾向于注意一个信息而忽视其他信息。如果同时输入的是两个强度相同的听觉信息，则对要听的那个信息的辨别能力将下降 50%，并且只能辨别最先输入的或是强度较大的信息。

（5）感觉器官经过连续刺激一段时间后，敏感性会降低，产生适应现象。如嗅觉经过连续刺激后，就不再产生兴奋作用。

3.1.3.2　知觉的基本特征

人的知觉一般分为空间知觉、时间知觉、运动知觉与社会知觉等，它们有如下共同特征。

（1）知觉的整体性　知觉对象一般由许多部分组成，各部分有不同的属性与特征。人们由于具有一定的知识经验，加上某些思维习惯，总是把对象感知为一个统一的整体，而并不是把对象的各部分感知为个别的、孤立的东西。

（2）知觉的理解性　人们往往根据自己过去获得的知识和经验去理解和感知现实的对象。

（3）知觉的恒常性　当知觉的客观条件在一定范围内改变时，知觉印象仍然保持相对的稳定性。例如，阳光下煤块的反射率要比黄昏时粉笔的反射率高，然而人们仍然把粉笔看成白的，把煤块看成黑的，不会依反光率的高低而颠倒黑白。这一知觉特性使人们能够全面、真实、稳定地反映客观事物。

（4）知觉的选择性　人对来自纷繁世界的各种刺激不可能同时全部反映，而总是有选择地把少数刺激物作为知觉的对象，并把它们组成一个整体，对它们的知觉格外清晰，而对同时起作用的其余刺激物的反映则模糊笼统。知觉的这种特性称为知觉的选择性，被选出的形成清晰知觉的事物称为知觉对象，而其他事物与背景会因为知觉的选择性而相互变动。

3.2　人的视觉与听觉特征

3.2.1　视觉机制

产生视觉的视网膜是由杆状和锥状两种感光细胞构成的。与视轴对应的视网膜称为黄斑，黄斑处锥状细胞的密度最高。在视网膜周围，锥体细胞的密度则较少，而杆状细胞的数量却较多。起暗视作用的杆状细胞，只在低照度下（0.01lx 以下）起作用，但不能感受颜色。而起明视作用的锥状细胞，不但能感受颜色，且有较高的视觉敏感性，即能表现出精细的视觉，但在低照度下却不起作用。由上可知，黄斑处具有最高的分辨细微物体的能力和色觉能力。人在注视物体时，会本能地转动眼睛，其目的就在于使物像落在黄斑上，以便于识别。如图 3.2 为人眼球的基本结构，如图 3.3 为人的视觉系统。

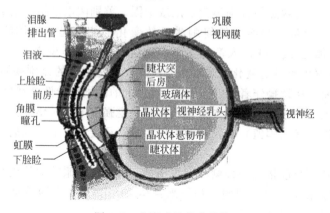

图 3.2　人眼球的基本结构

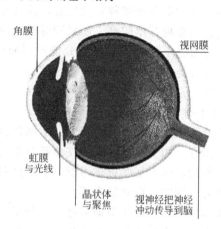

图 3.3　人的视觉系统

3.2.1.1 波长和强度效应

视觉是电磁波刺激人眼视网膜细胞时引起的。人眼所能感受到的电磁波长为 380～780nm，这个波长范围的光称为可见光。波长大于 780nm 的红外线、无线电波，或波长小于 380nm 的紫外线、X 射线等都不能引起人眼的视觉反应。一般光源都包含多种波长的电磁波，称为多色光。将不同波长的光混合起来，可以产生各种不同的颜色，所有不同波长的可见光混合起来则产生白色。人眼可分辨的光色约有 120 多种。

所谓强度效应，是指光的刺激强度只有达到一定数量才能引起视感觉的特性。因此，可见光不仅可以用波长来表示，也可以用强度来表示。光的强度可用照射在某平面上的光通量，即照度来表示，其单位是勒克斯（lx）。

3.2.1.2 视角

视角是由瞳孔中心到被观察物体两端所张开的角度。在一般照明条件下，正常人眼能辨别 5m 远处两点间的最小距离，其相应的视角为 1，即能够分辨的最小物体的视角定义该视角为最小视角。人眼辨别物体细节部分的能力是随着照度及物体与背景的对比度的增加而增加的。

3.2.1.3 视力

视力是表征人眼对物体细部识别能力的一个生理尺度，以最小视角的倒数表示。检查人眼视力的标准规定，最小视角为 $1'$ 时，视力等于 1.0，此时视力为正常。随着年龄的增加，视力会逐渐下降，所以作业环境的照明设计应考虑工作者年龄的特点。

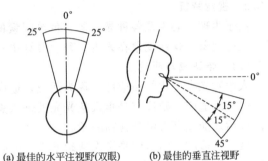

(a) 最佳的水平注视野(双眼)　　(b) 最佳的垂直注视野

图 3.4　最佳注视野

3.2.1.4 视野

视野是指人眼能观察到的范围，一般以角度表示。视野按眼球的工作状态可分为：静视野、注视野和动视野三类。

（1）注视野　在头部固定、眼球静止不动的状态下自然可见的范围。

（2）静视野　在头部固定，而转动眼球注视某一中心点时所见的范围。

（3）动视野　头部不固定而自由转动眼球时的可见范围。

在人的三种视野中，注视范围最小，动视野范围最大。

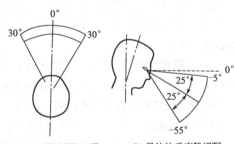

(a) 最佳的水平静视野(双眼)　　(b) 最佳的垂直静视野

图 3.5　最佳静视野

人机工程中，一般以静视野为依据，设计视觉显示器等有关部件，以减少人眼的疲劳。如图 3.4、图 3.5 和图 3.6 所示分别为注视野、静视野、动视野三种视野在水平、铅垂两个方向上的最佳值。三种视野的最佳值之间有以下简单关系：

静视野最佳值＝动视野最佳值＋眼球可轻松
　　　　偏转的角度（头部不动）

动视野最佳值＝静视野最佳值＋头部可轻松
　　　　偏转的角度（躯干不动）

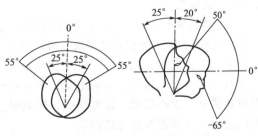

(a) 最佳的水平动视野(双眼)　　(b) 最佳的垂直动视野

图 3.6　最佳动视野

在视野边缘上，人只能模糊地看到有无物体存在，但辨不清其详细形状。能够清楚辨认物体形状的视野为有效视野。静视野的有效视野是以视中心线为轴，上 30°，下 40°，左右各为 15°～20°；其中在中心 3°以内为最佳视野区。

人眼在不同颜色刺激下的色觉视野是不同的，称为色觉视野。人眼对白色视野最大，对黄、蓝、红色依次减小，而对绿色视野最小。

3.2.1.5 视距

视距是指人在控制系统中正常的观察距离。观察各种显示仪表时，若视距过远或过近，对认读速度和准确性都不利，一般应根据观察物体的大小和形状在 380～760mm 之间选择最佳视距。

3.2.1.6 色觉

色觉是一种复杂的生理心理现象。人们能感受到各种不同的颜色，是由于可见光中不同波长的光线作用于人眼视网膜上，并在大脑中引起主观印象的缘故。

一种颜色可以由一种波长光线作用而引起，如红、绿、蓝等，称为原色。也可由两种或多种波长的光线混合作用而引起，由红、绿、蓝三原色适当混合，可以构成光谱上任何一种颜色。

3.2.2 视觉特征

由于生理、心理及各种光、形、色等因素的影响，人在视觉过程中，会产生适应、眩光、视错觉等现象。这些现象在人机工程学设计中有的可以利用，有的则应避免。

3.2.2.1 暗适应与明适应

人眼对光亮变化的顺应性，称为适应，适应有暗适应和明适应两种。

（1）暗适应 暗适应是指人从光亮处进入黑暗处时，开始时一切都看不见，需要经过一定时间以后才能逐渐看清被视物的轮廓。

（2）明适应 明适应是指人从暗处进入亮处时，能够看清视物的适应过程，这个过渡时间很短，约需 1min，明适应过程即趋于完成。

人在明暗急剧变化的环境中工作，会因受适应性的限制，使视力出现短暂的下降。若频繁地出现这种情况，会产生视觉疲劳，并容易引起事故的发生。为此，在需要频繁改变亮度的场所，应采用缓和照明，避免光亮度的急剧变化。

3.2.2.2 眩光

当人的视野中有极强的亮度对比时，由光源直射出或由光滑表面反射出的刺激或耀眼的强烈光线，称为眩光。眩光可使人眼感到不舒服，使可见度下降，并引起视力的明显下降。

引起眩光的物理因素主要有：周围的环境较暗；光源表面或灯光反射面的亮度高；光源距视线太近；光源位于视轴上、下、左、右 30°范围内；在视野范围内，光源面积大、数目多；工作物光滑表面（如电镀、抛光、有光漆等表面）的反射光；强光源（如太阳光）直射照射；亮度对比度过大等。

眩光造成的有害影响主要有：使暗适应破坏，产生视觉后象；降低视网膜上的照度；减弱观察物体与背景的对比度；观察物体时产生模糊感觉等，这些都将影响操作者的正常作业。

3.2.2.3 视错觉

人在观察物体时，由于视网膜受到光线的刺激，光线不仅使神经系统产生反应，而且会在横向产生扩大范围的影响，使得视觉印象与物体的实际大小、形状存在差异，这种现象称为视错觉。

视错觉是普遍存在的现象，其主要类型有形状错觉、色彩错觉及物体运动错觉等。其中常见的形状错觉有长短错觉、方向错觉、对比错觉、大小错觉、远近错觉及透视错觉等。色彩错觉有对比错觉、大小错觉、温度错觉、距离错觉及疲劳错觉等。在工程设计时，为使设计达到预期的效果，应考虑视错觉的影响。

3.2.2.4 视觉损伤

在生产过程中，除切屑粒、火花、飞沫、热气流、烟雾、化学物质等有形物质会造成对眼的损伤之外，强光或有害光也会造成对眼的损伤。

研究表明，眼睛能承受的可见光的最大亮度值约为 $106cd/m^2$，如越过此值，人眼视网膜就会受到损伤。低照度或低质量的光环境，会使眼睛引起各种折光缺陷或提早形成老花。眩光或照度剧烈而频繁变化的光可引起视觉机能的降低。

3.2.2.5 视觉疲劳

长期从事近距离工作和精细作业的工作者，由于长时间看近物或细小物体，睫状肌必须持续收缩以增加晶状体的曲度，这将引起视觉疲劳，甚至导致睫状肌萎缩，使其调节能力降低。

当照度不足时，视觉活动过程即开始缓慢，视觉效率便显著下降，这极易引起视觉疲劳，而且整个神经中枢系统和机体活动也将受到抑制。因此，长期在劣质光照环境下工作，会引起眼睛局部疲劳，表现为眼痛、头痛、视力下降等症状。此外，作为眼睛调节筋的睫状肌的疲劳，还可能形成近视。

3.2.2.6 视觉的运动规律

人们在观察物体时，视线的移动对看清和看准物体有一定规律，掌握这些规律，以利于在工程设计中满足人机工程学的设计要求。

（1）眼睛的水平运动比垂直运动快，即先看到水平方向的东西，后看到垂直方向的东西。所以，一般机器的外形常设计成横向长方形。

（2）视线运动的顺序习惯于从左到右，从上至下，顺时针进行。

（3）对物体尺寸和比例的估计，水平方向比垂直方向准确、迅速且不易疲劳。

（4）当眼睛偏离视中心时，在偏离距离相同的情况下，观察率优先的顺序是左上、右上、左下、右下。

（5）在视线突然转移的过程中，约有 3% 的视觉能看清目标，其余 97% 的视觉都是不真实的，所以在工作时，不应有对产品操作视线突然转移的要求，否则会降低视觉的准确性。如需要人的视线突然转动时，也应要求慢一些才能引起视觉注意。为此，应给出一定标志，如利用箭头或颜色预先引起人的注意，以便把视线转移放慢。或者采用有节奏的结构。

（6）对于运动目标，只有当角速度大于 $(1°\sim2°)/s$ 时，且双眼的焦点同时集中在同一个目标上，才能鉴别其运动状态。

（7）人眼看一个目标要得到视觉印象，最短的注视时间为 $0.07\sim0.3s$，这里与照明的亮度有关。人眼视觉的暂停时间平均需要 $0.17s$。

3.2.3 听觉特性

物体振动导致周围介质（如空气）的振动，而分子的振动能引起人耳鼓膜的振动，进而引起耳蜗中淋巴液及其底膜的振动，使基底膜表面的科蒂器中的毛细胞产生兴奋，听神经纤维就分布在毛细胞下面的基底膜中，机械能形式的声波就在此处转变为听神经纤维上的神经冲动，并以神经冲动的不同频率和组合形式对声音信号进行编码，然后被传送到大脑皮质听觉中枢，从而产生了听觉，即人耳听到了声音。引起听觉的刺激就是物体振动发出的声波，而该振动物体就是声源。

3.2.3.1 声波的三个基本物理量：频率、波长和声速

（1）频率 物体每秒钟振动的次数称为频率，用 f 表示，单位为 Hz，物体振动时发出的声音，只有频率在 $20\sim20000Hz$ 范围内的声音人耳才能感觉到，即才能引起听觉。

（2）波长 振动介质在一个周期内所经过的距离称为波长，用 λ 表示，单位为 m。波长与频率成反比。

（3）声速 声波传播的速度称为声速，用 c 表示，单位为 m/s。声速随介质的弹性、密度、温度不同而变化。

3.2.3.2 听觉绝对阈限

听觉的绝对阈限是人的听觉系统感受到最弱声音和痛觉声音的强度。它与频率和声压有关。在阈限以外的声音，人耳感受性降低，以致不能产生听觉。声波刺激作用的时间对听觉阈值有重要的影响，一般识别声音所需的最短持续时间为 $20\sim50\mathrm{ms}$。

听觉的绝对阈限包括频率阈限、声压阈限和声强阈限。频率 $20\mathrm{Hz}$、声压 $2\times10^{-5}\mathrm{Pa}$、声强 $10\sim12\mathrm{W/m^2}$ 的声音为听阈。低于这些值的声音不能产生听觉。而痛阈声音的频率为 $20000\mathrm{Hz}$、声压 $20\mathrm{Pa}$、声强 $10\mathrm{W/m^2}$，人耳的可听范围就是听阈与痛阈之间的所有声音。

3.2.3.3 听觉的辨别阈限

人耳具有区分不同频率和不同强度声音的能力。辨别阈限是指听觉系统能分辨出两个声音的最小差异辨别阈限，与声音的频率和强度都有关系。人耳对频率的感觉最灵敏，常常能感觉出频率微小的变化，而对强度的感觉次之，不如对频率的感觉灵敏。不过两者都是在低频、低强度时，辨别阈限较高。另外，在频率 $500\mathrm{Hz}$ 以上的声频及声强辨别阈限大体上趋于一个常数。

3.2.3.4 辨别声音的方向和距离

正常情况下，人的两耳的听力是一致的，因此，根据声音到达两耳的强度和时间先后之差可以判断声源的方向。例如，声源在右侧时，距左耳稍远，声波到达左耳所需时间就稍长。声源与两耳间的距离每相差 $10\mathrm{mm}$，传播时间就相差 $0.029\mathrm{ms}$。这个时间差足以给判断声源的方位提供有效的信息。另外，由于头部的屏蔽作用及距离之差会使两耳感受到声强的差别，以此同样可以判断声源的方位。如果声源在听者的上下方或前后方，就较难确定其方位。这时通过转动头部，经获得较明显的时差及声强差，加之头部转过的角度可判断其方位。在危险情况下，除了听到警戒声之外，如能识别出声源的方向，往往会避免事故发生。

3.2.3.5 听觉的掩蔽

不同的声音传到人耳时，只能听到最强的声音，而较弱的声音就听不到了，即弱声被掩盖了。这种一个声音被其他声音干扰而听觉发生困难，只有提高该声音的强度才能产生听觉，这种现象称为声音的掩蔽。被掩蔽声音的听阈提高的现象，称为掩蔽效应。

工人在作业时由于噪声对正常作业的监视声及语言的掩蔽，不仅使听阈提高，加速人耳的疲劳，而且影响语言的清晰度，直接影响作业人员之间信息的正常交换，而且可能导致事故的发生。

噪声对声音的掩蔽与噪声的声压及频率有关。当噪声的声压级超过语言声压级 $20\sim25\mathrm{dB}$ 时语言将完全被噪声掩蔽了；频率与噪声相邻近的声音，被掩蔽效应最大；低频对高频的掩蔽效应较大，反之则较小；掩蔽声愈强，受掩蔽的频率范围也愈大。另外，噪声的频率正好在语言频度范围内（$800\sim2500\mathrm{Hz}$）时，噪声对语言的影响最大。所以在设计听觉传达装置时，应尽量避免声音的掩蔽效应，以保证信息的正确交换。

应当注意到，由于人的听阈复原需要经历一段时间，掩盖声去掉以后，掩蔽效应并不立即消除，这个现象称为残余掩蔽或听觉残留。其量值可代表听觉的疲劳程度。掩盖声也称疲劳声，它对人耳刺激的时间和强度直接影响人耳的疲劳持续时间和疲劳程度，刺激越长、越强，则疲劳程度越高。

3.3 显示装置的类型与设计原则

3.3.1 显示装置的类型与性能特点

显示装置是人机系统中人机界面的主要组成部分之一。人依据显示装置所传示的机器运行

状态、参数、要求，才能进行有效的操纵、使用。优良的显示装置是发挥机器效能的必要条件之一。人机学历史上对显示装置研究的投入很大，积累的数据资料也很丰富。

显示装置按人接受信息的感觉器官可分为视觉显示装置、听觉显示装置、触觉显示装置。其中视觉显示用得最广泛，听觉显示次之，触觉显示只在特殊场合用于辅助显示。视觉显示的主要优点是：能传示数字、文字、图形符号，甚至曲线图表、公式等复杂的和科技方面的信息，传示的信息便于延时保留和储存，受环境的干扰相对较小。听觉显示的主要优点是：即时性、警示性强，能向所有方向传示信息且不易受到阻隔，但听觉信息与环境之间的相互干扰较大。

显示装置按显示的形式可分为：仪表显示、信号显示（信号灯、听觉信号、触觉信号）、荧光屏显示等。

显示仪表的两种常见类型是刻度指针式仪表和数字式显示仪表，两者各有不同的特性和使用条件。刻度指针式仪表与数字式显示仪表的性能对比见表 3.2。

表 3.2　刻度指针式仪表与数字式显示仪表的性能对比

对比内容	刻度指针式仪表	数字式显示仪表
信息	① 读数不够快捷准确 ② 显示形象化、直观，能反映显示值在全量程范围内所处的位置 ③ 能形象地显示动态信息的变化趋势	① 认读简单、迅速、准确 ② 不能反映显示值在全量程范围内所处的位置 ③ 反映动态信息的变化趋势不够直观
跟踪调节	① 难以完成很精确的调节 ② 跟踪调节较为得心应手	① 能进行精确的调节控制 ② 跟踪调节困难
其他	① 易受冲击和振动的影响 ② 占用面积较大，要求必要照明条件	一般占用面积小，常不需另设照明

3.3.2　显示装置设计的一般人机学原则

在现行国家推荐标准《工作系统设计的人类工效学原则》中，给出了"信号与显示器设计的一般人机学原则"。信号和显示器应以适合于人的感知特性的方式来加以选择、设计和配制，尤其应注意下列几点。

（1）信号和显示器的种类和数量应符合信息的特性。

（2）当显示器数量很多时，为了能清楚地识别信息，其空间配置应保证能清晰、迅速地提供可靠的信息。对它们的排列可根据工艺过程或特定信息的重要性和使用频度进行安排，也可依据过程的功能、测量的种类等来分成若干组。

（3）信号和显示器的种类和设计应保证清晰易辨，这一点对于危险信号尤其重要。应考虑强度、形状、大小、对比度、显著性和信噪比等。

（4）信号显示的变化速率和方向应与主信息源变化的速率和方向相一致。

（5）在以观察和监视为主的长时间的工作中，应通过信号和显示器的设计和配置来避免超负荷和负荷不足的影响。

3.4　视觉显示设计

3.4.1　显示仪表的设计

3.4.1.1　刻度盘的形式

刻度指针式仪表的常见形式如图 3.7 所示。图 3.7（a）称为开窗式，可以看成是数字式仪表的一种变形，因为认读区域很小，视线集中，因此读数准确快捷，但对信息的变化趋势及状态所处位置不易一目了然，跟踪调节也不方便，今后会因数字式仪表的发展而逐渐被替代。

图 3.7（d）、（e）两种都是直线形的仪表盘，观察时视线的扫描路径长，因此认读比较慢，误读率高，是图示几种形式中较差的形式。由前述人的视觉运动特性（目光水平方向巡视比铅垂方向快）可知，其中铅垂直线形比水平直线形更差。图 3.7（c）为圆形仪表盘，视线的扫描路径短，认读较快，缺点是读数的起始点和终止点可能混淆不清。图 3.7（b）所示的半圆形仪表盘实际上与图 3.7（f）那样的非整圆形仪表盘的特点是类似的，只不过后三种在式样上显得更灵活一些。它们的共同优点是：视线扫描路径不长，认读方便，起始点和终止点也不会混淆。

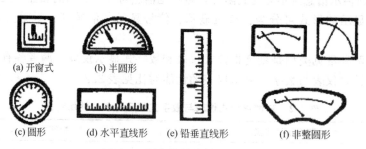

(a) 开窗式   (b) 半圆形

(c) 圆形   (d) 水平直线形   (e) 铅垂直线形   (f) 非整圆形

图 3.7　刻度指针式仪表的形式

曾有人机学工作者做过上述几种形式仪表的误读率测试研究，某一组测试结果如图 3.8 所示。从图 3.8 可以看出，误读率与上面讲的认读时间有相关性：凡认读时间长的，误读率也比较高。

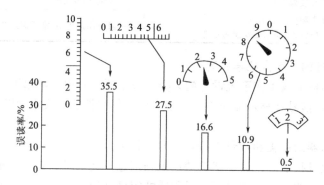

图 3.8　几种仪表刻度盘的形式与误读率

3.4.1.2　仪表刻度盘的尺寸

仪表刻度盘尺寸选取的原则是：在基本保证能清晰分辨刻度的条件下，应选取较小的直径。人们常认为刻度盘尺寸大一点，容易看清楚，比较好。刻度盘尺寸太小，分辨刻度困难，固然不行；但已经能分辨刻度了还继续加大刻度盘尺寸，就使认读时视线扫描路径增加，不但使认读时间加长，也使误读率上升。另外，刻度盘大了也不利于设计的紧凑和精致。

测试研究表明，刻度盘外轮廓尺寸（如圆形刻度盘的直径）D 可在观察距离（视距）L 的 $1/23 \sim 1/11$ 之间选取。表 3.3 给出的刻度盘尺寸与视距的关系，已经考虑了刻度标记数量的影响。实际上，在刻度盘上刻度甚密的条件下，保证两刻度之间的必要间距（下面即将给出与此相关的数据），可能成为刻度盘尺寸的决定性因素。

仪表盘的外轮廓尺寸，从视觉的角度来说，实际上是仪表盘外边缘构件形成的界线尺寸。因此该界线的宽窄、颜色的深浅都影响仪表的视觉效果，也是仪表造型设计中应适当处理的因素。从视觉考虑，以能"拢"得住视线，又不过于"抢眼"、不干扰对仪表的认读为佳。

表 3.3　刻度盘最小尺寸、标记数量与视距的关系

刻度标记的数量	刻度盘的最小直径/mm		刻度标记的数量	刻度盘的最小直径/mm	
	视距为 500mm	视距为 900mm		视距为 500mm	视距为 900mm
38	26	26	150	55	98
50	26	33	200	73	130
70	26	46	300	110	196
100	37	65			

3.4.1.3　刻度、刻度线

（1）刻度标值　刻度值的标注数字应取整数，避免小数或分数。每一刻度，对应 1 个单位值，必要时也可以对应 2 个或 5 个单位值，以及它们的 10、100、1000 倍。刻度值的递增方向应与人的视线运动的适宜方向一致，即从左到右、从上到下，或顺时针旋转方向。刻度值宜只标注在长刻度线上，一般不在中刻度线上标注，尤其不标注在短刻度线上。图 3.9 为刻度标值适宜与不适宜的示例。

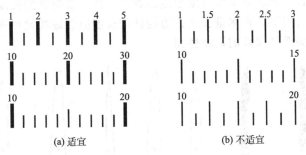

图 3.9　适宜与不适宜的刻度标值示例

（2）刻度间距　刻度盘上两个最小刻度标记（如刻度线）之间的距离称为刻度间距，简称刻度。刻度太小，视觉分辨困难；刻度过大，也使认读效率下降。实验测定，在一般的照明条件下，显示仪表刻度间距对应的视角宜取 α 为 $5'\sim11'$。由此可知刻度间距 D 与视距 L 应有关系。

$$D=(5/3438\sim11/3438)L\approx L/700\sim L/300$$

当要求认读速度较快，例如观察时间在 0.5s 以下时，刻度应在上式中取接近上限的数值，甚至可以适当加大，且最小刻度间距不宜小于 $0.6\sim0.8$mm。刻度间距的最小值还受到刻度盘材料加工性能的影响，钢、铝和有机玻璃等的最小刻度为 1.0mm，黄铜和锌白铜的最小刻度为 0.5mm。

（3）刻度线　刻度线一般分短、中、长三级，如图 3.10 所示。刻度线的宽度一般可在刻度间距的 $1/8\sim1/3$ 的范围内选取。若刻度线的宽度能按短线、中线、长线顺序逐级加粗一些，将有利于快速地正确认读，图 3.11 是三级刻度线宽度、长度的一个示例。刻度线的长度基本取决于观察视距，参考值见表 3.4。

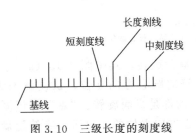

图 3.10　三级长度的刻度线

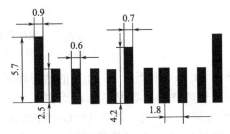

图 3.11　三级刻度线宽度、长度的示例

表 3.4　刻度线长度与视距的关系

视距/m	刻度线长度/mm		
	长刻度线	中刻度线	短刻度线
0.5 以内	5.5	4.1	2.3
0.5～0.9	10.0	7.1	4.3
0.9～1.8	20.0	14.0	8.6
1.8～3.6	40.0	28.0	17.0
3.6～6.0	67.0	48.0	29.0

关于在运动中的或需要在瞬时间认读的刻度，如果仍沿用上面所述的刻度线宽度，会因为视觉"捕捉"细目标的困难，而使认读速度和准确性大为降低。因此运动中的或需要在瞬时间认读的刻度线需要加粗。

3.4.1.4　指针与盘面

指针的形状应有鲜明的指向性特征，参看图 3.12 的示例。指针的色彩与盘面底色也应形成较鲜明的对比。指针头部的宽窄宜与刻度线的宽窄一致。长指针的长度，在不遮挡数码且与刻度线间保留间隙的前提下，宜尽量长些；短指针的长度应兼顾视觉可视性，以及与长指针能明确地区别。这些都关系到仪表的认读性能。

图 3.12　指针造型的指向性示例

若指针的旋转面高于盘面上的刻度线，当观察者的视线不与盘面垂直且不在指针方向时，会造成读数误差。因此应在结构设计中使指针旋转平面与刻度线盘面处在同一平面上。

字符与数码的上与下的朝向，可称为字符数码的立位。仪表盘面上字符数码立位的正确选择，与指针盘面的相对运动关系有关，也就是与指针盘面的结构有关，以图 3.13 所示的例子来加以说明。

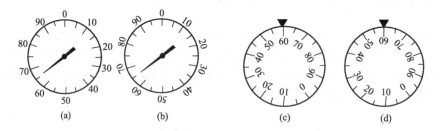

图 3.13　刻度盘结构与字符数码的立位

(a)、(b) 盘面固定、指针旋转；(c)、(d) 盘面旋转、标记固定

图 3.13 (a) 和图 3.13 (b) 的结构都是盘面固定、指针旋转，其中图 3.13 (a) 中字符铅垂方向正向立位，容易认读；而图 3.13 (b) 中的字符向圆心方向立位，认读就困难了，"60"看着像"09"等。图 3.13 (c) 和图 3.13 (d) 的结构都是盘面旋转、"▲"标记固定不动，其中图 3.13 (c) 的字符与图 3.13 (b) 一样是向圆心方向立位的，但所有字符随盘面旋

转到标记"▲"的位置时，都成为铅垂方向的正向立位，便于认读。而对于图 3.13（d）的字符则很容易发生认读错误。

3.4.1.5　数码与字符设计

仪表要迅速准确地把信息显示给人，除刻度和指针的设计要符合人机工程学要求外，还必须配上视觉特性设计的数码和字符，才能最有效地显示信息。除此之外，数码和字符也单独使用显示信息。

（1）数码和字符的形状设计　数码和字符的设计，应使其与其他数码和字符相区别的特征得以加强，而使那些容易与其他数码和字符相混淆的部分得以减弱。并在不同的视觉条件下（可见度、瞬间辨认等），使数码和字符具有便于认读的特征。

例如，在快速分辨和能见度较差的情况下，使用直线和尖角形的数码较好；而在光线良好、视觉条件较优的条件下，采用直线和圆弧形的数码较好。使用拉丁或英文字母时，一般情况下应用大写印刷体，因大写字母的印刷体比小写字母清晰，使用汉字时最好是仿宋字和黑体字的印刷体，其笔画规整清晰易辨。

（2）数码和字符的大小设计　视觉传达设计中文字的合理尺寸涉及的因素很多，主要有观看距离（视距）的远近、光照度的高低、字符的清晰度、可辨性、要求识别的速度快慢等。其中清晰度、可辨性又与字体、笔画粗细、文字与背景的色彩搭配对比等有关。上述这些因素不同，文字的合理尺寸可以相差很大。所以各种特定、具体条件下的合理字符尺寸，常需要通过实际测试才能确定。

在以下三个方面的一般条件下，即：

① 中等光照强度；

② 字符基本清晰可辨（不要求特别高的清晰度，但也不是模糊不清）；

③ 稍作定睛凝视即可看清，则经人机学工作者测定的基本数据是：

$$字符的（高度）尺寸＝（1/300）视距～（1/200）视距$$

通常情况下，若取其中间值，则有：

$$字符的（高度）尺寸＝视距/250$$

由这一简单公式，得到视距 L 与字符高度尺寸 D 之间的对照关系，见表 3.5。

表 3.5　一般条件下字符高度尺寸 D 与视距 L 的对照关系

视距 L/m	1	2	3	5	8	12	20
字符高度尺寸 D/mm	4	8	12	20	32	48	80

如果情况与上述"一般条件"的三条基本符合或接近，则表 3.6 所列数据可直接或参照使用。

表 3.6　仪表盘上字符的高度与视距

视距/m	字符高度/mm	视距/m	字符高度/mm
0.5 以内	2.3	1.8～3.6	17.3
0.5～0.9	4.3	3.6～6.0	28.7
0.9～1.8	8.6		

（3）字符的笔画粗细

① 笔画少字形简单的字，笔画应该粗；笔画多字形复杂的字，笔画应该细。

② 光照弱的环境下字的笔画需要粗，光照强的环境下字的笔画可以细。

③ 视距大而字符相对小时笔画需要粗，反之笔画可以细。

④ 浅色背景下深色的字笔画需要粗，深色背景下浅色的字笔画可以细。

较极端的情况是：白底黑字需要更粗一些，黑底白字可以更细一些；暗背景下发光发亮的字尤其应该细。

（4）字符的排布　视觉传达中字符排布的一般人机学原则如下。

① 从左到右的横向排列优先，必要时采用从上到下的竖向排列，尽量避免斜向排列。

② 行距一般取字高的 $50\%\sim100\%$。字距（包括拉丁字母和阿拉伯数字间的间距）：不小于一个笔画的宽度。拼音文字的词距：不小于字符高度的 50%。

③ 若文字的排布区域为竖长条形，且水平方向较窄，容纳不下一个独立的表意单元（可能是一个词汇或词汇连缀等），则汉字可以从上到下竖排，但拼音文字应采用将水平横排逆时针旋转 $90°$ 的排布形式。

④ 同一个面板上，同类的说明或指示文字宜遵循统一的排布格式。

（5）字符与背景的色彩及其搭配　字符与背景的色彩及其搭配的一般人机学原则如下。

① 字符与背景间的色彩明度差，应在蒙塞尔色系的 2 级以上。

② 照度低于 $10lx$ 时，黑底白字与白底黑字的辨认性差不多；照度在 $10\sim100lx$ 时，黑底白字的辨认性较优；而照度超过 $100lx$ 时，白底黑字的辨认性较优。这里说的白色、黑色，可以分别扩展理解为高明度色彩、低明度色彩。

③ 字符主体色彩（而不是背景色彩）的特性决定了视觉传达的效果。例如红、橙、黄是前进色、扩张色，蓝、绿、灰是后退色、收缩色，因此红色霓虹灯（红色交通灯、信号灯相同）的视觉感受比实际距离近，蓝、绿霓虹灯视觉感受距离相对要远。

④ 字符与背景的色彩搭配对视觉辨认性的影响较大，清晰的和模糊的色彩搭配关系见表 3.7。公路交通上路牌、地名和各种标志所采用的色彩搭配，如黑黄、黄黑、蓝白、绿白等都属于清晰的搭配。

表 3.7　字符与背景的色彩搭配与辨认性

颜色	效果 顺序	清晰的配色效果										模糊的配色效果									
		1	2	3	4	5	6	7	8	9	10	1	2	3	4	5	6	7	8	9	10
底色		黑	黄	黑	紫	紫	蓝	绿	白	黑	黄	黄	白	红	红	黑	紫	灰	红	绿	黑
被衬色		黄	黑	白	黄	白	白	白	黑	绿	蓝	白	黄	绿	蓝	紫	黑	绿	紫	红	蓝

3.4.1.6　仪表布置

单个的仪表，或者仪表板、仪表柜上多个显示装置的布置，应遵循的一般原则如下。

（1）使显示装置所在平面与人的正常视线尽量接近垂直，以方便认读和减少读数误差，如图 3.14 所示。

如图 3.14（a）所示为正常立姿、坐姿及适宜视距下的显示板平面位置，注意正常视线是在水平线以下。现在汽车的仪表板都基本按这一原则安置，如图 3.14（b）所示。

（2）根据前述人的视野、视区特性，显示装置的布置应紧凑，以适度缩小仪表板的总范围；并按重要性和观视频度，将显示器分别布置在合适的视区内。

在显示装置较多、仪表板的总面积较大时，宜将仪表板由平面形改为弧围形或折弯形，如图 3.15 所示，这有利于加快正确认读，缓解眼睛的疲劳。如图 3.15（b）所示汽车仪表布置也遵循了"等视距"的原则。

（3）根据操作的流程，有些仪表板上的仪表有固定的观察顺序，这些仪表就应按前述目光

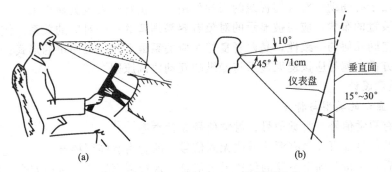

图 3.14　显示装置平面与视线尽量垂直

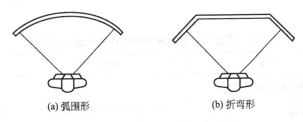

(a) 弧围形　　　　　　(b) 折弯形

图 3.15　弧围形、折弯形仪表板

巡视特性（即视觉运动特性），依观察顺序从左到右、从上到下，按顺时针方向旋转来布置。

（4）注意按"功能分区"的原则布置仪表。例如在一些工程机械上，汽车吊、挖掘机、凿岩机等，行驶时需要关注的是与发动机有关的那部分仪表，像发动机燃油表、发动机水温表、行驶速度表等；到达施工现场后需要关注的是与施工动力有关的仪表，例如显示起吊电动机、液压系统等工作系统运行状态的仪表。这两类仪表应该分开区域进行布置，便于操作，减少失误。

（5）除了前面所讲用作定量显示的读数类仪表以外，还有一类定性显示的检查类仪表或警戒类仪表，一般不需要仪表显示具体量值，却要求能突出醒目地显示系统的工作状态（参数）是否偏离正常。

在较大型的化工厂、电站的监控室里，常装着一排排检查类或警戒类仪表。这类仪表的布置应注意两点：第一，表示"正常状态"的显示器指针位置（也叫"零位位置"），应以钟表上12点、9点或6点的方位排列，即指针指向正上方、正下方或水平向左方向为好，如图3.16（a）和图3.16（b）所示；第二，当仪表较多时，在整齐排列的仪表之间添加辅助线，能使异常情况突显出来，有利于监控人员及时发现，如图3.16（c）所示。图3.16（c）共有6个图，其中上面3个图的每个图里都有仪表偏离了正常位置，但并不容易很快发现；下面3个图都加

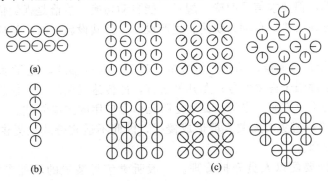

图 3.16　检查类仪表的零位选择和辅助线的应用

画了辅助线，由于有辅助线对人们视线的引导作用，非正常仪表被突显出来，一眼就能发现。

（6）显示装置的布置，应与被显示的对象有容易理解的——对应的关系。使显示装置及其显示对象具有空间几何的一致性，是两者良好对应关系最自然、最简单的形式；显示装置布置还有一个重要方面，就是应该遵循显示与操纵的互动协调原则。

3.4.2 信号显示设计

3.4.2.1 信号显示的类型与特点

信号显示有视觉信号、听觉信号、触觉信号3种类型。

各种类型的信号都可以是有源信号或无源信号。前者由有能源控制、可迅速改变状态的器件提供信息；后者由持久固定不变的设置提供信息。现行国家标准《机械安全　指示、标志和操作》第一部分《关于视觉、听觉和触觉信号的要求》给出的3类有源和无源信号示例见表3.8。

表3.8　视觉、听觉和触觉的有源和无源信号示例

信号	视觉	听觉	触觉
有源	以下各项的通/断或变化： ——颜色 ——亮度 ——对比度(反差) ——(视觉)饱和 闪光 位置改变	以下各项的通/断或变化： ——频率 ——强度(声级) 声音类型	振动 位置改变 定位销/按扣 刚性制动器定位
无源	安全标志 辅助标志 作标记 形状、颜色	安静	形状 表面粗糙度 凹凸 相对位置

三种类型信号的不同功能特点和使用条件如下。

（1）视觉信号　一般由稳光或闪光的信号灯构成视觉信号。

① 信号灯是实现远距离信息显示的常用方法，主要功能特点和优点是：刺激持久、明确、醒目。闪光信号灯的刺激强度更高。

② 信号灯的管理和维护较为容易，便于实现自动控制。

③ 信号灯显示的不足是不适于传达复杂信息和信息量大的信息，否则易引起互相干扰和混乱。一般情况下，一种信号只用来显示一种状态（情况），或表示一种提示、指令。例如显示某一机器在正常运行或出现故障需要检修，对不安全因素提出警示等。

城市里道路十字路口的交通信号灯，一般只要求提供"禁行"、"准备改变"、"通行"三种指令，信息内容简单，但要求信号明确、醒目、能自动切换，恰恰是视觉信号扬长避短应用的典型；如今信号灯已在飞机、车辆、铁路、生产设备、公共设施中有广泛应用。

（2）听觉信号

① 听觉信号有铃、蜂鸣器、哨笛、信号枪、喇叭语言等形式，适于远距离信息显示。听觉信号即时性、警示性强于视觉信号；尤其是语言，能传达复杂的、大信息量的信息，这一点是它优于视觉信号的主要方面。报警、提示是听觉信号应用的主要领域。

② 但听觉信号难以避免对无关人群形成侵扰，因此不适宜持续地提供，这是它不及信号灯应用广泛的主要原因。

③ 听觉信号常需要配以人员守护管理。一般听觉信号装置的功能参数和应用场合参见表3.9。

表 3.9　一般听觉信号装置的功能参数和应用场合

装置类型	声压级范围/dB（距装置 2.5m 处）	主频率/Hz	适用条件、应用场合举例
低音蜂鸣器	50～60	≈200	低噪声、小区域的提示信号
高音蜂鸣器	60～70	400～1000	低噪声、小区域内的报警
1～3in 的铃	60～65	1200～800	电话铃、门铃，低噪声、小区域内的报警
4～10in 的铃	65～90	800～300	学校、企业上下班铃，不大区域内的报警
哨笛、汽笛	90～110	5000～7000	嘈杂的、大区域中的报警

注：1in=0.0254m。

（3）触觉信号　触觉信号只是近身传递信息的辅助性方法，一般是利用提供触觉的物体表面轮廓、表面粗糙度的触觉差异传达信息。如图 3.17 所示为现行国家标准《机械安全　指示、标志和操作》第 1 部分《关于视觉、听觉和触觉信号的要求》提供的仅用触觉可识别表面轮廓差异的示例，可以用来表示不同功能的机械操作。选用时需注意，在一种应用场合选用的形状不宜超过 5 个。

图 3.17　仅用触觉可识别形状的示例

3.4.2.2　信号灯设计

（1）信号灯的视距与亮度

① 信号灯与背景的亮度及亮度比。为保证信号灯必要的醒目性，信号灯与背景的亮度比一般应该大于 2。但过亮的信号灯又会对人产生"眩光"刺激，所以设置信号灯时应把背景控制在较低的亮度水平下。

② 信号灯的亮度与视距。信号灯的亮度要求在多远的距离上能看得清楚，但与此相关的因素却比较多，如室内、室外和白天、黑夜等环境因素；室外信号灯的可见度和醒目性受气候情况的影响很大，其中交通信号灯、航标灯必须保证在恶劣气象条件下一定视距外的清晰可辨；信号传示的险情级别、警戒级别高，则要求信号灯亮度高和可达距离远；信号灯的亮度还与它的大小、颜色有关。

（2）信号灯的颜色　信号灯的颜色与图形符号颜色的使用规则基本相同，如红色表示警戒、禁止、停顿，或标示危险状态的先兆与发生的可能；黄色为提请注意；蓝色表示指令；绿色表示安全或正常；白色无特定含义等。表 3.10 为现行国家标准《人类工效学　险情和非险情声光信号体系》给出的险情信号颜色分类表，设计中应遵照执行。

表 3.10　险情信号颜色分类表

颜色	含义	目标		备注
		注意	表示	
红色	危险异常状态	警报停止禁令	危险状态紧急使用故障	红色闪光应当用于紧急撤离
黄色	注意	注意干预	注意的情况状态改变运转控制	—
蓝色	表示强制行为	反应、防护或特别注意	按照有关的规定或提前安排的安全措施	用于不能明确由红、黄或绿所包含的目的
绿色	安全正常状态	恢复正常继续进行	正常状态安全使用	用于供电装置的监视（正常）

（3）稳光与闪光信号的闪频　与稳光信号灯相比，闪光信号灯可提高信号的察觉性，造成紧迫的感觉，因此更适宜于作为一般警示、险情警示以及紧急警告等用途。

对于一般警示，如路障警示等，可用 1Hz 以下的较低闪频。常用闪光信号的闪频为 0.67～1.57Hz；紧急险情、重大险情，以及需要快速加以处理的情况下，应提高闪光信号的闪频，并与声信号结合使用，如消防车、急救车所使用的信号。人的视觉感受光刺激以后，会在视网膜上有一段暂短的存留时间，称为"视觉暂留"，因此闪光信号的闪频过高（如 10Hz 以上），就不能形成闪光效果，也就没有意义了。闪光信号闪亮的和熄灭的时间间隔应该大致相等。

（4）信号灯的形状、组合和编码　把信号灯与图形符号相结合，通过信号灯的形状来增加其信息含量的方法，现在已被广泛应用，例如：用箭头 "←"、"→"、"⌒"、"Z"、"["、"]" 表示前进方向；用 "×"、"\"、"/" 或 "⃠" 表示禁止；用 "!" 表示注意险情或警告等。

采用多个信号灯的组合，可显示较为复杂的信息内容。例如飞机着陆信号系统，就是在机场跑道两侧各安置一组（一个阵列）信号灯，向飞行员显示其着陆过程的状态是否适宜。图 3.18 所示为 3 种信号灯组合，形象地显示出 3 种状态：图 3.18（a）所示的 "⊥" 形阵列，表示飞机下降航迹过低；若飞机出现危险的俯冲，"⊥" 形阵列进一步改变为闪光的红色；图 3.18（b）所示的 "T" 形阵列，表示飞机下降的航迹过高；而当出现 "+" 形阵列时，才表示飞机下降航迹正确、合适，如图 3.18（c）所示。

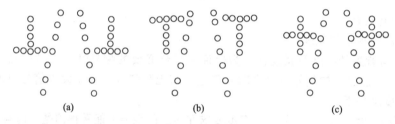

图 3.18　显示飞机着陆过程的信号灯系统

通过信号灯颜色、形状、位置的变换组合，来更有效地增加其信息量，称为信号灯的编码。如图 3.19 所示，汽车尾灯系统信号编码便是常见的例子。

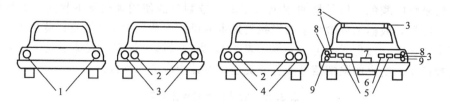

图 3.19　汽车尾灯系统的信号编码示例

1—红色信号灯，指示有车、制动和转向；2—红色信号灯，指示制动和转向；
3—红色信号灯，指示有车；4—绿色信号灯，指示有车；5—绿色信号灯，指示车速 88km/h；
6—绿色信号灯，指示车速小于 56km/h；7—红色信号灯，指示车速小于 8km/h；
8—黄色信号灯，指示转向；9—红色信号灯，指示制动和滑行

3.4.3　图形符号设计

3.4.3.1　图形符号设计

（1）图形符号及其应用领域　图形符号是以图形或图像为主要特征的视觉符号，它用绘画、书写、印刷或其他方法制作，用来传递事物或概念对象的信息，而不依赖语言。

图形符号以直观、精练、简明、易懂的形象表达一定的涵义，传达信息，可使不同年龄、不同文化水平和不同国家、使用不同语言的人群都能够较快地理解，因此在经济、科技、社会生活中有重要的作用。图形符号的主要应用领域有以下几方面。

① 在技术文件上表明 制造或施工要求、设备（设施）所用的材料和配置、功能、原理、结构指示或制造、施工工艺过程等。

② 在设备、仪表的操纵器、显示器、包装、连接插口上作操作指示。

③ 在标志上表示公共信息、安全信息、交通规则、包装运输指示等。

如图 3.20 所示为机动车辆上的图形符号。

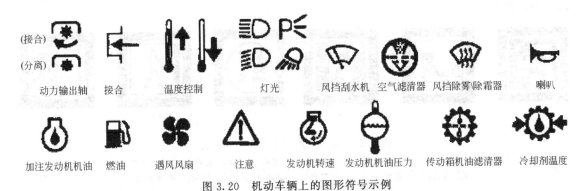

图 3.20 机动车辆上的图形符号示例

（2）图形符号设计的一般原则 根据人的视觉和认知特性，图形符号设计应遵循以下原则。

① 图形符号含义的内涵不应过大，使人们能够准确地理解，不产生歧义。

② 图形符号的构形应该简明，突出表示对象主要的和独特的属性。

③ 图形符号的构形应该醒目、清晰、易懂、易记、易辨、易制。

④ 图形的边界应该明确、稳定。

⑤ 尽量采用封闭轮廓的图形，以利于对目光的吸引积聚。

（3）图形符号的视认特征与繁简 图形符号的设计，除了艺术性方面的形式美学法则以外，从人机学的要求来说主要是视认性，即图形符号能让人们很快意识到它所代表的客体，不产生歧义。因此，第一，图形符号要能突出表达出客体主要的、独特的属性，这是图形符号避免歧义、能抗干扰的根本所在。第二，图形符号要简明。这是图形符号能快速辨认，也是醒目、清晰、易懂、易记、易辨、易制的关键。这两条原则说起来容易理解，但要做到，有的情况下却相当难。

处理图形符号繁简的原则应该是：在能表达出事物专有、独特属性的前提下，越简单越好，如图 3.21 所示就是简洁清晰的图形符号代表。例如大家熟悉的男士、女士图形，用最简单轮廓表示出头、身躯、四肢、翻领上衣或裙子，这样就充分表达了独有属性，其他五官、颈脖、鞋子等全不需要；再增加任何不必要的细节，都不利于醒目、清晰、易辨、易制的要求，因而都不是提高而是降低了图形符号的质量。

图 3.21 表意清晰、构图简洁的图形符号示例

用很简单的图形符号传达较为复杂的内容，常常是不容易的事情。这要求设计者对事物特质具有敏锐的观察力、高度的抽象概括力、丰富的想象力，并调动形、色、意等多种手法来加以表现。所以图形符号设计既富有魅力，也是对设计者富有挑战性的工作。

例如，表示紧急情况（例如火灾）时人员撤离的"太平门"（安全出口）的图形符号设计中，科林斯和莱纳尔（Collins 和 Lerner）在 1983 年对此做过一项测试研究：共设计出 18个图形，考察它们的优劣。测试方法是：在光照条件很差的条件下，只让被试者对这些图形匆匆一瞥，要他们说出该图形是不是表示太平门的图形；记录回答的出错率，进行对比分析，其中 6 个图形的测试结果如图 3.22 所示，每个图形的下面写明了该图形的色彩和测试中的出错率。

图 3.22　太平门图形及其认知性测试

(a) 绿和白 出错率 10%；(b) 黑和白 出错率 9%；(c) 绿和白 出错率 6%；
(d) 红白黑 出错率 39%；(e) 黑和白 出错率 40%；(f) 黑和白 出错率 12%

（4）箭头的表示方法　在图形符号中，应用最广泛的无过于箭头了。人机学工作者对各种箭头形状的视认性优劣作过不少测试研究。一份研究报告的结论如图 3.23（a）所示，图中 7个箭头的视认性从左到右依次一个比一个好，其中最右边那个视认性最佳。这个箭头的"基准图"如图 3.23（b）所示。

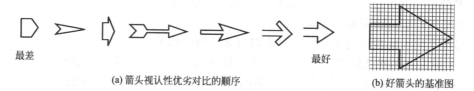

最差　　　　　　　　　　　　　　　　　　　　最好

(a) 箭头视认性优劣对比的顺序　　　　　　　　(b) 好箭头的基准图

图 3.23　箭头视认性的优劣及好箭头的基准图

进行图形符号设计，工作完成时应该提交一份该图形符号的基准图。基准图是按照规定的表示规则，画在网格内的图形符号的既定设计图，以作为该图形符号复制的依据。

由于箭头是国际上应用非常广泛的图形符号，因此，1984 年发布了国际标准 ISO 4196—1984《图形符号箭头的应用》。我国也于 1989 年发布了参照该国际标准的国家标准 GB/T 1252—1989《图形符号箭头及其应用》。该标准给出了箭头基本形式、名称、画法、用法等方面的规定，摘录在表 3.11 中，以供应用中参考。

3.4.3.2　标志设计

（1）标志和应用领域　标志是给人以行为指示的符号和（或）说明性文字。标志有时有边框，有时没有边框，主要用于公共场所、建筑物、产品的外包装以及印刷品。

图形标志则是图形符号、文字、边框等视觉符号的组合，以图像为主要特征，用于表达特定的信息。把这里关于标志、图形标志的定义，与前面关于图形符号的定义进行对比以后可知：标志与图形符号是有密切关系又不完全相同的两个概念。图形是图形标志的主要构成部分，而标志也可能以文字为构成主体。

表 3.11　箭头的画法和用法

箭头基本形式	名称	说　明	
		画　法	用　法
或	运动方向箭头	头部角度:84° 箭杆长度按使用情况选定	一般用在标志类图形符号中,以指导人的行为。应尽量使用带箭杆的箭头。如空间不够时,可选用没有箭杆的箭头。左列箭头的作用相同,可任意选用
a.不表示量值 或 b.表示量值	运动方向箭头	头部角度:45°~60° 头部线条和箭杆线条的宽度相同 箭杆长度按使用情况选定	一般用在设备用图形符号中,表明机器零部件的运动方向,使用时应考虑参考系。不表示值时可在 a 中任选,它们的作用相同。表示量时可选 b
或	功能和箭头	头部角度:84° 箭杆宽度:0.5×头部宽度 箭杆长度:(0.5~1)×头部宽度	一般用在设备用图形符号中,其作用和机器运动的坐标轴无直接关系。此种箭头要和其他符号要素结合使用。左列箭头的作用相同,可任意选用
或	箭头尺寸	头部角度:90° 终端线和箭头线条宽度相同 画法如图: 90° 终端线 45°	一般用在需要标定机器零件或功能的尺寸值的设备上。不适用于工程图或图表。此种箭头应成对使用,在使用时要与其他符号要素相结合

　　标志的应用很广泛,国旗、国徽、军旗、军徽是国家、军队的标志,各种国际国内组织、学会、协会有标志,企业、学校、医疗等各种机构有标志,奥运会、申奥及各种公益活动、竞赛活动有标志……标志设计是实际工作中经常会遇到的工作任务。我国已经发布了一系列有关标志设计的国家标准,供需要时查阅参考,也可从中进一步了解标志的应用范围。

　　(2) 图形标志的设计原则　　前面已经讲述了图形符号的 5 条设计原则,再附加下面的要求,则共同构成图形标志的设计原则。

　　① 图形标志首先要满足醒目清晰和通俗易懂两个基本要求。

　　② 图形应只包含所传达信息的主要特征,减少图形要素,避免不必要的细节。

　　③ 标志图形的长和宽宜尽量接近,长宽比一般不得超过1:4。

　　④ 标志图形不宜采用复杂多变和凌乱的轮廓界限,即应注意控制和减小图形周长对面积之比。

　　⑤ 优先采用对称图形和实心图形。

3.5 听觉显示设计

听觉显示在仪表显示中也占一定位置，在人机系统中，也利用声音这媒介来显示、传递人与机器的信息。

听觉传示装置传递的信息，其载体——波应在人耳能感知的范围内。各种音响报警装置、扬声器和医生的听诊器均属听觉传示装置，而超声探测器、水声测深器等则是声学装置，不属听觉传示装置的范畴。

听觉传示装置分为两大类：一类是音响及报警装置；一类是语言传示装置。

3.5.1 音响及报警装置

用纯音或复音来显示听觉信息的装置称为音响及报警装置，其用途极广。

3.5.1.1 音响和报警装置的类型及特点

（1）蜂鸣器　是音响装置中声压级最低、频率也较低的装置。蜂鸣器发出的声音柔和，不会使人紧张或惊恐，适用于较宁静的环境。它常配合信号灯一起使用，作为提示性听觉显示装置，提请操作者注意，或指示操作者去完成某种操作，也可用作指示某种操作正在进行。例如，汽车驾驶员在操纵汽车转弯时，驾驶室的显示仪表板上就有信号灯闪亮和蜂鸣器鸣笛，显示汽车正在转弯，直至转弯结束。

（2）电铃　其用途不同，其声压级和频率也有较大差别。例如，电话铃声的声压级和频率只稍大于蜂鸣器，主要是在宁静的环境下让人注意；而用作指示上下班的铃声和报警的铃声，其声压级和频率就较高，因而可用于具有强度噪声的环境中。

（3）角笛和汽笛　角笛的声音有吼声（声压级 90～100dB、低频）和尖叫声（高声强、高频）两种，常用作高噪声环境中的报警装置。汽笛声频率高，声强也高，较适合于紧急状态的音响报警装置。

（4）警报器　警报器的声音强度大，可传播很远，频率由低到高，发出的声调富有上升和下降的变化，可以抵抗其他噪声的干扰，特别能引起人们的注意，并强调性地使人们接受。它主要用作危急事态的报警，如防空警报、救火警报等。

表 3.12 是一般音响显示和报警装置的强度和频率参数。

表 3.12　一般音响显示和报警装置的强度和频率参数

使用范围	装置类型	平均声压级/dB		可听到的主要频率/Hz	应用举例
		距离装置 2.5m 处	距离装置 1m 处		
用于较大区域（或高噪声场所）	4in 铃	65～67	75～83	1000	用于工厂、学校、机关上下班的信号；以及报警的信号
	6in 铃	74～83	84～94	600	
	10in 铃	85～90	95～100	300	
	角笛	95～100	100～110	5000	主要用于报警
	汽笛	100～110	110～121	7000	
用于较大区域（或低噪声场所）	低音蜂鸣器	50～60	70	200	用作指示性信号
	高音蜂鸣器	60～70	70～80	400～1000	可作报警用
	1in 铃	60	70	1100	用于提请人注意的场合，如电话、门铃；也可用于小范围内的报警信号用作报时
	2in 铃	62	72	1000	
	3in 铃	63	73	650	
	钟	69	78	500～1000	

注：1in＝25.4mm。

3.5.1.2 音响和报警装置的设计原则

(1) 音响信号必须保证使位于信号接收范围内的人员能够识别并按照规定的方式作出反应。因此，音响信号的声级必须超过听阈，最好能在一个或多个倍频程范围内超过听阈 10dB 以上。

(2) 音响信号必须易于识别，特别是在有噪声干扰的情况下，音响信号必须能够明显地听到并可与其他噪声和信号区别。因此，音响和报警装置的频率选择应在噪声掩蔽效应最小的范围内，例如，报警信号的频率应在 500～3000Hz 之间。其最高倍频带声级的中心频率同干扰声中心频率的区别越大，该报警信号就越容易识别。当噪声声级超过 110dB 时，最好不用声信号来作报警信号。

(3) 为引起人注意，可采用时间上均匀变化的脉冲重复频率低于 0.2Hz 和不高于 5Hz，其脉冲持续时间和脉冲重复频率不能与随时间周期性起伏的干扰声的脉冲持续时间和脉冲重复频率重合。

(4) 报警装置最好采用变频的方法，使音调有上升和下降的变化。例如紧急信号，其基频应在 1s 内由最高频（1200Hz）降到最低频（500Hz），然后听不见，再突然上升，以便再次从最高频降至最低频。这种变频声可使信号变得特别刺耳，可明显地与环境噪声和其他信号相区别。

(5) 显示重要信号的音响装置和报警装置，最好与光信号同时作用，组成"视听"双重报警信号，以防信号脱漏。

3.5.2 语言传示装置

人与机器之间也可用语言来传递信息。传递和显示语言信号的装置称为语言传示装置。如像麦克风这样的受话器就是语言传示装置，而扬声器就是语言显示装置。经常使用的语言传示系统有无线电广播、电视、电话、报话机和对话器及其他录音、放音的电声装置等。

用语言作为信息载体，其优点是可使传递和显示的信息含意准确、接收迅速、信息量较大等；缺点是易受噪声的干扰。在设计语言传示装置时，应注意以下问题。

3.5.2.1 语言的清晰度

所谓语言的清晰度，是指人耳通过语言传达能听清的语言（音节、词或语句）的百分数。语言清晰度可用标准的语句表通过听觉显示来进行测量。例如，若听清的语句或单词占总数的20%，则该听觉传示器的语言清晰度就是 20%。对于听对和未听对的记分方法有专门的规定，此处不作论述。表 3.13 是语言清晰度（室内）与主观感觉的关系。由此可见，设计一个语言传示装置，其语言的清晰度必须在 75% 以上，才能正确传示信息。

表 3.13 语言的清晰度评价

语言清晰度百分率×100	人的主观感觉	语言清晰度百分率×100	人的主观感觉
96	言语听觉完全满意	65～75	言语可以听懂,但非常费劲
85～96	很满意	65 以下	不满意
75～85	满意		

在显示器常常有些特殊装置，如各种报警信号灯、图形信号显示等，对这些特殊装置要进行重点处理，配以标准色或醒目色。如危险、安全、停顿、运行或方向性等，配以不同的颜色就可以使操纵者很快察觉，从而进行处理。

3.5.2.2 语言的强度

语言传示装置输出的语音，其强度直接影响语言清晰度。当语言强度增至刺激阈限以上时，清晰度的百分数逐渐增加，直到差不多全部语音都被正确听到的水平；强度再增加，清晰度百分数仍保持不变，直到强度增至痛阈为止，如图 3.24 所示。不同的研究结果表明，语言的平均感觉阈限为 25～30dB（即测听材料可有 50％被听清楚），而汉语的平均感觉阈限是27dB。如图 3.24 所示，当语言强度接近 120dB 时，受话者将有不舒服的感觉；当达到 130dB 时，受话者耳中有发痒的感觉，再高便达到痛阈，将有损耳朵的机能。因此，语言传示装置的语音强度最好在 60～80dB。

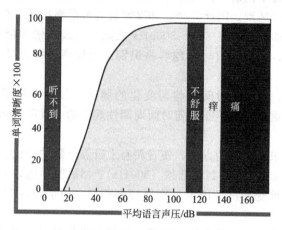

图 3.24　语音强度与清晰度的关系

3.5.2.3　噪声对语言传示的影响

当语言传示装置在噪声环境中工作时，噪声将影响语言传示的清晰度。语音的觉察阈限和清晰度阈限随噪声强度的增加而增高。当噪声声压级大于 40dB 时，阈限的变动与噪声强度成正比。这种噪声对语言信号的掩蔽作用，可用信噪比（平均语言功率对平均噪声功率之比，记为 S/N）来描述，在掩蔽阈限里，S/N 在很大的强度范围内是一个常数。只有在很低或很高的噪声水平时，S/N 才必须增加。在一般噪声环境中使用的语言传示装置，S/N 必须超过 6dB 才能获得满意的通话效果。决定语言清晰度的主要因素是强度，但更重要的是 S/N。

以上介绍的视觉和听觉显示是运用最多的两种显示方式，它们各具特点，应根据实际需要选择使用。视觉显示，由于人的视觉能接受长的和复杂的信息，而且视觉信号比听觉信号容易记录和贮存；而听觉显示，由于人对声信号的感知时间比对光信号的感知时间短，所以，听觉传示作为报警信号器和语言信号器有其特殊的价值。至于触觉传递信号的方式应用就极少了，只有在信息系统比较复杂，而视觉和听觉的负荷均比较重的场合才采用触觉传递装置。

3.6　显示装置案例分析

3.6.1　教师课堂计时器人体工程设计要求

按照要求，笔者所在院校工业（产品）设计专业学生在人体工程学课程中，需完成一个教师课堂计时器的设计。

在设计中，要求学生考虑教师上课环境，首先确定显示形式，采用视觉显示装置、听觉显示装置还是触觉显示装置。

如果选用视觉显示装置，则需确定视距、视角，从而确定选用数字式仪表还是刻度指针式仪表，以及刻度盘的形式，然后依次确定字符大小、字符字体、笔画粗细、字符立位、指针形式、指针尺度、刻度线间距、刻度线粗细、刻度标值等人机因素。对学生的设计方案进行人机评价时逐条进行分析，见表 3.14。

表 3.14　教师课堂计时器设计人机评价指标

视觉显示装置	数字式仪表		屏幕大小选择
			仪表盘边框
			字符大小
			字符字体
			字符间距
			其他因素
	指针式仪表	盘面固定、指针旋转类	开窗类型
			表盘半径
			仪表盘边框
			字符大小
			字符字体
			字符间距
			表盘与字符的色彩
			刻度线设计
			字符立位与刻度标值
			指针设计
			其他因素
		指针固定、盘面旋转类	开窗类型
			表盘半径
			仪表盘边框
			字符大小
			字符字体
			字符间距
			表盘与字符的色彩
			刻度线设计
			字符立位与刻度标值
			指针设计
			其他因素
听觉显示装置	声音类型		
	声强、声压、频率等		
	声音变化规律等其他因素		
触觉显示装置	震动强度		
	频率		

3.6.2　学生《人体工程学》课程设计作品赏析

工业（产品）设计专业学生人体工程学课程设计作品参见本书附录。

思考练习题

1. 什么是感觉与知觉？其基本特征是什么？
2. 人的视觉与听觉特征是什么？
3. 显示装置的类型有哪些？其性能特点是什么？
4. 显示装置设计的一般人机学原则是什么？
5. 视觉显示设计的要点是什么？
6. 听觉显示设计的要点是什么？

4 操纵装置设计

4.1 人体的施力与运动输出特性

4.1.1 人体的肌力及其影响因素

4.1.1.1 人体主要部位的肌肉力量

人体施力均来源于人体肌肉收缩所产生的力量，称为肌力。决定肌力大小的主要生理因素是：

① 单条肌纤维的收缩力；
② 该部位肌肉中肌纤维的数量和体积；
③ 肌肉收缩前的初长度；
④ 中枢神经的机能状态；
⑤ 肌肉对骨骼发生作用的机械条件等。

从上面所述可知，影响肌力大小的生理因素是复杂的。经测定，20～30岁中等体力的男女青年主要部位肌肉能产生的力值见表4.1。

表4.1 20～30岁中等体力的男女青年主要部位肌肉能产生的力值

肌肉的部位		力/N		肌肉的部位		力/N	
		男	女			男	女
手臂肌肉	左	370	200	手臂伸直时的肌肉	左	210	170
	右	390	220		右	230	180
肱二头肌	左	280	130	拇指肌肉	左	100	80
	右	290	130		右	120	90
手臂弯曲时的肌肉	左	280	200	背部肌肉		1220	710
	右	290	210	（躯干屈伸的肌肉）			

一般女性的肌力比男性低20％～30％。右利者右手肌力比左手约高10％；左利者左手肌力比右手高6％～7％。

在工作和生活中，人们使用器械、操纵机器所使用的力称为操纵力。操纵力主要是肢体的臂力、握力、指力、腿力或脚力，有时也用到腰力、背力等躯干的力量。操纵力与施力的人体部位、施力方向和指向（转向），施力时人的体位姿势、施力的位置以及施力时对速度、频率、耐久性、准确性的要求等多种因素有关，详尽全面的描述是很复杂的。各国人机学工作者对此进行过大量测定研究，积累了大量数据资料。下面依次简单介绍的坐姿的手臂

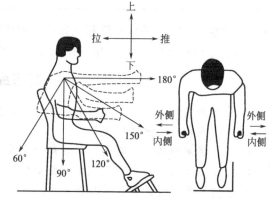

图4.1 坐姿手臂操纵力的测试方位和指向

操纵力、立姿的手臂操纵力和坐姿脚蹬力，仅是操纵力与操纵装置设计关系较为密切。

4.1.1.2　坐姿的手臂操作力

对于中等体力的男子（右利者），坐姿下手臂在不同角度、不同指向上的操纵力，如图4.1所示，相关数据对照见表4.2。

表4.2　坐姿的手臂操纵力（中等体力的男子，右利者）

手臂的角度/°	拉力/N		推力/N	
	左手	右手	左手	右手
	向后		向前	
180	225	235	186	225
150	186	245	137	186
120	157	186	118	157
90	147	167	98	157
60	108	118	98	157
	向上		向下	
180	39	59	59	78
150	69	78	78	88
120	78	108	98	118
90	78	88	98	118
60	69	88	78	88
	向内侧		向外侧	
180	59	88	39	59
150	69	88	39	69
120	88	98	49	69
90	69	78	59	69
60	78	88	59	78

分析表4.2中的数据，可以看出：

① 在前后方向和左右方向上，都是向着身体方向的操纵力大于背离身体方向的操纵力；

② 在上下方向上，向下的操纵力一般大于向上的操纵力。表4.2是测试右利男子所得数据，所以右手操纵力大于左手操纵力；对于左利者，情况应该相反。

4.1.1.3　立姿的手臂操纵力

立姿屈臂操纵力的一项测试实验结果如图4.2所示。实验研究了立姿屈臂从手钩向肩部方向的操纵力与前臂、上臂间夹角的关系，从图中可以看出：前臂上臂间夹角约为70°时，具有最大的操纵力。像风镐、凿岩机之类需手持的较重器具，大型闸门开启装置等设施的设计时，都应注意适应人体屈臂操纵力的这种特性。

如图4.3（a）所示立姿、前臂基本水平的姿势下，男子、女子的平均瞬时向后的拉力分别可达约690N和380N；男子连续操作的向后拉力约为300N；向前的推力比向后的拉力小一些。在图4.3（b）所示内外方向的拉推，则向内的推力大于向外的拉力，男子平均瞬时推力可达约395N。

4.1.1.4　握力

在两臂自然下垂、手掌向内（即手掌朝向大腿）执握握力器的条件下测试，一般男子优势手的握力为自身体重的47%～58%，女子为自身体重的40%～48%。但年轻人的瞬时最大握力常高于这个水平。非优势手的握力小于优势手。若手掌朝上测试，握力值增大一些；手掌朝下测试，握力值减小一些。

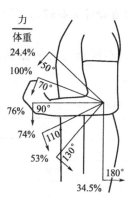

图 4.2　立姿屈臂操纵力的分布

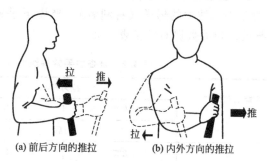

图 4.3　立姿、前臂在水平面两方向上的推拉力

人体所有的施力状态下，力量的大小都与持续的时间有关。随着施力持续时间加长，力量逐渐减小。例如某些类型的肌力持续到 4min 时，就会衰减到最大值的 1/4 左右；且肌力衰减到最大值 1/2 所经历的持续时间，对多数人是基本相同的。

4.1.1.5　坐姿的脚蹬力

在有靠背的座椅上，由于靠背的支撑，可以发挥较大的脚蹬操纵力。脚蹬操纵力的大小与施力点位置、施力方向有关，一项实测结果如图 4.4 所示。该图是坐姿下不同侧视体位脚蹬力的分布情况；由于靠背对接近水平的施力方向能提供最有利的支撑，所以能够达到最大的脚蹬操纵力。但工作时把脚举得过高，腿部肌肉将难以长久坚持，因此实际上图 4.4 中粗线箭头所画、与铅垂线约成 70° 的方向才是最适宜的脚蹬方向。此时大腿并不完全水平，而是前端膝部略有上抬，大小腿在膝部的夹角在 140°～150°。从俯视的方向来看，腿的蹬踩方向偏离正前方15°以上，脚蹬操纵力就大幅度减小，操作灵敏度也明显降低。

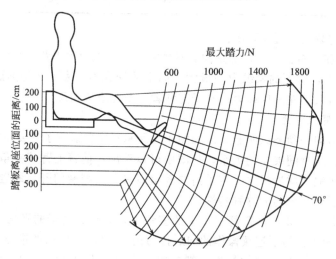

图 4.4　坐姿下不同侧视体位的脚蹬力

4.1.2　反应时和运动时

从汽车驾驶者发现障碍到完成一定操作，例如转动转向盘急速转向避让，或脚踩制动器立即制动，这段时间实际上由两个时间段构成：第一个时间段是感知的时间，称为反应时；第二个时间段是动作的时间，称为运动时。人机系统中其他各种操作的时间均由这样两部分构成。

4.1.2.1 反应时

反应时指从刺激呈现，到人开始作出外部反应的时间间隔，也称为反应潜伏期。这实际是如下知觉过程所经历的全部时间：感觉器官接收外界刺激，刺激经由传入神经传至大脑神经中枢，神经中枢综合处理发出反应指令，指令经由传出神经传至肌肉，直至肌肉收缩开始反应运动。

影响反应时的有人的主体因素，也有刺激的各种客体因素，分述如下。

（1）简单反应时、辨别反应时与选择反应时　如果呈现的刺激只有一个，要求接受刺激者作出的反应也是一个，且两者都是固定不变的，这种条件下的反应时称为简单反应时。如果呈现的刺激可能多于一种，要求刺激接受者只对其中特定刺激作出反应，而对其他刺激不作反应，且即将出现哪种刺激事先并不知道，这种条件下的反应时称为辨别反应时。如果可能呈现的刺激不止一种，要求接受刺激者对不同的刺激作出一一对应的不同反应，且即将出现哪种刺激事先并不知道，这种条件下的反应时称为选择反应时。三种反应时中，简单反应时最短，辨别反应时次之，而选择反应时因为既要辨别刺激种类，又要确定相应的反应形式，所以时间最长。辨别反应时和选择反应时都随可能呈现的刺激数目增多而延长。表4.3是刺激数目对辨别反应时影响的一项测试结果。

表 4.3　关于辨别反应时与刺激数目相关性的一项测试结果

刺激数目	1	2	3	4	5	6	7	8	9	10
辨别反应时/ms	187	316	364	434	485	532	570	603	619	622

（2）刺激类型与反应时　反应时随刺激类型即接受刺激的感觉器官不同而不同。各种感觉器官对应的简单反应时范围见表4.4。

表 4.4　各种刺激类型（感觉器官）的简单反应时范围

刺激类型	触觉(触压、冷热)	听觉(声音)	视觉(光色)	嗅觉(物质微粒)	味觉 (唾液可溶物)	深部感觉 (撞击、重力)
感觉器官	皮肤、皮下组织	耳朵	眼睛	鼻子	舌头	肌肉神经和关节
简单反应时/ms	110～230	120～160	150～200	210～390	330～1100	400～1000

从表4.4可以看出，触觉、听觉和视觉反应时比较短，味觉和深部感觉反应时比较长。另外，触觉反应时与接受刺激的人体部位有关，脸部、手指的反应时短，腿部、脚部的反应时长。味觉反应时中，对咸、甜、酸的反应时分别约为308ms、446ms和536ms，而对苦的反应时则长得多，约为1082ms。

（3）刺激强度与反应时　人的听觉能够感受到的最弱的声音称为"听阈"。其实任何一种外界刺激都要达到一定的强度才能被人感受到，这一强度下的刺激量值称为该种感觉的感觉阈值。反应时与刺激的强度有关，一般的变化规律是：刺激很弱、刚刚达到阈值的条件下，反应时比正常值长得多；随着刺激强度加大，反应时逐渐缩短，但变化越来越小；到达一定的刺激强度以后，反应时就基本稳定不再缩短了。对比表4.5中不同强度声刺激的反应时，可以看出这一变化规律。

表 4.5　刺激强度与反应时的关系

刺激类型	刺激强度	简单反应时/ms
听觉声刺激	刚超过阈值	779
	较弱的强度	184
	中等强度	119
视觉光刺激	弱光照	205
	强光照	162

（4）刺激的对比度与反应时　除了刺激本身的强度以外，反应时还受刺激量值与背景量值对比度的影响，这种对比度常直接关系到刺激的可辨性。例如同样的声刺激，因背景噪声的强度、频率不同而有不同可辨性，反应时也随之不同。视觉刺激中，刺激颜色与背景色的对比影响刺激的可辨性，因而也影响反应时，一项测试结果见表4.6。从表4.6可以看出，红-橙颜色对比下反应时较长，原因不难理解，是因为这两种刺激的对比较弱。

表 4.6　颜色对比对反应时的影响

颜色对比	白-黑	红-绿	红-黄	红-橙
简单反应时/ms	197	208	217	246

影响反应时的其他刺激因素还有刺激持续的时间、是否有预备信号等。

（5）人的主体因素与反应时　影响反应时的人的主体方面，有先天性的个体差异、当时状况和培训造成的差异等几方面。先天性的个体差异来源于素质、性别、个性等因素；当时状况指年龄、健康状况、疲劳状况、情绪、生理节律等状态；培训对反应时的影响更是明显，驾驶汽车、打字、速记等工作都可以通过培训减少反应时，从而有效地提高工作效率。

4.1.2.2　运动时

运动时指从人的外部反应运动开始到运动完成的时间间隔。运动时的时间组成，也包含着神经传导时间、肌肉活动时间及两者交互的时间等部分。由于知觉和运动是人体两种性质不同的过程，所以反应时和运动时之间没有显著的相关性。运动时随着人体运动部位、运动形式、运动距离、阻力、准确度、难度等的不同而不同，影响因素非常多。通常作为"人体功能"基础数据进行测试的，只是最简单的运动，例如用手按压或触摸身体前方不远的某物、某点，而这对于操纵装置设计的应用显然是不够的。实际操纵运动的情况很复杂，各种不同的操作类型和操作要求，运动部位、形式、距离、阻力、要求的准确度、难度都不相同，例如单单就旋转旋钮而言，由于旋钮尺寸、阻力、安放位置、要求调节准确度等条件不同，操作运动时间就大有差异。所以各种操作运动的时间一般不作为人体功能基础数据、而属于操纵设计中肢体运动输出数据的范围。

4.1.3　肢体的运动输出特性

4.1.3.1　运动速度与频率

与肢体运动速度、频率有关的因素较多，下面就人体运动部位、运动形式、运动方向、阻力（阻力矩）、运动轨迹等因素的影响，各举一些实测数据的例子来作简要说明。

（1）人体运动部位、运动形式与运动速度　表4.7给出了主要人体部位完成一次简单运动最少平均时间的参考数据。从这些数据的对比，可以了解人体不同部位、不同形式和条件下运动时间的相对差异。但与具体运动距离、运动角度、阻力、阻力矩有关的运动时间数据，尚需查阅详尽的资料或进行实测研究。

表 4.7　人体完成一次动作的最少平均时间

人体运动部位	运动形式和条件	最少平均时间/ms
手	直线运动抓取	70
	曲线运动抓取	220
	极微小的阻力矩旋转	220
	有一定的阻力矩旋转	720
腿脚	向前方、极小阻力踩踏	360
	向前方、一定阻力踩踏	720
	向侧方、一定阻力踩踏	720～1460
躯干	向前或后弯曲	720～1620
	向左或右侧弯	1260

（2）运动方向与运动速度　由于人体结构的原因，人的肢体在某些方向上的运动快于另一些方向。一个测试实验的情况和结果如图 4.5 所示：从水平平面上某定点起始，用右手向 8 个方向上的 8 个等距离的点运动；8 个方向分别是：从正右方的 0°方向开始，每隔 45°作为一个方向。测定不同方向上的平均运动时间，成比例地以到中心点的距离用黑圆点标定在该方向上，得到 8 个黑点；这 8 个点可连接成一个椭圆，椭圆的短轴在 55°～235°的方向上，长轴在 145°～325°的方向上，如图 4.5 中两条互相垂直的虚线所标示。这表明，右手在 55°～235°方向，即在"右上-左下"方向运动较快；而在 145°～325°方向，即在"左上-右下"方向运动较慢。应该说，这一结果从生物力学来看是不难理解的。

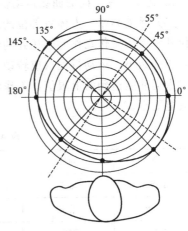

图 4.5　右手在水平面内 8 个方向上运动时间的对比

（3）运动负荷与运动速度　肢体各种运动的速度都随运动中阻力的增大而减小。表 4.8 所列数据是反映这种关系的一个例子：掌心向上持握一个物体，在物体的三个不同重量等级下，测定记录手掌旋转一定角度所需要的时间。

表 4.8　不同持握重量下手掌的转动角度与转动时间　　　　　　　　单位：ms

持握的重量/kg	30°	60°	90°	120°	150°	180°
≤0.9	110	150	190	240	290	340
1.0～4.5	160	230	310	380	460	550
4.6～16	300	440	580	730	870	1020

（4）运动轨迹与运动速度　基于人体构造的原因，运动轨迹对运动速度的影响有以下几点。

① 人手在水平面内的运动快于铅垂面内的运动；前后的纵向运动快于左右的横向运动；从上往下的运动快于从下往上的运动；顺时针转向的运动快于逆时针转向的运动。

② 人手向着身体方向的运动（向里拉）比背离身体方向的运动（向外推）准确度高。多数右利者右手向右的运动快于左手向左的运动，多数左利者左手向左的运动快于右手向右的运动。

③ 单手可以在此手一侧偏离正中 60°的范围之内较快地自如运动，如图 4.6（a）所示；而双手同时运动，则只在正中左右各 30°的范围之内能较快地自如运动，如图 4.6（b）所示。当然，正中方向及其附近是单手和双手能较快自如运动的区域，如图 4.6（c）所示。

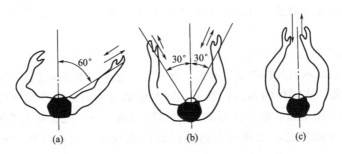

图 4.6　单手与双手能较快自如运动的区域

④ 连续改变方向的曲线运动快于突然改变方向的折线运动。

（5）运动频率　人体各部位的运动频率也是人机工程设计关注的数据。表 4.9 是人体不同部位几种常用操作动作能够达到的最高频率。表中所列数据对应的条件是：运动阻力（或阻力矩）极为微小，运动行程（或转动角度）很小，由优势手或优势脚进行测试。表中所列数据是一般人运动能达到的上限值，工作时适宜的操作频率应该小于这个数值，长时间工作的操作频率只能更小。

表 4.9　人体各部位的最高运动频率　　　　　　　　　单位：次/s

运动部位	运动形式	最高频率	运动部位	运动形式	最高频率
小指	敲击	3.7	手	旋转	4.8
无名指	敲击	4.1	前臂	伸屈	4.7
中指	敲击	4.6	上臂	前后摆动	3.7
食指	敲击	4.7	脚	以脚跟为支点蹬踩	5.7
手	拍打	9.5	脚	抬放	5.8
手	推压	6.7			

4.1.3.2　运动准确性及其影响因素

（1）运动准确性　准确性是人体运动输出质量的重要指标。准确的操作是人机系统正常运行的基本要求；快速操作只有在准确的前提下才有意义。操作运动准确性要求主要包括以下几个方面：

① 运动方向的准确性；

② 运动量（操纵量），如运动距离、旋转角度的准确性；

③ 操作运动速度的准确性（一般操作都要求实现平稳的速度变化，跟踪调节操作则要求更准确的操作速度）；

④ 操纵力的准确性（在有一定阻力或阻力矩的操作中，准确的操纵量通常依赖准确的操纵力才能达到）。

（2）运动准确性的影响因素　除了人们种种先天性的个体差异、当时的健康和觉醒水平、培训练习状况以外，运动准确性与运动本身的速度、方向、位置、动作类型等因素有关，下面仅就部分因素作简略的说明。

① 运动速度与准确性。随着运动速度加快，准确性通常将会降低。但两者的变化一般呈图 4.7 所示的速度-准确性特性曲线关系：在曲线 A 点的附近，运动速度变化对准确性的影响很小，因此降低速度对提高准确性并无明显作用。速度高到一定数值以后，图 4.7 的曲线下降明显，表明运动准确性加速降低。因此，在图 4.7 中 A 点附近选点，能兼顾到速度和准确性两方面的要求。

② 运动方向与准确性。如图 4.8 所示是关于手臂运动方向对准确性影响的一个实测例子：让受试者手握细杆沿图示的几种槽缝中运动，记录细杆触碰槽壁的次数，触碰次数多表示细杆在槽中运动准确性低。在同样的测试设置下，四种运动方向的触碰次数已标注在图 4.8（a）、（b）、（c）、（d）各分图下面，触碰次数之比为 247：202：45：32。可见手臂在左右方向的运动准确性高，上下方向次之，而前后方向的运动准确性差，而且互相对比的差别是相当明显的。

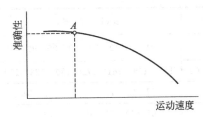

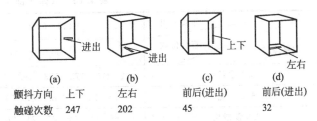

图 4.7 运动速度-准确性特性曲线　　图 4.8　手臂运动方向对准确性影响的一个实例

③ 动作类型与准确性。使用操纵器和工具可能有各种不同的动作类型，由于解剖学的特点，肢体控制不同类型动作的准确性、灵活性是不同的。图 4.9 给出了优劣不同的三组对比：上面三个图所示操作的准确性，均优于对应的下图。图 4.9（a）上图为在水平面内的转动操作，其准确性优于下图所画的在铅垂面内的转动操作；图 4.9（b）上图为在水平面的按压操作，其准确性优于下图所画的在铅垂面的按压操作；图 4.9（c）上图为手握弯曲把手由大小臂控制的绕轴转动，其准确性优于下图所画的手抓球体由手腕控制的绕轴转动。准确性随动作类型而不同的现象很多，图 4.9 所示只是其中的少数几个示例。

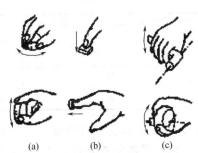

图 4.9　准确性随动作类型不同的例子

④ 运动量与准确性。准确性一般还与运动量大小有关，例如手臂伸出和收回的移动量较小（如 100mm 以内）时，常有移动距离超出的倾向，相对误差较大；移动量较大时，则常有移动距离不足的倾向，相对误差较小。旋转运动量与准确性的关系与此类似。

4.1.4　人的手足尺寸与人体关节活动

人在感知显示装置传示的信息以后，经大脑分析，作出判断，然后操纵机器的运行。在声控及其他非接触式智能控制技术充分发展以前，手足尤其是手动操纵，是主要的操纵方式。生活中的工具、设施也多由手足使用。因此，操纵装置和器物设计中人的因素，主要是指手足的操纵特性，包括人体手足尺寸、肢体的施力与运动特性等，因此本章首先给出有关这方面的基本知识。

4.1.4.1　人体手足尺寸

人体手足尺寸是操纵器尺寸设计的基本依据。现行国家标准《中国成年人人体尺寸》给出了中国成年人的手部基本尺寸和足部基本尺寸，如图 4.10 和图 4.11 及表 4.10 和表 4.11 所示。

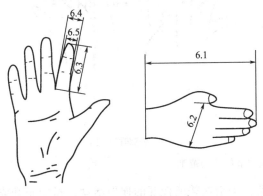

图 4.10　人体手部尺寸

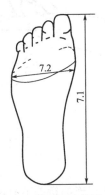

图 4.11　人体足部尺寸

人体工程学

表 4.10　人体手部尺寸　　　　　　　　　　　　　　单位：mm

测量项目	年龄分组 百分位数	男（18～60 岁）							女（18～55 岁）						
		1	5	10	50	90	95	99	1	5	10	50	90	95	99
6.1 手长		164	170	173	183	193	196	202	154	159	161	171	180	183	189
6.2 手宽		73	76	77	82	87	89	91	67	70	71	76	80	82	84
6.3 食指长		60	63	64	69	74	76	79	57	60	61	66	71	72	76
6.4 食指近位指关节宽		17	18	18	19	20	21	21	15	16	16	17	18	19	20
6.5 食指远位指关节宽		14	15	15	16	17	18	19	13	14	14	15	16	16	17

表 4.11　人体足部尺寸　　　　　　　　　　　　　　单位：mm

测量项目	年龄分组 百分位数	男（18～60 岁）							女（18～55 岁）						
		1	5	10	50	90	95	99	1	5	10	50	90	95	99
7.1 足长		223	230	234	247	260	264	272	208	213	217	229	241	244	251
7.2 足宽		86	88	90	96	102	103	107	78	81	83	88	93	95	98

4.1.4.2　人体关节的活动

（1）手部关节活动范围　手部的关节活动可分为腕关节活动和指关节活动两种类型。腕关节主要有两个自由度的活动。

① 向手心或手背方向的转动，分别称为掌侧屈、背侧屈，如图 4.12（a）所示。

② 向拇指或小手指方向的转动，分别称为桡侧偏、尺侧偏（两根前臂骨中拇指一侧的那一根叫"桡骨"，小手指一侧的那一根叫"尺骨"，桡侧偏、尺侧偏的名称即由此而来），如图 4.12（b）所示。腕关节虽能绕中指方向轴线作一点小角度的转动，但很费力，实际上主要由小臂转动来完成这样的活动。图 4.12 中标注了经实验测定的几个"可达"的参考数据，需要注意的是，人虽然能够活动到这个限度，但在接近此限度的状态下工作却是劳累的，时间长了还容易致伤，应该避免。

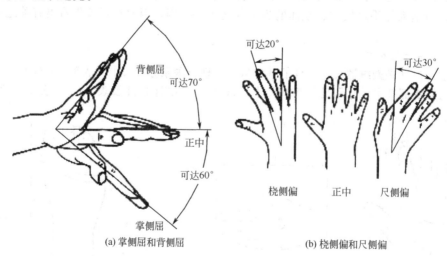

（a）掌侧屈和背侧屈　　　　　（b）桡侧偏和尺侧偏

图 4.12　腕关节的活动范围

与手掌相连的指关节有两个自由度的活动：手指握拳或伸开的伸屈活动；指间张开或并拢的张合活动。不与手掌相连的指关节只能作伸屈活动。

（2）人体的其他关节活动　人体全身还有其他很多关节，这些关节的最大活动范围和能轻松舒适调节的范围见表4.12，表列数值适用于一般情况。年岁较高者，或衣着较厚者，关节活动范围有所减少。人体可以大体看作是由多个关节连接而成的一个连环结构，正像腰关节总的转动角度是由几对腰椎骨间的转角累加的结果，全身各部位能够达到的活动角度，也是各有关关节转动角度累加的结果。

表4.12　人体主要关节的最大活动范围和能轻松舒适调节的范围

关节	身体部位	活动方式	最大角度/°	最大活动范围/°	舒适调节范围/°
颈关节	头至躯干	低头、仰头 左歪、右歪 左转、右转	+40～-35 +55～-55 +55～-55	75 110 110	+12～-25 0 0
胸关节 腰关节	躯干	前弯、后弯 左弯、右弯 左转、右转	+100～-50 +50～-50 +50～-50	150 100 100	0 0 0
髋关节	大腿至髋关节	前弯、后弯 外拐、内拐	+120～-15 +30～-15	135 45	0(+85～+100) 0
膝关节	小腿对大腿	前摆、后摆	+0～-35	135	0(-95～-120)
脚关节	脚至小腿	上摆、下摆	+110～+55	55	+85～+95
髋关节 小腿关节 脚关节	脚至躯干	外转、内转	+110～-70	180	+0～+15
肩关节 （锁骨）	上臂至躯干	外摆、内摆 上摆、下摆 前摆、后摆	+180～-30 +180～-45 +140～-40	210 225 180	0 (+15～+35) +40～+90
肘关节	下臂至上臂	弯曲、伸展	+145～0	145	+85～+110
腕关节	手至上臂	外摆、内摆 弯曲、伸展	+30～-20 +75～-60	50 135	0 0
肩关节，下臂	手至躯干	左转、右转	+130～-120	250	-30～-60

4.2　操纵器设计的人机学原则

4.2.1　操纵器的类型与选用

操纵器又称为操纵装置、控制器、控制装置。

4.2.1.1　操纵器的类型

操纵器种类很多，为便于分析研究，可以从不同的角度进行分类，简述如下。

（1）按操控方式分　可以分为手动操纵器、脚动操纵器、声控操纵器等操控类型，也可以分为直动操纵器、遥控操纵器等操控方式。

（2）按操控运动轨迹分　手动操纵器按操控运动的轨迹，可分为旋转式操纵器、移动式操纵器和按压式操纵器。旋转式操纵器有旋钮、摇柄、十字把手、手轮（转向盘）等。移动式操纵器有操纵杆、手柄、推扳开关等。按压式操纵器有按钮、按键等。

（3）按操控功能分　一般分为开关式操纵器、转换式操纵器、调节式操纵器、紧急停车操纵器等类型。

4.2.1.2　操纵器的选用原则

（1）手控操纵器适用于精细、快速调节，也可用于分级和连续调节。

（2）脚控操纵器适用于动作简单、快速、需用较大操纵力的调节。脚控操纵器一般在坐姿有靠背的条件下选用。

4.2.2 操纵器设计的一般人机学原则

（1）操纵器的尺寸、形状，应适合人的手脚尺寸及生理学、解剖学条件。

（2）操纵器的操作力、操作方向、操作速度、操作行程（包括线位移行程和角位移行程）、操作准确度控制要求，都应与人的施力和运动输出特性相适应。

（3）在有多个操纵器的情况下，各操纵器在形状、尺寸大小、色彩、质感以及安置位置等方面，尽量给予明显区别，使它们易于识别，以避免互相混淆。

（4）让操作者在合理的体位下操作，考虑操纵器操作的依托支撑要求，减轻操作者疲劳和单调厌倦的感觉。

（5）操纵器的操作运动与显示器或与被控对象，应有正确的互动协调关系。此种互动关系应与人的自然行为倾向一致。

（6）形状美观，式样新颖，结构简单。合理设计多功能操纵器，如带指示灯的按钮，能把操纵和显示功能结合起来等。

4.2.3 操纵器的形状和式样

（1）手动操纵器上手的握持部位应为端部圆滑的圆柱、圆锥、卵形、椭球等便于抓握的形状，横截面为圆形或椭圆形，表面不得有尖角、锐棱、缺口，以求得持握牢靠、方便、无不适感。用手掌按压操作的操纵器的表面，采用蘑菇样的球面凸起形状。用手指按压的表面要有适合指形的凹陷轮廓。按钮的水平截面应为圆形或矩形，按键应为矩形。矩形按钮和直径 3～5mm 的按钮可做成球面或平面形状；在需要互相区别、避免混淆而进行编码的情况下允许制成其他形状。用手指操作的扳钮开关、转换开关的柄部应为圆柱形、圆锥形或棱柱形，柄部外端呈凸球形表面；圆锥形柄部的大头朝外。

（2）脚控操纵器不应使踝关节在操作时过分弯曲，脚踏板与地面的最佳倾角约为 30°，操作时脚掌宜与小腿接近垂直，踝关节的活动范围不大于 25°。

（3）操纵器的式样应便于使用，便于施力。例如操纵阻力较大的旋钮，其周边不宜为光滑的表面，而应制成棱形波纹或压制滚花。

（4）有定位或保险装置的操纵器，其终点位置应有标记或专门的止动限位机构。分级调节的操纵器还应有中间各挡位置的标记，以及各挡位置的定位、自锁、连锁机构，以免工作中的意外触动或振动产生误操作。

（5）操纵器的形状最好能对它的功能有所隐喻、有所暗示，以利于辨认和记忆。这属于造型语义方面的要求和课题。

4.2.4 操纵器的尺寸和操作行程

操纵器尺寸与人体尺寸的适应性主要包括两个方面：第一，操纵器上，人的手脚握持、触压、抓捏、抠挖部位的尺寸，应与人的手脚尺寸相适应，需参照现行国家标准《中国成年人人体尺寸》和《成年人手部号型》等国标进行设计；第二，操纵器的操作行程，例如按钮、按键的按压距离，旋钮、转向盘、手轮的转动角度，扳钮开关、操纵杆的线位移和角位移等，应与人的关节活动范围、肢体活动范围相适应，需参照现行国家标准《工作空间人体尺寸》和《操纵器一般人类工效学要求》等综合类国标，还可参考一些专门行业的国标、行业的技术标准和人体功能方面的文献资料。

操纵器上与人体尺寸有关的上述两个方面，也可以说前者是操纵器上与手脚直接接触部位的"静态尺寸"，后者则是肢体操作操纵器时的"动态尺寸"，下面举例说明。如图 4.13（a）所示双手扶轮缘的手轮（转向盘、转向把），手握部位的轮缘直径优选值为 25～30mm，其依据是人手部尺寸中的"手长"。这种手轮一次手握连续转动的角度一般宜在 90°以内，最大不

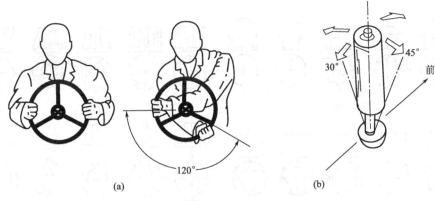

图 4.13　操纵器尺寸与人体尺寸的关系

得超过 120°，其依据则是关节活动范围或肢体活动范围。如图 4.13（b）所示的操纵杆，手握部位的球形杆端球径常取值 32～50mm，其依据是人手抓握多大的物体较为舒适并能较自如地施力。而操纵杆的适宜"动态尺寸"是：对于长度 150～250mm 的短操纵杆，在人体左右方向的转动角度不宜大于 45°，前后方向的转动角度不宜大于 30°；对于长度 500～700mm 的长操纵杆，转动角度适宜值为 10°～15°，其依据便是人的肢体活动范围。

4.2.5　操纵器的识别编码

编码（coding）是指特定信号的系统表示或符合信号定义规则的其他设定值。通俗地说，对一类事物进行编码，就是使其中每一事物具有特征或给予特定代号，以互相区别，避免混淆。

常用的操纵器编码方式有形状编码、大小编码、色彩编码、操作方法编码、位置编码、字符编码等。

4.2.5.1　形状编码

形状编码指使不同功能的操纵器具有各自不同、鲜明的形状特征，便于识别，避免混淆。操纵器的形状编码还应注意：

① 形状最好能对它的功能有所隐喻、有所暗示，以利于辨认和记忆；

② 尽量使操作者在照明不良的条件下也能够分辨，或者在戴薄手套时还能靠触觉进行辨别。

如图 4.14 所示为美国空军飞机上操纵器的部分形状编码示例。用于飞机驾驶舱内各种操纵杆的杆头形状，互相间的区别明显，即使戴着薄手套，也能凭触觉辨别它们。不同的杆头形状与它的功能还有内在联系。例如"着陆轮"是轮子形状的；飞机即将着陆时为了很快减速，原机翼、机尾上的有些板块要翘起来以增加空气阻力，"着陆板"便具有相应的形状寓意等。

增压器　　混合器　　汽化器　　着陆板　　着陆轮　　熄火器　　动力器　　转速器　　反动器

图 4.14　美国空军操纵器形状编码（摘录）

如图 4.15 所示为常用旋钮的形状编码，其中图 4.15（a）和图 4.15（b）是用于作 360°以上旋转操作的多倍旋转旋钮；图 4.15（c）是用于作 360°以下旋转操作的部分旋转旋钮；图 4.15（d）是用作定位指示的旋钮。图 4.15 中，不同类型旋钮各有其形状功能特点，同类型旋钮也有明显的形状差异。

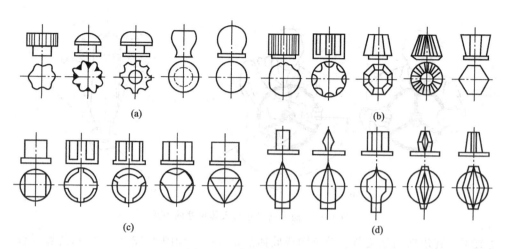

图 4.15　旋钮的形状编码

4.2.5.2　大小编码

大小编码，也称为尺寸编码，通过操纵器大小的差异使之互相间易于区别。

由于操纵器的大小需与手脚等人体尺寸相适应，其尺寸大小的变动范围是有限的。另一方面，测试表明，大控制器要比小一级操纵器的尺寸大 20％以上，才能让人较快地感知其差别，起到有效编码的作用，所以大小编码能分的挡级有限，例如旋钮，一般只能作大、中、小 3 个挡级的尺寸编码。

4.2.5.3　色彩编码

由于只有在较好的照明条件下色彩编码才能有效，所以操纵器的色彩编码一般不单独使用，通常是同形状编码、大小编码结合起来，增强其分辨识别功能。人眼虽能辨别很多的色彩，但因操纵器编码需要考虑在较紧张的工作中完成快速分辨，所以一般只用红、黄、蓝、绿及黑、白等有限几种色彩。

操纵器色彩编码还需遵循有关技术标准的规定和已被广泛认可的色彩表义习惯，例如停止、关断操纵器用红色；启动、接通操纵器用绿色、白色、灰色或黑色；起、停两用操纵器用黑色、白色或灰色，而忌用红色和绿色；复位操纵器宜用蓝色、黑色或白色。

4.2.5.4　位置编码

位置编码指把操纵器安置在拉开足够距离的不同位置，以避免混淆。最好不用眼睛看就能伸手或举脚操作而不会错位。例如拖拉机、汽车上的离合器踏板、制动器踏板和加速踏板因位置不同，不用眼看就能操作。

4.2.5.5　操作方法编码

操作方法编码指用不同的操作方法（按压、旋转、扳动、推拉等）、操作方向和阻力大小等因素的变化进行编码，通过手感、脚感加以识别。

4.2.5.6　字符编码

字符编码指以文字、符号在操纵器的近旁作出简明标示的编码方法。这种方法的优点是编码量可以达到很大，是其他编码方法无法比拟的。例如键盘上那么多键，标上字母和数字后都能分得清清楚楚，在电话机、家用电器、科教仪器仪表上都已广泛采用。但这种方法也有缺点：一是要求较高的照明条件；二是在紧迫的操作中不太适用，因为用眼睛聚焦观看字符是需要一定时间的。

把以上几种编码方式结合起来，可以达到足够大的编码量。

4.3　常用操纵器的设计

常用操纵器包括按压式操纵器、转动式操纵器、移动和扳动式操纵器、脚动操纵器等。

4.3.1　按压式操纵器

4.3.1.1　按钮和按键

常见的小型按压式操纵器是按钮；多个连续排列在一起使用的按钮又特称为按键，因为使用状态像钢琴上的琴键。按钮只有两种工作状态，如"接通"或"断开"，"启动"或"停车"等。其工作方式则有单工位和双工位两种类型。若被按下处于接通状态，按压解除后即自动复位为断开状态（也可以是相反：按下为断开，解除按压后自动复位为接通）者，称为单工位按钮。若被按压到一种状态，按压解除后自动继续保持该状态，需经再一次按压才转换为另一种状态者，称为双工位按钮。

4.3.1.2　按钮按键的人机学参量

按钮按键的截面形状，通常为圆形或矩形；其尺寸大小，即圆截面的直径 d，或矩形截面的两个边长 $a \times b$，应与相关的人体操作部位（如手指）的尺寸相适应。

其他主要人机学参量还有操纵力（按压力）和工作行程。表 4.13 为按钮按键的 3 项人机学参量。

表 4.13　按钮按键的 3 项人机学参量

操纵器及操作方式	基本尺寸/mm		操纵力/N	工作行程/mm
	直径 d（圆形）	边长 $a \times b$（矩形）		
按钮用食指按压	3～5 10 12 15	10×5 12×7 18×8 20×12	1～8	<2 2～3 3～5 4～6
按钮用拇指按压	18～30		8～35	3～8
按钮用手掌按压	50		10～50	5～10

注：戴手套用食指操作的按钮最小直径为18mm。

4.3.1.3　设计注意事项举例

除了表 4.13 所列参量以外，按钮按键设计中还有很多需要注意的人机学因素，举例如下。

（1）按钮的颜色　专用于"停止"、"断电"的用红色；专用于"启动"、"通电"的优先用绿色，也可用白色、灰色或黑色；在按压中反复变换其功能状态的按钮，忌用红色和绿色，可用黑色、白色或灰色。

（2）若按钮的作用是完成两种工作状态的转换，某些使用条件下应附加显示当前状态的信号灯；若按钮可能处在较暗的环境下，宜提供指示按钮位置的光源。

（3）按钮的上表面，即手指接触的表面多为微凸的球面，操作手感好；按钮对所在面板凸起的高度因情况不同而不同，有需要凸起的，有和面板平齐的，有的情况下为了避免无触动，也可略凹入面板以下，这是因为按钮操作都有视觉配合。

按键则与按钮有所不同，按键需排在一起使用，如计算机键盘上的按键还必须适应"盲打"要求，人们凭触觉而不再是依赖视觉进行操作，因此按键有不少与按钮不同的造型特点：如若上表面凸起高度不够，如图 4.16（a）所示，影响触觉感受，盲打就成问题了；若相邻两个按键的间距太小，盲打中容易把两个按键同时按下去，也不好，如图 4.16（b）所示；另外，为了有利于盲打时手指的稳定定位，按键的上表面应该作成微凹的形状，如图 4.16（c）

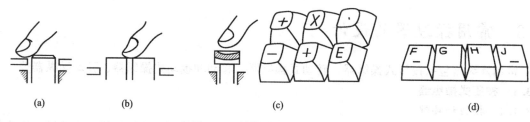

图 4.16　按键造型的一些要求

所示，而不宜与按钮一样微凸。计算机键盘上的"F"、"J"两个字符键上还各有一个"—"形凸起标记，供盲打者左右手区分定位，如图 4.16（d）所示。

（4）确定产品上的按钮如何安置，还应该分析操作时的手型。如图 4.17 所示为产品上用拇指操作的按钮，因安置的位置和按压方向的不同，操作的便利与否，便有很大的差别。

4.3.2　转动式操纵器

常用的手动转动式操纵器有旋钮、手轮、带柄手轮（摇把）等。

4.3.2.1　旋钮

（1）式样与形态

① 多样的造型方案。如图 4.15 所示的旋钮的形状编码已给出旋转 360°以上、360°以下，以及作定向指示的三类旋钮的不同形态。旋钮可能的造型还有很多，图 4.18 是定向指示类旋钮的另外一些造型方案，它们便于转动操作，也易于互相区别，可供参考。

图 4.17　产品上按钮的安置

好　　　不好

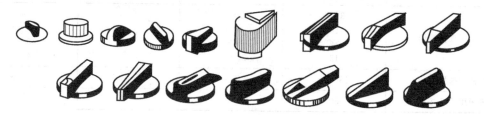

图 4.18　定向指示用旋钮的造型方案

② 有利于施加操作力矩。旋钮应该方便于施加足够的转动力矩，这对如图 4.15（d）和图 4.18 所示捏握处有台阶的旋钮，以及如图 4.15（a）、（b）、（c）所示捏握处为多边形或有明显凸棱的旋钮，都不成问题。唯圆柱形的旋钮，其圆柱周边表面不可太过光滑，而应做出齿纹、

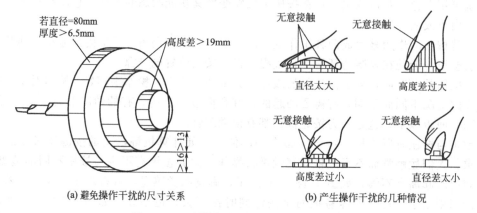

（a）避免操作干扰的尺寸关系

（b）产生操作干扰的几种情况

图 4.19　三层旋钮的尺寸关系和操作干扰

刻痕，如图 4.20 所示。

③ 有利于捏握转动操作，可以用如图 4.19 所示同心三层旋钮的例子来说明。经过对操作手型的研究，为了操作某一层旋钮时不会带动另一层的旋钮，三层旋钮间的尺寸应符合图 4.19（a）的要求。若各层之间的尺寸关系不适当，操作时就可能产生各层之间的干扰，几种干扰的情况如图 4.19（b）所示。

（2）尺寸与操作力矩　图 4.20 所示为两种常见的旋钮，现行国家标准《操纵器一般人类工效学要求》给出了它们的尺寸和操作力矩数值，摘录在表 4.14 中以供参考。

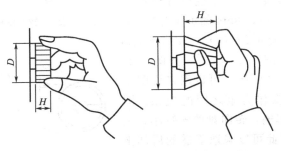

(a) 捏握连续调节旋钮　　　　(b) 指握断续调节旋钮

图 4.20　两种常见的旋钮

表 4.14　两种常见旋钮的尺寸和操作力矩

操纵方式	直径 D/mm	厚度 H/mm	操作力矩/(N·m)
捏握和连续调节	10～100	12～25	0.02～0.5
指握和断续调节	34.75	≥15	0.2～0.7

4.3.2.2　手轮与带柄手轮

汽车上的转向盘大家都熟悉，类似的操纵器在其他机器或产品上也有，但因不一定用来操纵方向，一般不称为转向盘而称为手轮，还有带柄手轮。带柄手轮也称为摇把，在各种机床上常见。其式样和形态如下。

① 多样的造型方案。手轮和带柄手轮的造型方案很丰富，设计中的考虑因素有尺寸大小、操作力矩、操作速度、操作体位与姿势等。其中带柄手轮由于手柄的存在而使质量中心偏离旋转轴线，转动中形成离心力，转速较快时多会产生不良影响，所以要在造型时加以质量平衡，这是容易做到的，而且还给造型多样化提供了条件。如图 4.21 所示的手轮造型方案可供借鉴

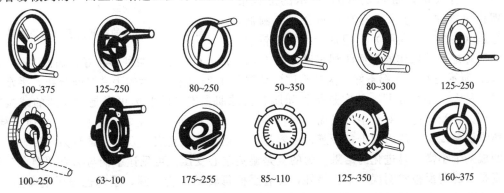

100～375　　125～250　　80～250　　50～350　　80～300　　125～250

100～250　　63～100　　175～255　　85～110　　125～350　　160～375

图 4.21　手轮的造型方案

（图下方的数字为该形式手轮适合的直径，单位：mm）

和参考。

② 合理的操作姿势与体位。操作手轮、带柄手轮的适宜性、便利性与很多因素有关，如手轮位置的高低、中心轴在空间的方向、操作者的姿势和体位等，研究数据很丰富，此处不详细介绍，设计中需要时可去查阅有关文献资料。下面通过如图4.22和图4.23所示的两个例子，可以对此有所了解。如图4.22所示为立姿下操作手轮的有利体位。测试表明：离地面1000～1100mm的手轮有利于操作者施加较大的转矩［图4.22（a）］，在肩部高度推拉手柄的力量最大［图4.22（b）］。如图4.23所示为操纵汽车转向盘的情况，可以用来说明坐姿下手轮操作姿势与操作力矩之间的关系。图4.23（a）是驾驶小型车辆，转向盘的转矩小，主要用前臂操作即可，因此可以采取舒适的后仰坐姿，转向盘平面接近于铅垂方向。图4.23（b）是驾驶一般中型车辆，转向盘的转矩略大一些，需要用到肩部和上臂的部分力量参与操作，因此不宜采用较大角度的后仰坐姿，转向盘平面与水平面在30°左右较为合适。图4.23（c）是驾驶大型车辆，转向盘的转矩大，除肩部、上臂以外，有时还要用到腰部的力量参与操作，因此不能采取后仰坐姿，转向盘平面应接近在水平面方向，所在位置应比较低。

③ 适宜于抓握操作。操作不带柄的手轮（包括转向盘）时，手的抓握部位是轮缘。轮缘多为圆截面，必要时做成波纹，以利于施加转矩。操作带柄手轮时，手的抓握部位是手柄。如图4.24所示，图中画出（a）、（b）、（c）、（d）、（e）、（f）6种手柄的形状。

估计会有人认为图4.24（d）所示的形状最好，理由可能是"与手掌的形状吻合，又圆润，握着舒适（曲线也优美呀）"。但这个回答是错的。

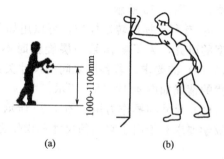

图4.22 操作手轮的有利体位

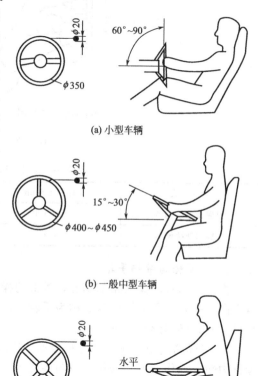

(a) 小型车辆

(b) 一般中型车辆

(c) 大型车辆

图4.23 转向盘的空间位置与操作姿势

正确的回答是：从操作的舒适便利来说，图4.24（a）、（b）所示两种形状好，而图4.24（d）、（e）、（f）所示三种形状都不好。为什么呢？请看图4.24（g）所示的手掌肌肉分布，手掌上肌肉最厚的是大、小鱼际肌，其次是指骨间肌和指球肌。丰富的肌肉可说是"天然的减振器"，此处受压力或受击打，对于手（进而对手臂等）不易造成伤害。反之，掌心肌肉最薄，神经、血管离掌面最浅，对压力或击打敏感，也容易造成损伤。说到底，人类手掌肌肉的形态、掌心处下凹成一个小窝，是进化的结果，为的就是避免掌心受压。可见让手柄与掌心"吻合"的设计，真是"聪明反被聪明误"了。另外，握着手柄每转动手轮一圈，手掌也与手柄摩擦一圈，手掌与手柄"吻合"的结果是使摩擦面积加大，操作不灵活。而握着图4.24（a）、（b）所示那样的手柄，掌心空着，操作就灵便了。若把手柄做成轴套式，有个固定在轮缘上的手柄轴，

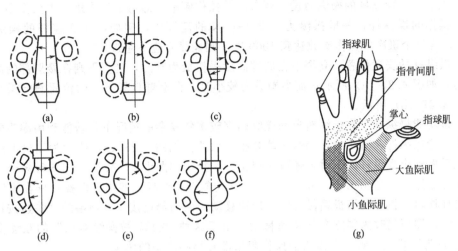

图 4.24　手柄的形状及其解剖学分析

外面的手柄套可自由绕手柄轴转动，则可彻底消除手掌与手柄间因操作而产生的摩擦。

4.3.3　移动和扳动式操纵器

常用的手动移动和扳动式操纵器有操纵杆、扳钮开关、手闸和指拨滑块等，下面只简要介绍操纵杆和扳钮开关的设计要点。

4.3.3.1　操纵杆

操纵杆一端与机器的受控部件联结，手执操作的另一端有一个端头（也可称为手柄）。操纵杆一般不适宜用作连续控制或精细调节，而常用于几个工作位置的转换操纵，如汽车速度的换挡等。其优点是可取得较大的杠杆比，用于需要克服大阻力的操纵。

（1）形态和尺寸　操纵杆的长度取决于杠杆比要求和操作频率要求。为了克服大阻力而需要大杠杆比时，操纵杆只能加长。需要高操作频率时，操纵杆只能缩短。例如操纵杆长度分别为 100mm、250mm、580mm 时，每分钟的最高操作次数分别只能达到 26 次、18 次、14 次。操纵杆手握的端头若为球形、梨形、锥形，直径宜取 40mm 左右，长度宜取 50mm 左右；若为锭子形、圆柱形，直径宜取 28mm 左右，长度宜取 100mm 左右。

（2）行程和扳动角度操作　操纵杆的基本人机学原则之一是：操作时只用手臂而不移动身躯。操纵杆的操作行程和扳动角度即应由此而确定，显然这两个参量与操纵杆的长度有关。以短操纵杆为例：短操纵杆可以设在座椅扶手前边，前臂可放在扶手上，只靠转动手腕进行坐姿操作，比较轻松，如图 4.25 所示。在这样的工作条件下，操纵杆适宜的转动角度，应该略小于手腕转动的易达角度。手腕在两个方向上的易达到的转动角度，如图 4.26 所示，图中人体部位适宜活动范围一般是 500～600mm 长操纵杆的行程 300～350mm，转动角度 30°～60°为宜。

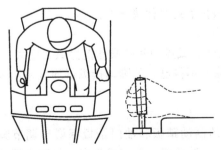

图 4.25　坐姿下的短操纵杆操作

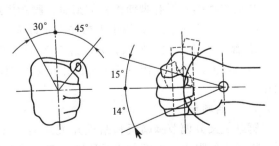

图 4.26　手腕易达到的转动角度

（3）操纵力　操纵杆的操纵力设计要考虑其操作频率，即每个工作班次内操作多少次。用前臂和手操作的操纵杆，一般操纵力在 20～60N 的范围内，例如汽车变速杆的操纵力常为 30～50N。若每个班次中操作次数达到 1000 次，则操纵力应不超过 15N。

（4）操纵杆的安置位置　立姿下在肩部高度操作最为有力，坐姿下则在腰肘部的高度施力最为有力，如图 4.27（a）所示；而当操纵力较小时，在上臂自然下垂的位置斜向操作更为轻松，如图 4.27（b）所示。

（5）多功能操纵杆　在操纵对象和操纵内容较多较复杂的情况下，若能利用端头的空间位置设计多功能操纵杆，对于提高操纵效能是很有效的。如图 4.28（a）所示为飞机上的复合操纵杆：在手握整个操纵杆端头时，还可用拇指、食指操作图中 1、2、3、4、5 等多个按钮进行灵活的多功能操作。如图 4.28（b）所示为机床的复合操纵杆，四指抓握操纵杆在十字槽内前后、左右推移时，机床的溜板箱做对应的慢速移动，而当拇指按压着顶端的"快速按钮"进行同样操作时，溜板箱改为同方向的快速移动。由于这种"操纵-被操纵对象"的互动模式与人的"感觉-行为"模式一致，所以人们操作起来都有得心应手的感觉。

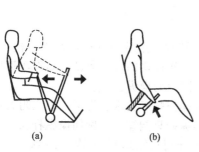

图 4.27　操纵杆的操作位置

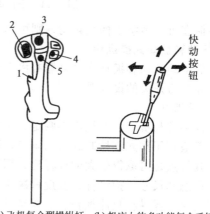

(a)飞机复合型操纵杆　(b)机床上的多功能复合手柄

图 4.28　两种多功能操纵杆

4.3.3.2　扳钮开关

扳钮开关是常见的小型扳动式操纵器，通常用拇指和食指捏住它的柄部扳动操作，或配合腕关节的微动进行操作，操纵力和转动角度应与这样的操作动作相适宜。如图 4.29 所示，为二工位扳钮开关的一般形式，其基本尺寸为：顶端直径 d 为 3～8mm 者，对应扳钮长度 l 为 12～25mm；顶端直径 $d > 8mm$ 者，对应扳钮长度 Z 为 25～50mm；需戴手套操作者，其最小长度为 35mm。扳钮开关的操纵力应随其长度的加长而增加，适宜的力值范围为 2～6.2N。

4.3.4　脚动操纵器

常见脚动操纵器有脚踏板和脚踏钮。脚动操纵器用在下列两种情况下：

① 操纵工作量大，只用手动操作不足以完成操纵任务；

② 操纵力比较大，如操纵力超过 50N 且需连续操作，或虽为间歇操作但操纵力更大。

但是较为精确的操作总是脚动操作难以完成的。除非不得已，凡脚动操纵器均宜采用坐姿操作。

4.3.4.1　脚踏板

脚踏板又分调节脚踏板和踏板开关两类。汽车上的制动踏板和油门踏板都属于调节脚踏板，操纵中的阻力一般随着踏板移动距离的加大而增加。冲压机、剪床或汽车上的踏板开关则只有把电路接通和断开的两个工位。

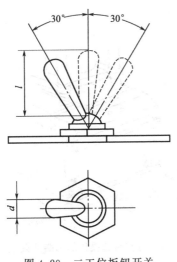

图 4.29　二工位扳钮开关

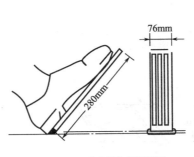

(a) 以后跟为支点操作的脚踏板

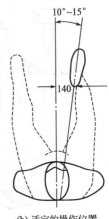

(b) 适宜的操作位置

图 4.30　后跟支撑踩踏的脚踏板及其操作位置

（1）调节脚踏板　有一种调节脚踏板操作时以脚后跟处为支点，转动踝关节下踩，使踏板绕轴转动，如图 4.30（a）所示。另一种脚踏板在操作中脚部无其他的支撑，脚在悬空中将踏板踩下使踏板移动，如图 4.31（a）所示。

汽车油门踏板通常是以脚后跟为支点踩踏的，图 4.30（a）中给出了这种脚踏板的参考尺寸，该尺寸与所穿鞋的尺寸适应。未作踩踏操作时，脚与小腿基本成 90°；操作时脚的转动角度不应大于 20°，否则踝关节易感疲劳。踏板安置的位置离正中矢状面 100~180mm 的范围内为宜，对应大小腿偏离矢状面的角度为 10°~15°，如图 4.30（b）所示。

汽车制动踏板通常是悬空踩踏操作的，这种踏板的安置高度和角度主要取决于操纵力的大小，一般可分为操纵力小、中、大三种类型，如图 4.31 所示。

① 若操纵力较小（≤90N），操作时小腿与地面可成接近 90° 的较大角度，因此踏板与椅面之间的高度差也较大，如图 4.31（a）所示。

② 若操纵力在 90~180N，小腿需加大倾斜，与地面可成接近 45° 的角度，踏板与椅面间的高度差也有所减小，以便操作时腰臀部位在椅背获得大一些的支撑，如图 4.31（b）所示。

③ 若操纵力较大（＞180N），为了操作时腰臀部位能在椅背处获得更有利的支撑，小腿与地面的角度更小，因此踏板与椅面间的高度差也更小，如图 4.31（c）所示。这种情况下，蹬踩时大小腿间的夹角为 135°~155°，如图 4.32 所示，大小腿两端在图中标有符号"⊕"的两点受一对平衡力的作用，男性操作者的蹬踩力可达到 800N 甚至更大。

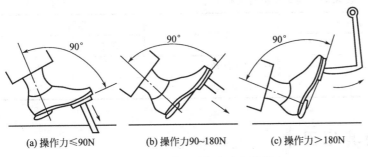

(a) 操作力≤90N　　(b) 操作力90~180N　　(c) 操作力＞180N

图 4.31　悬空踩踏的踏板高度与操纵力

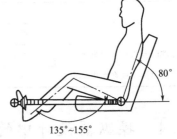

135°~155°

图 4.32　蹬踩大操纵力脚踏板

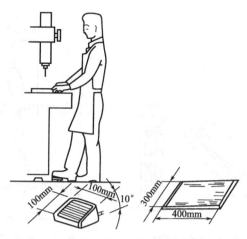

图4.33 踏板开关的工作情况和参考尺寸

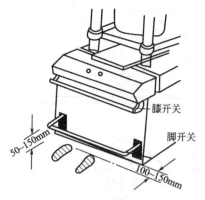

图4.34 可左右脚操作的脚踏开关

（2）踏板开关 踏板开关的特点是面积大，不用眼睛看也容易操作。所以像冲压机、剪床之类需要集中精神双手工作的条件下更为适用。如图4.33所示，图中给出了踏板开关的参考形状和尺寸。这种踏板的操作转角不宜超过10°，因为立姿下抬起一只脚来操作时，操作者只由另一只脚支撑身体，不太稳定，操作角度过大是不安全的。

如操作者需要左右脚轮替操作，或在站立位置稍有移动的情况下也能操作，可采用杠杆式的脚踏开关，如图4.34所示。为了避免误触动，这种脚踏杠杆距地面的高度和对安置立面的伸出距离均以不超过150mm为宜，且踩踏到底时应与地面相抵。

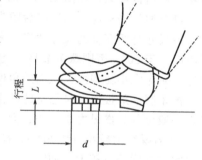

d为50~80mm；L为12~60mm

图4.35 脚踏钮及其参数

4.3.4.2 脚踏钮

脚踏钮的基本形式与手动按钮类似，但尺寸、行程、操纵力均应大于手动按钮，如图4.35所示。为避免踩踏时的滑脱，脚踏钮的表面宜加垫一层防滑材料，或在表面做有能防踩滑的齿纹。

4.3.4.3 脚动操纵器的操纵力

为了避免在不经意中的误碰触发，脚动操纵器的操纵力应较大；停歇时脚可能放在上面的操纵器尤其如此，见表4.15。

表4.15 脚动操纵器的操纵力 　　　　　　　　　　　　　　　　单位：N

操纵方式	作用力		操纵方式	作用力	
	最小	最大		最小	最大
停歇时脚放在操纵器上	45	90	仅踝关节运动		45
停歇时脚不放在操纵器上	45	90	整个腿部运动	45	750

4.4　操纵器设计中的其他因素

在操纵器设计过程中不仅要考虑操纵者的生理因素，还要考虑到一些其他的因素，如人的习惯和自然行为倾向，而习惯和自然行为倾向比较复杂，还属于没有完全探索清楚的问题。拿"习惯"来说，其形成因素、影响因素都很多：除了人的生理特性外，还与人们生存发展的历史条件、社会环境、文化习俗有关。因此，"习惯"具有国家、民族、地域、时代的差异性和不稳定性。一个明显的例子是电灯开关，英国人习惯于向下拨为"ON（接通）"，而美国人却相反，习惯于向上拨为"ON（接通）"。

至于人的自然行为倾向，既没有文献列出它完整的"清单"，也没有关于其形成原因的公认准确的解释。譬如"对于正前方来的突然袭击，多数人向左偏侧躲避"，"听到背后呼叫姓名时，多数人向右转头后望"，"情侣接吻，多数头向右偏侧"等，都被认为是人的自然行为倾向，但例外的比例有多大？原因是什么？与右手优势或左手优势有没有关系？并没有权威的回答。

人们拧干毛巾的时候，多数人是右旋拧还是左旋拧？这与右手优势或左手优势有没有固定关系？"点头表示肯定、摇头表示否定"，主要是先天的本能所致还是后天的"从众"所致？同学们到大教室来上课，大多数同学都喜欢坐到基本固定的座位上去，这种共同行为倾向的驱动原因是什么？还有哪些类似的表现？对设计有什么启发或应用？……关于"人的自然行为倾向与设计"，针对实际设计任务，进行认真调查和分析很必要；作为一个研究课题，相信也具有深入探索的价值。

思考练习题

1. 什么是操纵力？
2. 什么是反应时和运动时？
3. 肢体的运动输出特性是什么？
4. 操作运动准确性要求主要包括哪几个方面？
5. 影响运动准确性的因素有哪些？
6. 操纵器的选用原则是什么？
7. 操纵器设计的一般人机学原则是什么？
8. 常用的操纵器编码方式有哪些？
9. 常用操纵器的设计要点是什么？
10. 操纵器设计中的其他因素是什么？

5 工作空间设计

　　人体具有固定的大小与比例，日常活动中要摆姿势做动作，为此要考虑人体所在场所的尺寸、位置、形状，以确保人体姿势与动作的自如。对四肢活动的可及区域和范围的研究可以获得关于工作空间设计的数据，对建筑和环境设计而言它们是最基本的。

　　广义层面上动作和活动皆属行为，如果仔细区分，动作可看成人体的部分运动，可以按照身体状态的变化来进行评价，如眼球运动、手指的伸屈等。活动是指人体的全部状态的变化，可根据动作的集合进行评价，如步行、停步和就坐等。行为则可以解释为带有目的性活动的连续集合。所以，活动可以分解为不同的动作，如步行可以分解为脚的运动和手的前后摆动。而行为可以分解为不同的活动。在一个购物行为中可分解为包括步行、乘车在内的连续活动。行为包括一个明显的时间序列，动作比较偏向于生理性的身体方面，而行为带有明显的精神目的。

　　建筑与环境设计就是为人们的活动与行为提供合理舒适的空间环境，人体工程学和环境行为学的重要任务就是为设计提供这些活动与行为的设计参数和准则。

5.1　工作空间范围

　　工效学家通常将人们在某位置中四肢可以活动的空间称为"近身活动空间"，是指某一位置中为完成某种活动，考虑身体的动态与静态尺寸，人们在立姿、坐姿、爬姿或蹲姿时四肢所及的空间范围。近身活动域所构成的空间称为"近身作业空间"或"近身工作空间"。

　　近身活动空间尺寸是工作空间设计与布置的主要依据。它主要受臂长的影响，而臂长的功能尺寸是由作业的性质和其他影响因素决定的。工作空间范围是一个三维的立体空间，一般指在立姿和坐姿时人们进行四肢活动的合理的空间范围。对工作空间范围的研究，可以使人们在空间和产品设计过程中，将空间、家具和设备的尺寸设计得更合理，契合人们的工作空间范围。

　　工作空间范围的主要决定尺寸是上肢的功能长。上肢功能长的尺寸也受一系列其他因素的影响，这包括手臂伸展的方向、手工活动的特点、限制因素、衣着、靠背的角度，以及包括年龄、性别、种族和是否残疾等因素在内的个人特征的影响。一般来说，在工作空间范围设计时所考虑的上肢功能长，包括前伸长和上伸长，在不牵涉到安全使用时都应该选用 P5 的百分位，于是就有 95％的人群可以使用按照这个尺寸设计出来的空间和产品。根据常用工作姿势的不同，分为立姿和坐姿两种工作空间范围。

5.1.1　立姿工作空间范围

5.1.1.1　上肢伸及的范围

　　立姿作业一般允许作业者自由地移动身体，但其作业空间仍需受到一定的限制。例如，应避免伸臂过长的抓握、蹲身或屈曲、身体扭转及头部的不自然姿势等。立姿工作空间范围的测量，首先要使被测人的背部和脚后跟靠在墙上或板上，然后手臂去触及尽量远的地方。这就是人体测量尺寸中的关于人体手臂功能长或伸及的"静态尺寸"。如果用这个姿势依然"够"不到东西，接着就是要使肩膀离开墙体（板），随着臀部关节和脊柱的弯曲，躯干开始倾斜。在

表 5.1 上肢功能前伸长的各种增加量 单位：mm

项目	男子			女子		
	P5	P50	P95	P5	P50	P95
基本尺寸						
功能前伸长	720	780	835	650	705	755
功能前伸长*	673	730	789	607	657	707
增加量						
拇指尖的捏、挤、拧	35	40	40	30	35	40
指尖操作	105	115	125	95	105	115
躯干前倾 10°	80	85	95	75	85	95
躯干前倾 20°	155	170	185	150	170	185
躯干前倾 30°	230	250	270	225	245	270

注：除 * 以外，该表中数据都是英国数据，* 是中国数据。

这种情况下，人们手臂所能伸及的距离，受到重力作用的限制。如果倾斜躯干依然无法拿到需要够的东西，那么进而人们就要移动自己的脚步了。上肢功能前伸长的各种增加量见表 5.1，表中增加了中国的尺寸。与英国的同类数据进行比较，可以发现在功能前伸长的静态尺寸方面，中国人约比英国人短 50mm。

需要注意的是，功能前伸长的距离包括了人体的厚度，所以在计算人体可及的净范围时，还要扣除这个厚度。

我们也可按照中国人的身高以及上肢功能长或上肢最大长度等人体尺寸来研究中国人立姿的工作范围。我国成年人上肢功能尺寸见表 5.2。图 5.1 所示为立姿单臂近身作业空间范围，以第 5 百分位的男性为基准，当物体处于地面以上 110～165cm 高度，并且在身体中心左右 46cm 范围内时，大部分人可以在直立状态下达到身体前侧 46cm 的舒适范围（手臂处于身体中心线处操作），最大可及区弧半径为 54cm；如图 5.2 所示为立姿双臂近身作业空间范围，由于身体各部位相互约束，其舒适作业空间范围有所减小。这时伸展空间为：在距身体中线左右各 15cm 的区域内，最大操作区弧半径为 51cm。

表 5.2 我国成年人上肢功能尺寸表 单位：mm

测量项目	男（18～60 岁）			女（18～55 岁）		
	P5	P50	P95	P5	P50	P95
立姿双手上举高	1971	2108	2245	1845	1963	2089
立姿双手功能上举高	1869	2003	2138	1741	1860	1976
立姿双手双臂展开宽	1579	1691	1802	1457	1559	1659
立姿双手功能展开宽	1374	1483	1593	1248	1344	1438
立姿双肘展开宽	816	875	933	756	811	869
坐姿前臂手前伸长	416	447	478	383	413	442
坐姿前臂手功能前伸长	310	343	376	277	306	333
坐姿上肢前伸长	777	834	892	712	764	818
坐姿上肢功能前伸长	673	730	789	607	657	707
坐姿双手上举高	1249	1339	1426	1173	1251	1328

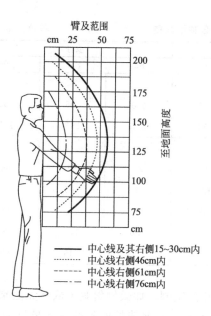

图 5.1　立姿单臂近身作业空间范围

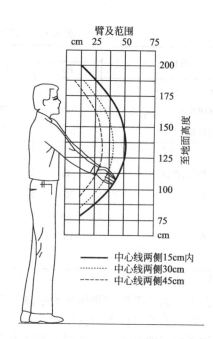

图 5.2　立姿双臂近身作业空间范围

　　也可以参考日本的数据，如图 5.3 所示为立姿时人体前伸及的范围，这个尺寸是中指可及范围，要略大于功能上举高和功能前伸长。根据联合利华公司的一项资料显示，同样的产品被放在不同的位置，其销售情况差异 30％。日本设计资料集成建议，那些重要的商品应放在人们容易取放的位置，而将那些不容易取放的位置存放积压品，如图 5.4 所示。

5.1.1.2　安全距离控制

　　与上肢伸及尺寸相关的设计尺寸，在两个方面被应用：一是工作空间范围，也就是说，希

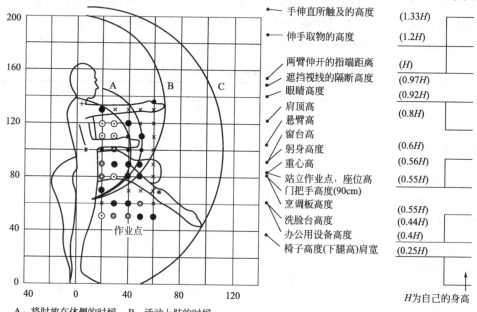

图 5.3　立姿时人体伸及的范围

望的工作空间应该尽量安排在上肢伸及尺寸的范围内；另一个应用就是"安全距离控制"，即希望某些设备必须在人们的伸及范围以外。如平开窗单扇窗户的最大尺寸，并不仅是由建筑师根据立面上窗户与墙面的比例来决定的，而应该由人们上肢功能前伸长来决定，否则，人们将无法将超过某尺度的窗户完全开启或关闭。再比如一扇平开窗从五金开启件到墙壁的水平距离大于 800mm，那么即使已经很吃力地将身体前倾 30°，在中国也至少有 95% 的女子和 50% 的男子无法将这扇窗户开直，也无法将开启好的窗户关闭，这是属于前者的例子。

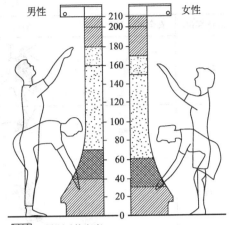

最顺手的高度
手能取放的高度
难于取放的高度

在销售上比较重要的商品均陈列在易于取放的高度，在难以取放的高度一般都摆放积压品。

图 5.4 商品取放位置的方便程度

例如，博物馆中艺术品（只能看不许触摸）前的隔离带需要多大。这是一个关于安全距离控制的问题，意味着在设计中要将某物体和设备安置在人可能触及的范围以外。最小安全距离的确定，取决于常设置于人与物体间的障碍物的高度和物体的高度。譬如在工业生产和民用建筑中的一些对人体有害的特殊部位，在需要隔离和防护的地方往往设置防护屏。如何确定这个防护屏的高度与最小安全距离呢？关于上肢可探越的安全距离控制，某些文献中提出了一些数据。探越可及的安全距离见表 5.3，夹缝的安全距离见表 5.4，防护屏、危险点高度和最小安全距离关系见表 5.5。

另外，Thompson 测试了身高为 P99 百分位的总数为 30 人的样本，测量了其在穿鞋情况

表 5.3 探越可及的安全距离　　　　　　单位：mm

a	b							
	2400	2200	2000	1800	1600	1400	1200	1000
2400	—	50	50	50	50	50	50	50
2200		150	250	300	350	350	400	400
2000		—	250	400	600	650	800	800
1800				500	850	850	950	1050
1600				400	850	850	950	1250
1400				100	750	850	950	1350
1200					400	850	950	1350
1000					200	850	950	1350
800						500	850	1250
600							450	1150
400							100	1150
200								1050

注：a—从地面算起的危险区高度；　b—棱边的高度；　S_d—棱边距危险区的水平安全距离。

表 5.4　夹缝的安全距离　　　　　　　　　　　单位：mm

身体部位	安全夹缝间距 S_d	图示	身体部位	安全夹缝间距 S_d	图示
躯体	≥470		臂	≥120	
头	≥280		手、腕、拳	≥100	
腿	≥210		手、指	≥25	
足	≥120				

表 5.5　防护屏、危险点高度和最小安全距离关系　　　　　　　单位：mm

危险点高度＼屏高	2400	2200	2000	1800	1600	1400	1200	1000
2400	100	100	100	150	150	150	150	200
2300		200	300	350	400	450	450	500
2200		250	350	450	550	600	600	650
2100		200	350	550	650	700	750	800
2000			350	600	750	750	900	950
1900			250	600	800	850	950	1100
1800				600	850	900	1100	1200
1700				550	850	900	1100	1300
1600				500	850	900	1100	1300
1500				300	800	900	1100	1300
1400				100	800	900	1100	1350
1300					700	900	1100	1350
1200					600	900	1100	1400
1100					500	900	1100	1400
1000					500	900	1000	1400
900						700	950	1400
800						600	900	1350
700						500	800	1300
600						200	650	1250
500							500	1200
400								1100
300								1000
200								750
100								500

危险点高点/mm

2500 2400 2200 2000 1800 1600 1400 1200 1000 800 600 400 200

X_a　a　Y_a　X_b　b　Y_b　X_a　c　Y_a

屏高1000

0　200　400　600　800　1000　1200　1400
安全距离/mm

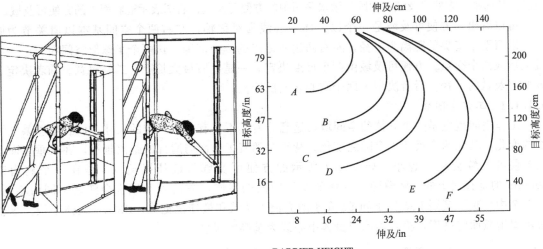

BARRIER HEIGHT:
A = 79 in (200 cm)   *B* = 71 in (180 cm)   *C* = 63 in (160 cm)
D = 55 in (140 cm)   *E* = 47 in (120 cm)   *F* = 39 in (100 cm)

(a)   (b)

图 5.5　安全距离控制

下的最大伸及并得到一组数据，其结果如图 5.5 所示。Thompson 的数据为男子 P99 身高的平均伸及加上一个标准差。

　　安全距离取决于障碍物的高度与物体的高度。图 5.5 中的数据为 P99 身高男子的平均伸及加上一个标准差。该数据来自源于一个 30 人的样本，而且还试穿了鞋。

　　关于安全距离的数据可以在某些特殊例子中采用，比如核电站的某个关键按钮开关的安全控制距离或是动物园中狮子笼与人们观看点之间的最近距离等。

5.1.1.3　方便可及域

　　方便可及域是说明不需要很费劲就能拿到东西的区域。如图 5.6 所示，可以看出"方便可及域"就是在标准站立姿势下，以中指指尖为测量标准的上肢的最大可及区域。图 5.6 中的左图

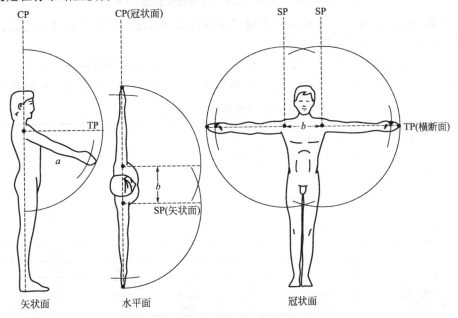

图 5.6　方便可及域示意图

表示矢状面中的方便可及域；中图表示水平面中的方便可及域；右图表示冠状面中的方便可及域。

可以看出，方便可及域是一个以人体中心线为对称轴，左右两个空间基本以肩关节为圆心，以肩至中指尖的距离为半径，左右两边所划出的一个范围。这两个半球形空间在身体中心线上形成两个交点。方便可及域由两个尺度决定，一是上肢最大长度，二是肩宽。前者决定了方便可及域的半径，后者决定了两个圆心之间的距离。

5.1.1.4　工作空间域

工作空间范围是一个立体的空间域，这意味着其不仅有一个三维的尺寸，而且随着某一维度的变化，其他两个尺寸也会随之变化。特别是随着工作面与肩部的距离越远，在某垂直面上的方便可及域会越来越小。如图 5.7 所示的方便可及域与最佳视觉域，是在一个离肩部500mm 的垂直面上的。随着距离人体的水平距离的不同，方便可及域也会随之不同而不同。图 5.7 中反映了英国 P95 男子和 P5 女子的方便可及域和最佳视觉域，BML＝人体中线。纵轴表示离地板面的高度，横轴表示以身体中心线为基准的尺度。

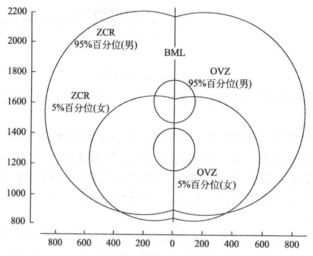

图 5.7　方便可及域（ZCR）与最佳视觉域（OVZ）

表 5.6 是 Pheasant 制作的根据英国数据求出的方便可及域，表中显示随着垂直面离身体的距离越大，这个可及域的范围也越小。

如何在一个垂直面上建构一个方便可及域，首先需要确定这个方便可及域离肩膀的距离 d，然后在这个与身体距离 d 的垂直面上，画两个半径为 r 的圆圈，圆心由立姿肩高或举姿肩

表 5.6　方便可及域的半径　　　　　　　　　单位：mm

肩膀的距离 d	男子			女子		
	P5	P50	P95	P5	P50	P95
0	610	665	715	555	600	650
100	600	655	710	545	590	645
200	575	635	685	520	565	620
300	530	595	650	465	520	575
400	460	530	595	385	445	510
500	350	440	510	240	380	415
600	110	285	390			250
	男子			女子		
	P5	P50	P95	P5	P50	P95
肩宽	365	400	430	325	355	385
肩高（着鞋立姿）	1340	1425	1560	1260	1335	1450
肩高（坐姿）	540	595	645	505	555	605

注：这里的数据是指功能长。

高以及肩宽决定。如何在一个水平面上建构一个方便可及域，首先确定该水平面离肩膀的高度 d，以肩膀位置为圆心、以 r 为半径画两个半圆。Pheasant 提出了关于方便可及域半径 r 的计算方法：

$$r = \sqrt{a^2 - d^2}$$

式中，r 为某垂直面上方便可及域的半径；a 为最大上肢长（或肩指功能长）；d 为该垂直面与肩膀的距离。表 5.6 的数据正是用这个公式计算出来的。

5.1.2 坐姿工作空间范围

坐姿作业通常在作业面以上进行，其作业范围会随作业面高度、手偏离身体中线的距离及手举高度的不同，其舒适的作业范围也在发生变化。若以手处于身体中线处考虑，直臂作业区域由两个因素决定：肩关节转轴高度及该转轴到手心（抓握）距离（若为接触式操作，则到指尖）。

如图 5.8 所示为第 5 百分位的人体坐姿抓握尺度范围，以肩关节为圆心的直臂抓握空间半径：男性为 65cm，女性为 58cm。

也可参照日本的资料。如图 5.9 和图 5.10 所示为坐在椅子上时手的动作尺寸，两图中椅

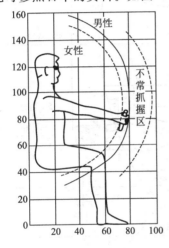

图 5.8 坐姿抓握尺寸范围（单位：cm）

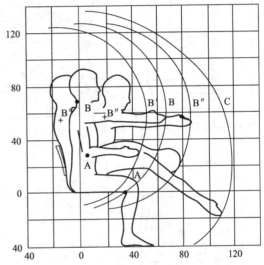

图 5.9 坐姿时手的尺寸-1（单位：cm）

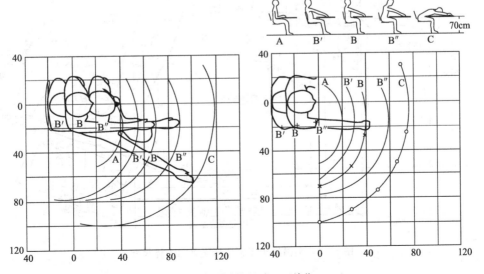

图 5.10 坐姿时手的尺寸-2（单位：cm）

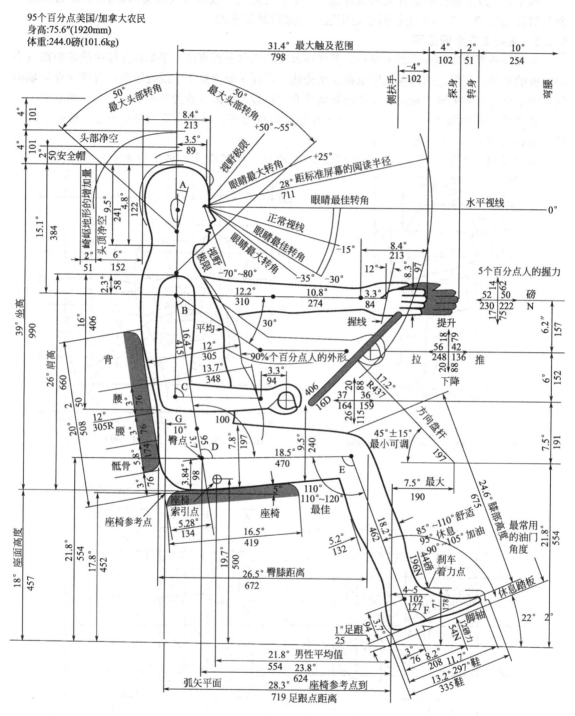

图 5.11 美国男子车辆座椅设计与人体尺寸

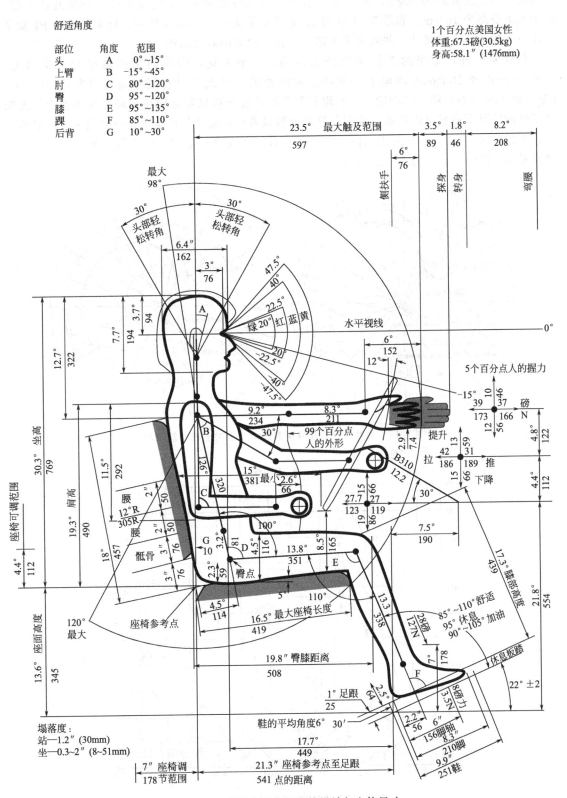

图 5.12　美国女子车辆座椅设计与人体尺寸

子相同，椅子座面高为 40cm，靠背角为 100°，面向高度为 70cm 的桌子时手能所及的范围，图中人的身高为 165cm。如图 5.11 和图 5.12 所示为美国在车辆设计中，P99 男子和 P1 女子在座位上的一些人体尺寸，并列出了头部、上臂、肘等的舒适角度。

与立姿一样，坐姿的工作域也是立体的。一般来说，侧面的工作域略大于正前方。Roth. Ayoub 和 Halcomb 测量了不同高度的两种就座情况下（有限制与无限制），从 −45°（左）到 120°（右）的上肢功能长。有限制就座的情况下被试者必须将肩膀靠在靠背上，无限制就座的情况下肩膀可以移动。他们所选择的被试者根据身高与体重而言具有代表性。其部分研究结果如图 5.13 所示，男子（左）与女子（右）坐在椅子上时，在不同高度上相对于某座面参考点（图面中心）的上肢功能长。

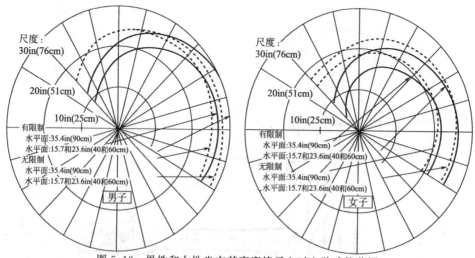

图 5.13　男性和女性坐在某高度椅子上时上肢功能范围

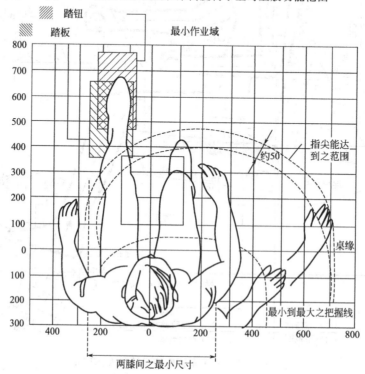

图 5.14　手、脚的工作区域（单位：mm）

这个坐姿工作范围尽管只考虑了 P5 人群坐姿工作中的上肢限制，可是它可以符合 95% 人群的使用。所以根据这个研究，我们可以想象一个三维的坐姿工作域。但还是要指出，功能长包括了一个身体的厚度，所以如果要得到一个净尺寸还需要减去这个身体厚度。除了手以外，我们也需要关注脚的工作区域，如图 5.14 所示。

5.2 工作空间设计

5.2.1 受限作业的空间尺度

实际生活中人们有时必须在狭小的空间里工作，人们虽然可以在其中工作但是远谈不上舒适，比如建筑环境中的各种管道维修工作等。在确定这些空间尺度时，应根据作业和活动特点，满足受限作业空间的最低尺寸要求。为防止受限作业空间设计过小，其尺寸应以第 95 百分位数或更高百分位数人体测量数值为依据，并应考虑冬季穿着厚棉衣等服装进行操作的要求。关于受限作业的空间，具体尺寸见表 5.7。表 5.7 中的几种受限作业的示意如图 5.15 所示。

5.2.2 工作面

工作面的尺寸设计得好坏，对工作效率、人体健康和操作舒适度都有直接影响。工作面的尺寸设计中，高度和大小是最重要的。

表 5.7　受限作业空间尺寸　　　　单位：mm

编号	A	B	C	D	E	F	G	H	I	J	K	L	M	N	O	P	Q
高身材男性	640	430	1980	1980	690	510	2440	740	1520	1000	690	1450	1020	1220	790	1450	1220
中等身材男性及高身材女性	640	420	1830	1830	690	450	2290	710	1420	980	690	1350	910	1170	790	1350	1120

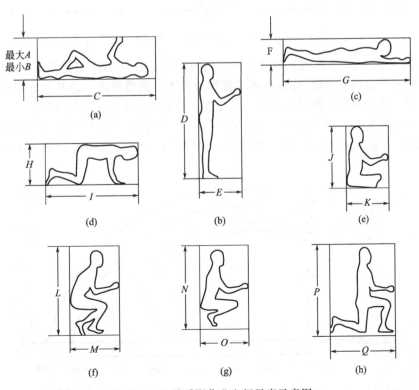

图 5.15　几种受限作业空间尺度示意图

5.2.2.1　水平工作面

　　一般把水平工作面划分成最大作业面和正常作业面。最大作业面是人的躯干前侧靠近工作面边缘时，以肩峰点为轴，上肢伸直作回旋运动时手指所伸及的范围。正常作业面是上臂自然下垂，前臂作回旋运动时手指所伸及的范围。如图 5.16 描绘了这两种作业面范围，虚线为 Barnes 提出的最大作业范围，细直线为 Barnes 提出的正常作业范围。粗直线为 Squires 提出的正常作业范围。图中每个尺寸有两个单位表示，上者为英寸（in），下者为厘米（cm）。由于前臂由里侧向外侧作回旋运动时，肘部会随前臂一起运动，因此前臂作回旋运动时手指的运动轨迹不是圆弧线，而是外摆线，如图 5.16 中的粗线所示。

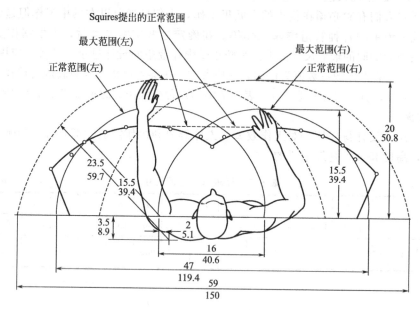

图 5.16　水平工作面的作业范围（上面数值的单位是 in，下面数值的单位是 cm）

　　如图 5.16 所示，Squires 提出的正常作业范围，比 Barnes 提出的正常作业范围要浅一些。相比而言，学者们普遍更青睐 Squires 的工作作业范围，其原因之一是其考虑了前臂运动过程中肘部的活动，两者是缩小前臂向前伸展的幅度，也就减小了肘关节的压力。

　　Pheasant 根据 Squires 提出的正常作业范围，分别采用英国 P5 男子和 P5 女子的人体尺寸，计算出了各自的方便可及域和正常作业面范围，如图 5.17 所示，图中的 BML 为身体中心线。

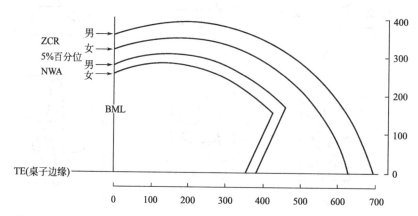

图 5.17　水平工作面上男子和女子的方便可及域和正常作业面（单位：mm）

5.2.2.2 工作面高度

工作面高度对工作效率和人体健康具有重要意义。工作面设计得太高，人在工作面上操作时就要抬起上臂，时间久了就会肩膀酸痛。工作面设计得太低，操作时要低头弯背，时间一长就会颈酸背痛。因此工作面的设计必须与操作者的高度相适应。

工作面高度设计主要根据两类因素：一是人体尺寸，二是工作性质。前者主要指立姿肘高和坐姿肘高，后者可以分为精细作业、轻作业和重作业。从人体结构和生物力学角度来看，人在操作时，最好能使上臂自然下垂，前臂接近水平或稍微下倾地放在工作面上。采取这种姿式工作，耗能最小也最舒适省力。因此，把工作面高度设计成略低于肘部 5～10cm 是比较适宜的。工作面高度的设计还应考虑工作性质和视距等因素的影响。从事精细的、需要精准视力的工作，如精密装配作业、书写作业等的工作面应设计得高一点。在从事用力较大的重工作时如印刷厂的包装车间等，则应把工作面的高度设计得低一点，因为降低工作面有利于使用手臂和腰部的力量。

如图 5.18 所示为被广泛引用的立姿时从事精细作业、轻手工作业和重手工作业的工作面高度设计的一般尺寸要求。

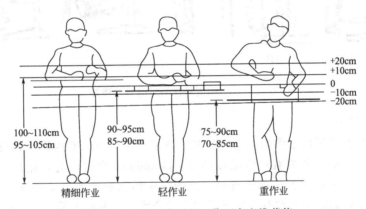

图 5.18　立姿工作时的工作面高度推荐值

表 5.8 是根据上述工作面高度的设计要求和中国成年男女身体尺寸数据，为我国工作面高度设计而作出的推荐值。

表 5.8　中国成年人工作面高度　　　　　　　　　　　　　单位：mm

作业类型	坐姿		立姿	
	男	女	男	女
精细作业	750～800	700～750	1000～1150	900～1050
轻的装配作业	600～650	550～600	900～1050	800～950
用力作业	400～550	350～500	800～900	700～850

总的来说，关于立姿工作面高度可依照下述原则。

① 涉及用力中等的精细工作的工作面高度——肘高之下 50～100mm。

② 为精细手工作业（如写作等）——肘高之上 50～100mm（一般需要手腕支持）。

③ 为重手工作业（特别是需要向工作而施加压力的作业）——肘高之下 100～250mm。

④ 为举物和搬运的作业——在手功能高与肘高之间。

⑤ 为手工控制的作业（如开关按钮、操纵杆件等）——在肘高与肩高之间。

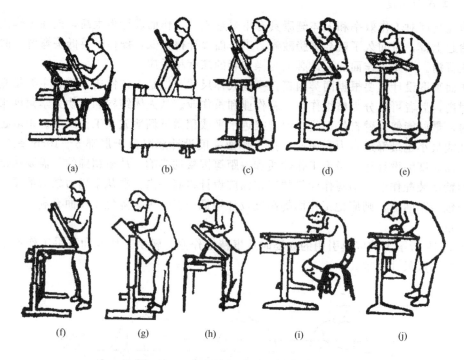

图 5.19　不同面板作画时的身体姿势

5.2.2.3　倾斜工作面

有时作业需要在倾斜的工作面上进行，例如画家写生作画、室内设计师设计制图等情况。有时书写、阅读的台面也需要有一定的倾斜度。Grandjean 做过研究，让被试者在 10 种斜度的工作面上绘画，记录被试者在每种斜面上绘画时头部和躯干的姿式特点，如图 5.19 所示。发现在不同斜面上绘画时头部和躯干轴线所构成的角度，以及躯干轴线与垂面构成的角度均有较大的差别。

① 在 4 种最好的斜面上绘画，躯干弯倾度为 7°～9°。

② 在 4 种最差的斜面上绘画，躯干弯倾度为 19°～42°。

③ 在 4 种最好的斜面上绘画，头部弯倾度为 29°～33°。

④ 在 4 种最差的斜面上绘画，头部弯倾度为 30°～36°。

这个研究表明，在水平面上或在过低工作面上作绘画工作时，将会使身体躯干与头部过度弯斜，容易引起疲劳。因此建议用于绘画一类作业的工作面的设计应符合如下要求：

① 工作面的斜度与高度必须设计成可以调节的；

② 工作面上边缘到地面的高度调节范围应该为 65～130cm；

③ 工作面斜度调节范围应该为 0°～75°。

Eastman 和 Kamon 对使用不同倾斜度工作面进行阅读和书写作业做了比较研究，要被试者分别在水平、倾斜 12°和倾斜 24°三种工作面上作读写作业 2.5h，记录其身体倾斜程度及肌电图。结果表明，工作面斜度较大时躯干的弯曲较少，肌电图上发生的脉冲次数较少，被试者的酸痛感较轻，疲劳也少。Bridger 后来用坐姿研究也得到类似的结果。结论很明显，对于视觉作业如阅读等来说，倾斜的工作面要好于传统的水平工作面。他发现与水平工作面相比，工作面为倾斜 15°后，头颈的弯曲减小，躯干更挺直，弯曲也减小了，如图 5.20 所示。

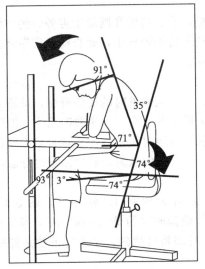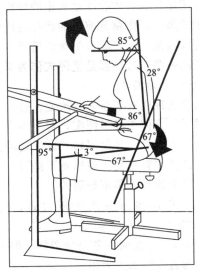

图 5.20　倾斜 15°工作面与水平工作面对身体的影响

5.3　坐与椅子设计

　　坐下来是人的自然姿势。坐下来人们会感到省力，觉得舒服。从能耗来看也是如此，坐比站的能耗约节省一半。坐得好不仅可以提高工作效率，还可以延缓疲劳。但坐的姿势可以引起腹部肌肉放松和脊椎弯曲，同时也妨碍某些内部器官的功能，特别是消化和呼吸系统。如果坐上一个设计不良的椅子，坐久了可能感到疼痛不已。

　　人们普遍被漂亮椅子的外表所迷惑，或感兴趣于椅面的材质，而忽视椅子对身体健康的重要影响，很多人已经为此付出代价。事实证明，一些腰肌劳损、腰椎等身体疾病与不良坐姿和设计差劲的椅子有关。

5.3.1　椅子的问题

5.3.1.1　对坐的忽视

　　椅子对生活的重要意义被人们普遍忽视。小原二郎等人在 20 世纪 70 年代以日本 18000 名小学生为对象，调查了桌子和椅子的尺寸是否适合身体。据调查，严格地说适合率仅占 1.3%。尽管如此，学校却几乎没有意识到。大内一雄曾以日本东北地区某市为对象，对 4000 名小学生和 3500 名中学生进行了调查。学校桌椅规格从 1 号到 11 号共有 11 种尺寸。使用的实情表明，几乎每个人（75%～95%）都使用着高出 6～10cm 的桌椅。正好合适的在小学里不到 5%，中学里为 15% 左右。

　　当椅子的尺寸和形状不合适时，人坐在上面就会无意识地活动，不能安静地学习，对健康也不利。如果是短时间的倒也无妨，但是学生们终日使用高出 10cm 的桌椅学习，这是造成眼睛近视或脊柱侧弯的主要原因之一。少年儿童的近视发生率异常高，脊柱侧弯症日益增多，这才逐渐开始引起人们的重视，诱发儿童病症的原因之一是和不适宜的桌椅有关的，中国是世界上学童近视眼发病率最高的国家，这绝非偶然现象。

5.3.1.2　椅子的两副面孔

　　椅子从古埃及发明至今已经有几千年的历史了。当时椅子的重要功能就是象征就座者的身份，那时的椅子是为权威和宗教而制作的装饰品，出发点不在于支持人体。所以从发明以来，椅子即有两副面孔，一个是象征身份，另一个是支持人体的辅助工具。如果能把这两副面孔融

汇贯通，符合使用目的，才能算是真正的好椅子。

在现实生活里，好像总是前者的面孔占优势，后者的面孔则居于劣势。例如机关企事业单位选择椅子的标准是：一般职员是旋转椅子，科长椅子带扶手，处长椅子带靠背，局长的椅子靠背那是要更高一些，这些都是把形式作为重点。

5.3.1.3 关于椅子的思考

对椅子的看法现在有了显著的改变。过去总认为人坐着时的姿势舒服，站着时费力。现在的观点不一样了。人体工程学证实，对上半身来说站着时自然，坐着时费力。原因是要坐下来势必使骨盆向后方倾转。骨盆回转时背下端的骶骨也同时倾转。于是背骨就不能保持S形，而形成拱形了。这样内脏就受压迫感到不舒服。为什么人们认为坐着比站着时舒服，那是就下肢来说的，对上身来说坐着是不舒服的。

顺便说明，椎间盘所受到的压力是，横卧时大约是 1.3kg/cm²，站立时大约是 2.1kg/cm²，坐在椅子上时大约是2.3kg/cm²，立位前倾时大约是4.4kg/cm²，盘腿坐时是5.1～5.5kg/cm²。所以，站立时下肢是疲劳的，但上身却是自然的。坐着时下肢是舒服的，上身却是不自然的，两者以腰部为界限。

有没有一把理想的椅子，人坐上去后，可以使因坐姿引起的上身的不自然减少到零呢？应该说使人不疲劳的椅子是没有的，任何椅子坐久了以后都会使人不舒服，只是有一些椅子会让坐的人很快就感到不舒服，而且任何一把椅子，总会有些人坐上去会感到比其他人更不舒服。对任何一把椅子来说，就座时的舒适程度（或不舒适程度）决定于椅子本身特征、就座者的特征和工作特征的互动关系。

5.3.2 桌子和椅子

立、坐、卧三种姿势为生活中常用。过去把桌子和椅子合起来考虑时，往往以桌子为主，椅子为辅，再则重视座面，而最后才是靠背，但这种关系现在受到了质疑。

5.3.2.1 桌子和椅子的关系

实际上应该以人体为中心，主要是椅子，从属是桌子，椅子靠背才是功能的要点，座面应为从属。因为能防止不自然姿势的是靠背，座面只是单纯地起到支持体重的作用而已。也就是说，过去对重要性的思路的顺序是：桌子→座面→靠背。从人体工程学角度来看，顺序应该是：靠背→座面→桌子。重要程度颠倒过来了，当然设计思路也应改变。根据以上意向，确需改变办公用家具的规格和设计思路。

从1971年4月开始，日本修改了办公用家具的规格，尺寸全面改观。因为修改后影响面很大，经过3年多的探讨才正式决定下来。内容就桌子的高度来说，历来的高度是74cm，改为70cm和67cm。规定出两个种类的原因是男子和女子的平均身高相差10cm。当男女混在一起时，就统一使用70cm。办公或工作用桌子高度根据人体工程学研究表明，成年男子68～70cm、成年女子66～68cm为合适。

小原二郎以1000余人为对象考察工作和疲劳度与桌子高度的关系，其结果是女性工作员工诉说的疲劳部位和男性工作人员诉说的部位有显著不同。例如女子诉说眼、肩和腿肚子的疲劳数目是男子的2倍多，其原因是桌子过高。为了适合桌子高度，必须把椅子提高到46cm才行，但是日本女性的小腿平均高度仅有37.5cm，那样脚就会悬起来。如果勉强地挺着肩膀工作，势必使眼睛疲劳、肩膀酸痛。而且由于脚是悬空的，腿肚子也会疲劳。曾经试验过以68cm的桌子给女子用，试验结果是诉苦疲劳的人减少了2/3。过高的桌子也会妨碍正确的姿势。由于脚着不了地，若使用脚垫把脚踩在脚垫上，膝盖就会顶着桌子抽屉的底面，或者把腿横向弯曲放在脚垫上，采取这样姿势背骨就得弯曲，裙子就会移近身边，但是遇到抽屉深的桌子那就毫无办法了。

英国人比日本人平均身高高 10cm，他们推崇的桌子高度是 71cm，而日本女性平均身高比英国人要低 23cm，使用的桌子高度却比英国的还高，这是毫无道理的。小原二郎认为日本普及过高桌子的原因可能是，有些人近乎迷信般地认为桌子高能使姿势正确。再者认为把桌子抽屉加深能提高商品价值。这些看法纯属错觉，日本其然，中国何尝不是。

5.3.2.2　好椅子的要素

有人经常问，市场上最好的椅子是哪个？回答是，好椅子与形式无关。商场大厅里那个最漂亮的椅子可能夺人眼球，但坐上去之后的第 5 分钟开始，你会发现坐的感觉可能不是那么回事。所以我的回答是，那个你坐上去一两个小时后觉得最舒服的椅子，就是最好的椅子。但你认为最好的椅子别人可能认为不好，所以市场上没有一款椅子对任何人而言都好。

仔细分析一下，好椅子最重要的因素，首先是尺寸合适。过高或进深过长的椅子都不好。高度宁可低一些也比高了好。其次是腰部必须要有依托。腰部依托可以保证脊柱的曲线保持合理的姿势。这主要指的是靠背，一把椅子的好坏，很大部分是由其靠背来决定。第三是体压分布和坐的舒适性。身体各部位感觉的敏锐程度各不相同，所以在设计时应该使敏锐的部位少受压力，迟钝的部位所受压力可大些。臀部的坐骨结节部位，它的感觉比较迟钝，这个部位以外的地方感觉就很敏锐。椅子过于松软，或在座面的左右方向有过度的曲面，会使敏锐的地方压力集中，这种设计是不可取的。特别应当注意的是那种只是中心松软凹陷，四周坚硬的椅子，因为坐这种椅子体重趋向大腿部不在坐骨结节，大腿部的里侧对压力抗力弱，坐着自然感到不舒服，坐的时间长了，不知不觉的臀部就会滑向前方，背和腹部的肌肉就会感到疲劳。对于体压分布还应注意的一个事项是，如果膝部内侧没有轻度的支持力量就会有不安稳的感觉，坐着坐着不知不觉地把双腿重叠在一起以寻求支持，常见有人无谓地晃荡腿也就是这个原因，换了椅子这个毛病大都能改了。第四是姿势和疲劳的问题，这主要是靠背的形状和座面的倾斜之间的关系。椅子软硬的关键在于坐上去落体时姿势的好坏。软椅子外形看起来像是坐下去能舒服，但如果不能使最后姿势保持良好状态，不久就会疲劳。这是因为受压面不安定，于是就想保持正确的姿势，不知不觉地不断地促使肌肉劳动所致。同理，在外表上看起来像是坐着舒服的很松软的椅子，实际上坐起来不久就会感到疲劳。

5.3.3　坐姿的工效学

近年来脊椎病痛的案例增加得很快。各种与坐姿有关的腰肌、脊椎病和椎间盘突出等病人出奇得多，并且病人有年轻化的趋向。专家们认为脊柱的最终形状，取决于在其成长过程中所有各种姿势影响的积累。长时间的坐对脊椎发育不利，因为长时间的坐会使身体失去了改变应力和放松的机会，结果就是没有发挥其他姿势的校正作用。学校中的孩子们每天会长时间坐在课堂里学习，应该要求青少年坐的时候能允许改变姿势，从向前倾斜直至向后倚靠，借以避免不舒适的姿势。

姿势上的错误和有缺陷的姿势在发育过程中是可以治疗的。最重要的预防措施是体育锻炼和专门的座位设计。

5.3.3.1　坐姿对脊柱的影响

脊柱由 24 块椎骨、5 块骶骨和 4 块尾骨连接而成。椎骨间由椎间盘连接。脊柱从正面或后面看是上下竖直的。从侧面看，可观察到它呈前后弯曲形状。颈椎略向前弯，胸椎向后弯曲，腰椎向前弯，骶骨向后弯，这是脊柱在正常状态时的自然形状。脊柱呈这种自然弯曲状态时，椎间盘所受的压力和脊柱各区段的静态负荷处于最佳状态。

（1）从立姿到坐姿　人从立姿转向坐姿时，脊柱、骨盆与下肢骨的状态发生很大的变化，如图 5.21 所示，左图为立姿，右图为坐姿。立姿时腰部脊椎是前凸，坐姿时腰部脊椎是后凸。阴影部分的脊柱是腰椎部分。这种变化表现为：大腿骨位置由竖转横，骨盆上缘向后旋转，脊柱从向前弯凸转为向后弯凸。坐姿时脊柱的后凸状态又因坐姿不同而变化。腰椎后凸直接导致椎间盘之间的压力增加。

（2）坐姿对脊柱的影响　坐的姿势也可以分成三种：向前坐、笔直端坐和向后靠，如图 5.22 所示。向前坐和向后靠的姿势意味着椅子的靠背向前或向后倾斜。向前的姿势是工作的姿势，而向后靠是休息和放松的姿势。人处于不同姿势时脊柱形态不同。Keegan 和 Radke 发现，当人舒适侧卧，大腿和小腿稍作弯曲时，脊柱呈自然弯曲状态，脊柱的弯曲程度比 10 种坐姿中的任何一种都要大。此时椎间盘内压力也最小，人感觉最舒适，如图 5.22(a) 所示。在各种坐姿中，躯干后倾（与大腿成 115°），腰、背有衬垫支撑的姿势，如图 5.22 中的（b）、（c）所示，其脊柱曲率与侧身卧姿时比较接近。取这种坐姿时，躯干的一部分重量落在腰、背衬垫上，因而可使腰椎负荷减轻，脊柱变形程度减小，腰、腹、背等处肌肉放松，不易疲劳。由于这种姿

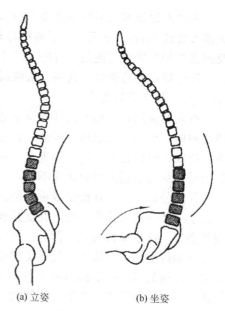

(a) 立姿　　　　　(b) 坐姿

图 5.21　立姿与坐姿时的脊柱变化

势躯干后倾，因此如果需要在工作台上写什么东西时，这种姿势明显是不合适的。当躯干向前弯曲时，会把自然状态下向前弯凸的腰椎和颈椎拉直，使脊柱的弯曲度变得比其他姿势时更小，若长期采取这种姿势工作，就会使脊柱永久性变形，形成驼背。

（3）背部肌肉的静态施力活动　Akerblom 等人曾测量了背部肌肉的电活动，以此说明肌肉静态施力活动。结果表明，当以一种过分挺直的姿势坐时（脊柱前凸），电活动增加，而采取了向前坐（脊柱后凸）的姿势后，电活动明显下降。被试者们宁愿选择向前坐的姿势，因为体重在脊柱中得到平衡，并且不需要静态的肌肉活动。如图 5.23 所示，从肌电测量结果可以

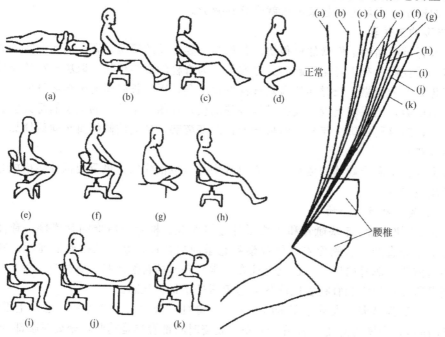

图 5.22　不同坐姿时脊柱的形状

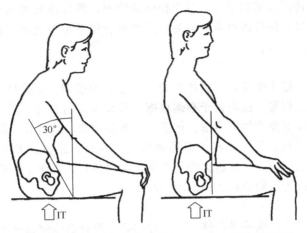

图 5.23　坐着向后靠与笔直端坐（IT 为坐骨结节间径）

得出：虽然向前坐的姿势是一种明显悠闲的姿势，背部肌肉放松，并且上部躯体的重量由骨骼、椎间盘和韧带承受。但脊柱弯曲的结果是椎间盘上的压力分布不均匀，这是椎间盘产生疾病的一个原因。根据这些结果可得出结论：向前坐（脊柱后凸）的姿势使椎间盘中产生高的压力，如果以这种姿势坐较长时间将使椎间盘产生变质的过程。因此建议工作椅子应能使坐者能改变向前和向后的姿势。

这证明一个适宜的靠背对于避免背部肌肉拉紧是很必要的。座椅设计应该使就座者的脊柱接近于正常的自然弯曲状态，以减少腰椎的负荷与腰背部肌肉的负荷。

根据生理学和矫形学研究的结果，对椅子的设计有如下的建议。

① 座位的设计应能使坐姿经常改变，它应有足够的自由活动，能周期性地从向前坐和笔直坐的姿势，变成向后靠的姿势（有靠背）。

② 为了避免完全的脊柱后凸和背部的拉紧，工作椅应为背的下部提供靠背，这种靠背将有效地支撑脊柱（包括骨盆和骶骨）。并能放松背上的肌肉，减少静态的肌肉拉力。

③ 坐得笔直的姿势，脊柱前凸将很快地导致肌肉系的疲劳，故必须避免将此作为一种长时间的坐姿。

④ 直的腰部和上身略向前弯曲的中间坐姿，是一种悠闲的姿势，背部肌肉放松，并且上身的重量全部由脊椎、椎间盘和韧带承受，在工作中应经常采用这种姿势。

⑤ 如果座位和靠背都向后倾斜，椎间盘上的力可以达到最佳分布，这种最佳角度特别应该用在休闲的座位（如单人沙发）上。

5.3.3.2　坐姿的体压分布

设计座位还需要了解体重在座位面上的压力分布。适当的坐姿可使人的体压分布合理。臀部的合理压力分布可使人体大部分重量由骨盆下的两块坐骨结节承受。图 5.24 是正常的和双腿交叉坐姿在座面上所产生的压力分布图。由坐骨结节向外，压力逐渐减少，直至椅面前缘与大腿接触处，压力为最小。为保证臀

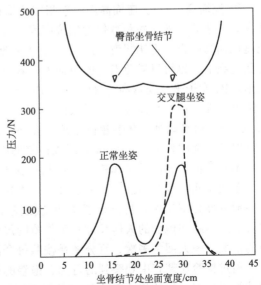

图 5.24　两种坐姿在座面上所产生的压力分布图

部压力的合理分布，椅面应坚实平坦。过于松软的椅面，使臀部与大腿的肌肉受压面积加大，增加了身体的不稳定性，使身体重量不容易由两块坐骨结节准确支持，而且也不易改变坐姿，容易产生疲劳。

5.3.4 椅子设计

椅子分为三类，一是工作椅，二是休息椅，三是多功能椅。工作椅，如汽车驾驶员座椅、办公室座椅和学校课桌椅等。这类椅子必须根据工作要求进行设计，除了从舒适方面考虑外，更要从健康和工作效能的角度加以考虑。休息椅，如沙发椅、躺椅等，设计这类椅子除了美观要求以外，要突出舒适性，使人坐在上面姿势自然、轻松、舒服。多功能椅，如餐厅、会议室、候车候机室使用的座椅，设计这类椅子要突出通用性，并要便于搬动。对人们的健康而言最重要的是工作椅，因为人们坐在上面的时间最长。

5.3.4.1 工作椅

椅子包括座面、靠背、扶手等部件。一个好的椅子设计必须使这些不同构件优化。虽然关于工作椅的文章有许许多多，然而只有少量是实验研究的结果，大都是根据人体测量数据和一般矫形学上的考虑编写出来的。下面结合一些研究分别介绍，如图 5.25 所示。

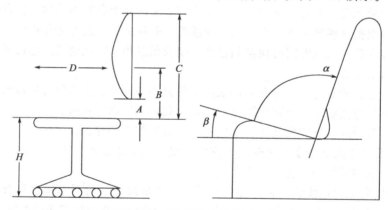

图 5.25　工作椅设计的各项参数

（1）工作椅设计的各项参数

① 座面高（H）。座面高度一般指座位椅面至地面的高度。如果座位上放置衬垫，应以人就座时坐垫面至地面的距离作为座位高度。确定座位面高度时应以坐姿腿弯高作参照。一般是把座位面高度设计得比腿弯高略低一点（一般是 50mm），这样就可避免就座者的大腿紧压在椅面前缘上，也可以避免发生腿短的人坐着时足碰不到地面的现象。根据我国人体尺寸的测量数据，P5 女子坐姿腿弯高为 342mm，P5 男子为 383mm。再加上一个鞋高。鞋高根据我国现行国家标准《在产品设计中应用人体尺寸百分位数的通则》的要求，男子增加 25mm，女子增加 20mm。但是国外的普遍建议是增加 40～50mm。Pheasant 甚至认为，由于 P5 的英国女性着鞋时的坐姿腿弯高为 400mm，所以最好的折中值就是 400mm。

不过，更重要的是工作椅的座面高应该与工作的台面与桌面联系起来谈。Grunvdjean 采用"多次瞬间观察分析法"研究了 261 个男性和 117 个女性被试者坐的习惯。这些被试者们从事一般的办公室工作，共记录了 4920 次观察的结果。同时还有 246 个办公人员的问卷调查，涉及舒适问题和他们的人体尺寸和工作椅的尺寸。表 5.9 显示了 246 个办公人员诉说坐下后疼痛的情况（一人回答多次，百分率是按照每个问题 246 人都回答计算的）。

通过检验在调查中观察到的行为、抱怨的频率与工作场所的尺寸之间是否有显著的关系，并计算了它们之间的相关系数和 χ^2 检验后得出下述结论：办公人员喜欢的座面高度，是以能

表 5.9 246 个办公人员诉说坐下后疼痛的情况

痛的部位	人次	%	痛的部位	人次	%
头部	34	14	臂和手	37	15
颈和肩部	59	24	膝和脚	71	29
背部	141	57	大腿	46	19
臀部	40	16	不痛	38	15

使他们在工作时上身有最舒适的姿势为主。当桌面与座面之间的距离为 27～30cm 时，他们选择的座位高度为 42～47cm。大腿上部的压痛主要是由于工作条件使体重支撑在大腿的上部，而在较小程度上是由于座位的高度造成的。桌面高度 78cm，是大多数人能够接受的，但要提供可调节的椅子和踏脚。被调查的人中有 57% 抱怨有时候背痛，24% 提到有时候颈痛和肩痛，15% 有臂和手痛。那些打字打得多的人比一般人发生得更多一些。痛的发生主要是与工作的类型有关。42% 的人使用靠背，其中使用可调节的靠背比固定的多。

Grundjean 所选择的被试者身材普遍比较高。所以，他关于座面高度的建议人们还无法立刻接受，但是他关于座面高与工作面高度之间关系的分析是非常重要的。

工作椅座面的最佳高度只能按相对于工作面的高度来决定。Grundjean 建议座面应低于工作面 27～30cm，除此以外应再检查一下大腿的下侧离地板的高度。大家都同意座位前缘的最高点必须略小于小腿加脚高（穿鞋平踏在地板上）。因此，一把不可调节的椅子的座面高度应在 35～45cm。对于中、小身材的人来讲，平均座面高度可为 35～40cm。但这个高度对于身材高的人将迫使他将臀部坐进去一些，使背有较大的弯曲。由于这个原因，座面高度似乎以45～48cm 较为合理，对于矮身材的人可提供一只踏脚来解决。

对所有中国成年人使用的座椅如果不可调节，座面离地高度 400mm 是比较合适的。尽管对那些大个子的人来说，这个高度可能会感到不舒服。

专业人员大都喜欢可调节的工作椅，这样可使它们能适合使用者希望的任何高度。如果桌高 68～70cm，桌面至座面的距离 27～30cm，那么调节的高度即为 38～53cm。但是依靠调节并不是唯一的解决办法，也可以使用踏脚来解决。因此，当桌高为 78cm、座位的调节范围为 38～53cm 时，踏脚的高度也可有 0～18cm 的调节幅度。

根据以上的研究结果，给出工作椅、工作面和踏脚高度的建议，如图 5.26 所示。

② 座位深度（D）。合理的座位深度可使就座者的腰背自然地倚靠在靠背上时椅面前缘不会抵到小腿。坐深过长的危险是一些人坐上去无法有效地靠到靠背上，导致脊椎上压力增加。

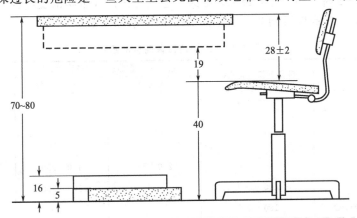

图 5.26 工作椅、工作面和踏脚高度的建议（单位：cm）

所以，应该考虑的是 P5 女子坐姿臀-腿弯距。这样，可使短腿者就座时也能倚着靠背而不致使膝部压在椅缘上。当然，座位也不能过浅。座位过浅，就会使长腿人就座时，大腿过于伸出椅面，减小了坐姿变换余地，并且前臂也不便利用座椅扶手进行休息。座位深度所考虑的人体尺寸是 P5 女子的坐姿臀-腿弯距。

中国 P5 女子坐姿臀-腿弯距是 401mm，加上着衣修正量 20mm，那么工作椅深度值似乎应该是 420mm。不过需要理解，人们在就座时一般并不将整个大腿全部埋进椅子里，腿弯部分总是要离座面稍许。所以可认为座位深度 370～410mm 是比较合理的。ANSI 为工作椅的建议值是 380～430mm。

不同椅子的坐深相差很大，在一些场合如酒吧台，酒吧座椅的深度很小，大概也就 30mm 左右，可是很多人也不觉得怎样。问题出在椅子对生活的重要性，酒吧里的椅子你可能就座 1h，或许今晚以后你再也不会光顾这家酒吧，但是对工作椅来说，你会多长时间坐在上面呢？

③ 座位宽度。座位宽度应该考虑大个子的身体尺寸，这与坐深不同。所以 P95 女子坐姿臀宽（女子坐姿臀宽一般大于男子）是所考虑的人体尺寸。我国女子 P95 坐姿臀宽是 346mm，加上衣着以及两侧的预留，420mm 应该够了。ANSI 为工作椅座位宽度的建议值是 450mm。

在某些场合，譬如教室里的座位，座位与座位之间紧密地连在一起的情况，需要分开考虑，这时需要考虑的身体尺寸就不是坐姿臀宽了，而应该是坐姿两肘之间距离。我国 P95 男子坐姿两肘之间距离为 489mm，加上衣着和一些预留，550mm 应该是最小的座位宽度，580mm 是一个合理的座位宽度。

④ 靠背高度。根据靠背的高度，椅子有三种情况：低靠背椅子、中靠背椅子和高靠背椅子。靠背越高，对脊椎的支持也越大，靠背所支持身体的重量也越大。老式工作椅的靠背不高，属于低靠背的椅子，主要就是在腰部有个腰靠。如此也就是在离座面 100～400mm 之间有个靠背，它的好处可以让肩和手臂有更大的移动空间。

现在很多办公椅子（也包括某些场合的椅子，如剧院观众厅里的椅子）的靠背高度越来越高了，它们可列入中靠背椅子范围里。中靠背可以支持背的上部以及肩部区域。为了对胸部的中部有良好的支持，可以将靠背高度定为 500mm。如果想对整个肩膀有完全的支持，需要将靠背高度提高到 650mm，不过，通常办公室工作椅被引用的数据是 500mm，而高靠背则能支持整个头部和颈部，这时需要将整个靠背提高到 900mm。

工作椅习惯于用比较低的靠背，但为了较好地休息，应对背部有很好的支托，让背部的肌肉充分地放松。表 5.10 中靠背的各项建议可作为设计工作椅时的参考。可以发现后来的人对工作椅靠背的建议要高一些。总的说来，如果你喜欢传统形式带腰部支托的工作椅，那就需要尽可能多的调节，一个高度可调节的靠背在工作中是比较理想的。

表 5.10　工作椅靠背高度的建议　　　　　　　　　单位：mm

出处	靠背下缘高度(A)	靠背至腰靠曲线中间点高度(B)		靠背总高度(A—C)
		固定靠背	可调节靠背	
ANSI	152～254			152～229
MURRELL				200～330
KROEMER				120～350
BS5490		210+15	170～250	
HSE(1991)	100～200		170～300	200～550
AKERBLOM&KEEGAN	180～200			

对于一个工作椅来说，一个中靠背是需要的。如果靠背高度降低，那么为了支持整个身体，势必腰靠位置就要往上，对腰椎的支持就不是很有效。对腰的支持必须准确地支撑在第四腰椎上，所以腰靠位置应该与脊柱位置相称。另外，我们不仅在工作椅上工作，而且有时也要在上面休息一下。中靠背有利于支持整个身体，对身体放松比较有利。

⑤ 靠背角（α）。靠背角指的是靠背与座面之间的夹角。靠背角的大小对坐姿和脊柱、背肌的负荷程度有重要影响。一般来说，随着靠背角增大，腰椎间盘压力降低，背肌放松，但靠背角增大到110°以后，再增大时两者并无进一步明显改善。所以，包括 ANSI 在内的大多数人建议，座位的靠背角可在 90°～110° 范围内选取。不同用途的座椅，靠背角大小也应略有区别，例如办公用椅的靠背角要小一些，以 100° 内为宜。

⑥ 座面角（β）。座面角指座面与水平面之间的夹角。一般喜欢将座面角略为后倾。座椅有一定的后倾角，有两个好处，一是可使坐者腰背比较自然地靠在座椅靠背上；二是可以防止坐者向后倾靠时臀部向前滑动。但是办公室工作包括着相当多的书写、打字及其他桌面作业，人在从事桌面作业时，上身会采取一定程度的前倾姿势，若工作椅面后倾角大于3°，从事桌面作业时，就会使就座者腰椎段后凸拉长，容易使腰部引起不舒适感。同时由于上身前倾时上体重心前移，会增加大腿在荷面前缘的压力，所以久坐后就会引起大腿痛感。

所以，有人主张办公椅面应该设计成向前倾斜。座位前倾的优点是显而易见的，有人做过研究，让被试者坐在 5 种椅面倾角不同的座椅上，以不同的坐姿进行读写作业，测量他们在座椅面上产生的体重压力分布和背肌拉伸的情形，结果如图 5.27 所示。这些数据来自 10 个身高 160～170cm 的被试者。如果将笔直坐的姿势（打字时的姿势）作为零的姿势，那么当采取实

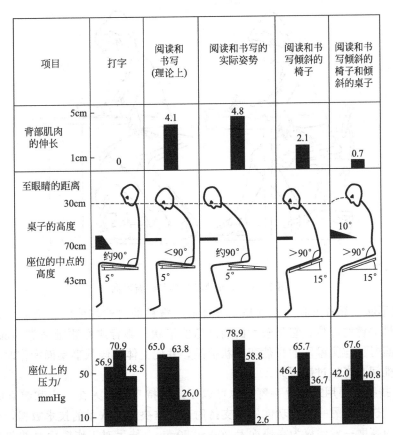

图 5.27　各种坐姿对人体的影响

际的阅读和书写的姿势（即坐在座位的前缘，眼睛离开书面 300mm）时，背部的肌肉伸长 48mm。如果座位向前倾斜后，肌肉的伸长减少到不足原来的一半，若将桌面再倾斜 10°肌肉就几乎不伸长了。实际的阅读和书写姿势，由于坐在座位的前缘，故大部分压力集中在前部区域。这种姿势是常见的。在许多办公室中可看到，几乎所有办公用椅子的坐垫套子只有前面一部分是磨损的，而后面部分大约从未碰过，仍旧保持很新。当倾斜后，三部分上的压力分布比较平均。

坐在有一定前倾角的座椅上做桌面作业时，有使脊柱自然挺直、放松的优点，但这种座椅不能充分利用靠背分担体重负荷，并且由于上体前倾，会加重小腿和足部的负荷。另外，使用前倾式座椅，当手离开桌面支撑或向后靠向靠背时，臀部容易向前滑动。若能把椅面设计成前、后倾角可以调节的式样，就能兼有前倾式与后倾式的优点。

关于工作椅座面角是前倾还是后倾，各方都有不同争论，ANSI 的建议是后倾 0°～10°。Mandal 建议为阅读和书写配套的座位应前倾 10°～15°。

一个前倾的椅子应该与一个倾斜的工作面配套才理想。一个可调节的工作椅的座面，应该前倾后倾都可以调节。对于固定的工作椅，座面以近乎水平为好。过于向后倾斜，上身就要向前弯曲，腹部受压迫不舒服，而且易疲劳。如果一定要倾斜，建议座面应为平的或略呈凹状，前半部分向后倾斜 3°～5°，后 1/3 略向上倾斜，并且座面的前缘应做成圆角。

目前工作椅的设计有新思路，其中之一就是将座面前倾的同时，工作面后倾或是提供膝垫，如图 5.28 所示。座面前倾会使人体有向前滑动的趋势，工作椅却有后移的倾向，如图 5.28(a) 所示，其解决方式之一就是为使用者提供膝垫，同时使工作面放平。

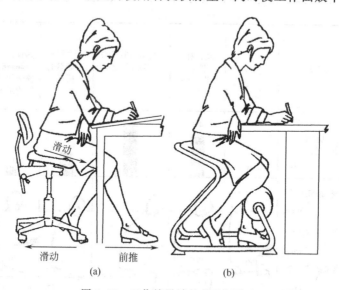

图 5.28　工作椅设计的某些新取向

⑦ 靠背的形状。靠背形状的原则是要设计成与脊柱的自然弯曲状相适应。脊柱腰椎段是承受上体重量最关键的部位，它呈较大的前凸弯曲形状。靠背应在腰椎倚靠的部位适度隆起，使人后靠在上面时能与腰椎段的自然弯曲状恰贴，并使上体前倾从事桌面操作时，不使腰椎段后凸，以免腰椎间盘产生过度压力。

⑧ 扶手。扶手主要用来放置手臂，也可以用来支持身体。人在入坐和起立时，有了扶手支持比较省力。扶手的另一主要功能用来支持肘部，这决定了扶手的技术数据，应比坐姿肘高低一些。扶手的高度一般建议为在座面上 200～250mm。扶手对工作椅而言并非必需，但是越

来越多的人使用电脑时，希望手臂能被支撑，所以建议以电脑工作为主的工作椅宜设扶手。

⑨ 座椅饰面。座位的饰面和坐垫并非纯粹是个装饰问题，当人坐在一个硬的表面上时，体重压在8％身体坐的面积上，似乎过于集中。如果座面上有饰面铺垫后，可以增加承受体重的面积，减轻血液在臀部和大腿中流动时的阻力，可减少痛或不舒适的感觉。但是如果该饰面铺垫周围坚硬而中央部分柔软，臀部的体压感觉便不好，坐起来就不踏实。

因此，建议工作椅使用1h以上的，应有薄的坐垫。躯体埋在坐垫中的深度不大于20～30mm。饰面材料应有良好的透气（包括透汗水）性能。

（2）工作椅的设计实例

① 小原二郎的设计。小原二郎于1970年设计总结出的六种座椅原型。其座椅的人体尺寸设计依据为：男性，身高165.1cm，标准差5.2cm，体重58.8kg，标准差6.8kg；女性，身长154.4cm，标准差5.0cm，体重48.7kg，标准差5.0kg。此原型是根据各项人体计测值的研究结果得出的结论。其中Ⅰ型椅子作为学校用课桌椅、制图用椅，Ⅱ型椅子作为一般的办公用椅、书写作业用椅，这两类都属于工作椅，如图5.29和图5.30所示，图中S为标准差。

② 库卡波罗的椅子。芬兰著名家具设计师库卡波罗在1978年设计的Fysio椅子，被认为是世界上第一把完全根据人体形态设计的办公椅，以此宣告家具设计进入了"人体工程和生态科学的黄金时代"，如图5.31所示。库卡波罗为设计这个椅子做了大量的人体测量，收集人体数据，并且在材料运用上放弃了曾让他一夜成名的Karuseli椅所使用的玻璃纤维钢，也放弃了塑料等材料，转向了木材，利用热压方式生产夹板家具。图5.32为上海某设计工作室中的库卡波罗椅子。

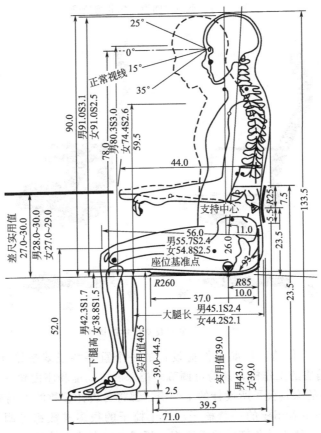

图5.29　小原二郎设计的Ⅰ型椅子（单位：cm）

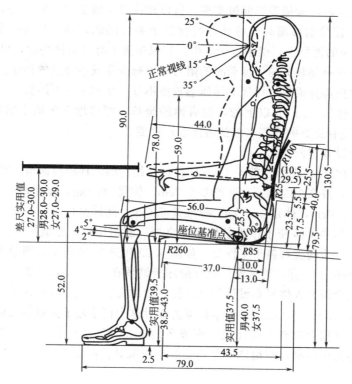

图5.30　小原二郎设计的Ⅱ型椅子

图5.31　库卡波罗设计的椅子

③ 多参数可调的工作椅。目前工作椅设计的一个重要特征就是设计参数的可调性。图5.33是一款某商场销售的工作椅，该椅可调节座位深度、高度和座面角三个设计参数。

目前世界上著名的家具公司所设计的工作椅，都将各设计参数的可调节性作为出发点来考虑。图5.34是Herman Miller的一款椅子，这个椅子的很多参数都可调节，包括椅子高度、椅子深度、扶手高度、扶手的角度、扶手宽度、腰托支持点等，并且座面可前倾。

图 5.32　上海某设计工作室中的库卡波罗椅子

图 5.33　工作椅实例

图 5.34　某公司的一款多功能椅子

5.3.4.2 休息椅

休息椅为阅读和休闲之用,典型的休息椅就是沙发和躺椅。休息椅和工作椅在设计上之间的差异主要表现在工作椅设计时,除了要求靠背能对脊柱的腰椎部分能有效支持以外,还要求获得人能够接近前方工作区的姿势,但是这两点在休息椅的设计中,只有前者被充分考虑到,而后者几乎不考虑。并且关于前者,设计要求除了在腰椎部分能对脊柱有效支持外,还希望能对脊柱的其他部分,甚至头部也有支持。如图5.35~图5.37所示为一些市场上销售的休闲椅。

(1) 休息椅设计的各项参数 Akerblom 和 Keegan 从人体的解剖学出发,认为椅子的设计应首先满足脊椎的要求。他们提出靠背向后倾斜,其轮廓线应与脊柱相似,腰托向前凸出,并在最低的腰椎位置。他们推荐的休息椅设计见表5.11。这些建议是根据矫形学上的考虑和经验的估计所作出的。

Grundjean 等人分析了健康的被试者和背部有病的被试者。他就椅子的舒适性和不同轮廓线之间的关系,提出5种休息椅的轮廓线,然后利用一只可以改变座面和靠背形状、座面和扶手高度的试验用椅,进行了一系列试验。其中包括这五种休息椅是否为背部有病者所接受的试验。他请了68个被试者(女33,男35)参加,这68人按照他们的临床诊断可分为:过脊柱前凸者29人,非脊柱前凸者30人,一般脊柱前凸者9人。绝大多数(81%)被试者选择Ⅳ和Ⅴ两种轮廓线。所以,可认为背痛者喜欢的靠背轮廓线是在腰部明显地向前凸出,而在此高度以上却略有凹

图 5.35 五人坐休闲椅

图 5.36 单人坐休闲椅

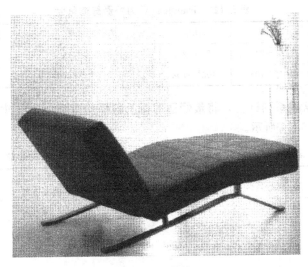

图 5.37　躺椅

表 5.11　Akerblom 和 Keegan 建议的休息椅设计参数

椅子的细部	建议的数据		椅子的细部	建议的数据	
	Keegan	Akerblom		Keegan	Akerblom
腰垫	在腰椎后面	坐向上 17～21cm	座面高度	41cm	40～43cm
座面和靠背间的夹角	105°	100°～110°	座面向后倾斜的角度	5°	5°～7°
座位深度	41cm	44cm			

进（68 人中有 63 人）。在如图 5.38 所示列出的五种轮廓线中，不论是正常的人或背部有病痛的人，都倾向于选择Ⅳ和Ⅴ两种轮廓线。他根据这个试验记录得出最舒适的数值，见表 5.12。

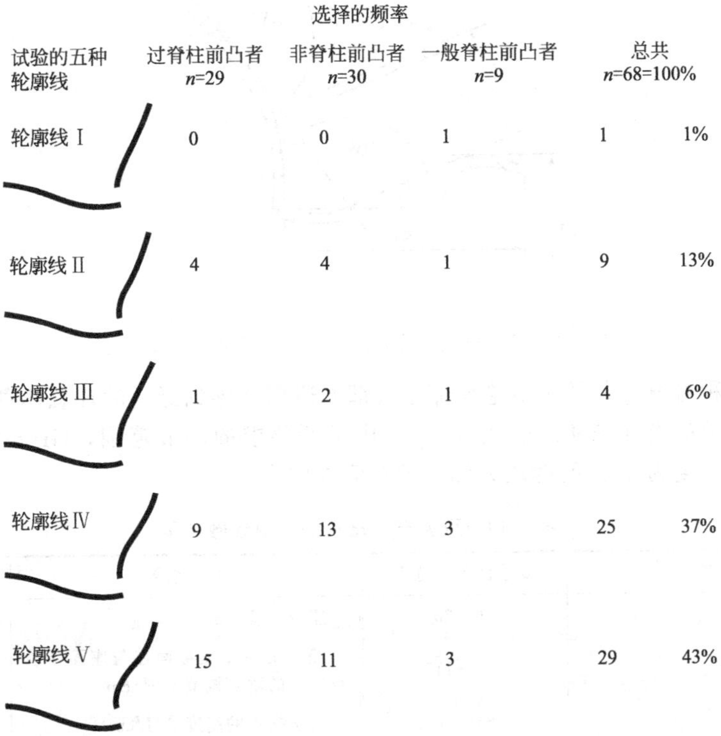

选择的频率

试验的五种轮廓线	过脊柱前凸者 $n=29$	非脊柱前凸者 $n=30$	一般脊柱前凸者 $n=9$	总共 $n=68=100\%$	
轮廓线Ⅰ	0	0	1	1	1%
轮廓线Ⅱ	4	4	1	9	13%
轮廓线Ⅲ	1	2	1	4	6%
轮廓线Ⅳ	9	13	3	25	37%
轮廓线Ⅴ	15	11	3	29	43%

图 5.38　68 个背部有疼痛的被试者选择各种椅子轮廓线的频率

表 5.12　Grundjean 认为的最舒适角度

椅子的细部	阅读	休息	椅子的细部	阅读	休息
座面坡度	23°～24°	25°～26°	座面高度/mm	390～400	370～380
座面和靠背间的角度	101°～104°	105°～108°			

　　Grundjean 根据这些系列试验，将最舒适的椅子的平均值和折中的建议汇集在表 5.13 中，表中的尺寸符号如图 5.39 所示。

表 5.13　Grundjean 对最舒适的椅子的平均值和折中的建议

构造细部	健康的人使用状态		背部有病痛的人休息	折中的,既可阅读也可休息
	阅读	休息		
座面角度 SW/°	23	26	20	23
靠背角度 RW/°	103	107	106.5	108
座面高度 SH/cm	40	39	41.5	40
座面深度/cm	47	47	48	48
腰垫的主要支撑点高度/cm	14	14	9	8～14
扶手的高度 AH/cm	26	26	26	26

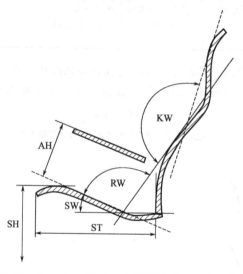

图 5.39　Grundjean 认为最舒适椅子的各项参数定义

　　但是能使各种身材、各种年龄绝大部分人都能适用并感到舒适的理想休息椅，只能通过大部分尺寸都能调节的设计来实现。表 5.14 给出了所要求的调节范围，Grundjean 认为这个调节范围适用于满足度为 95％的健康人和背部有病痛的人。

表 5.14　可调节休息椅的各项参数范围

构造细部	要求调节的范围	构造细部	要求调节的范围
座面角度/(°)	16～30	座位深度/cm	41～55
靠背角度/(°)	102～115	腰垫的主要支撑面在与座面接触点以上的垂直调节范围/cm	6～18
座面高度/cm	34～50	椅子扶手的高度 AH/cm	22～30

除了以上设计参数的研究以外，以下几点还需要强调。

① 休息椅设计首先必须保证脊柱保持正常形状，椎间盘上的力最小，并且背部肌肉有最大可能的放松。应避免弹簧过软坐下去形成猫背状。坐下去最终落体姿势时，腰椎附近能得到轻轻的支持，使背肌有伸张感为宜。

② 目前休息椅设计的普遍缺点是座面深度过大。座面过深导致很多人靠不着靠背，或是靠背对腰椎的支持无效，这样就会形成猫背状，易疲劳。很多休息椅在出售的时候往往搭卖靠垫。其实靠垫实在是多余。靠垫的作用就是当座面深度过大，人们就座时无法将背部有效地靠在靠背上，这时就将靠垫垫在后面。所以，本质上靠垫是休息椅设计失败的产物，而不是因为人们的实际需要，它的装饰作用是后来附加的。固定休息椅的座面进深以500mm为限。休息椅最舒适的位置和尺寸，随着不同的活动而改变，并且有少量的个人变化。因此，休息椅应能调节几种尺寸，调节的范围见表5.14。

③ 休息椅应有一个略带凸出腰垫的靠背，它在胸椎高度处略呈凹状。坐下时腰垫的主要支撑点应在座面以上垂距80～140mm处，于骶骨的上缘和第5个腰椎高度处。

④ 休息椅应有很好的铺垫和饰面，座的前缘以不坚硬的为宜。将大部分体重分布在臀部较大的面积上，一只坐垫能将体重分布在座面上直径为60～100mm的圆形面积内较为适宜。

⑤ 靠背的前倾斜角度超过100°者要附有靠枕。无靠枕者如以颈支持头的重量则肩会痛。

⑥ 如果设计一只不能调节的休息椅，宜采用下列尺寸：座面高度380～410mm，座位深度470～480mm，座面坡度20°～26°，靠背和座面间的夹角105°～110°。

(2) **休息椅的设计实例** 在小原二郎设计出的六种座椅原型中，Ⅳ、Ⅴ和Ⅵ型椅子属于休息椅。Ⅳ型为休闲椅、汽车后座椅和电影院用椅；Ⅴ型为安乐椅、长途客车乘客座椅；Ⅵ型为倾斜式座椅和躺椅。由于其考虑人群与中国人身材接近，因此可供参考，如图5.40～图5.42所示。

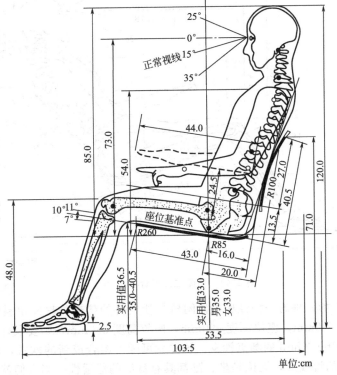

图 5.40 小原二郎设计的Ⅳ型椅子

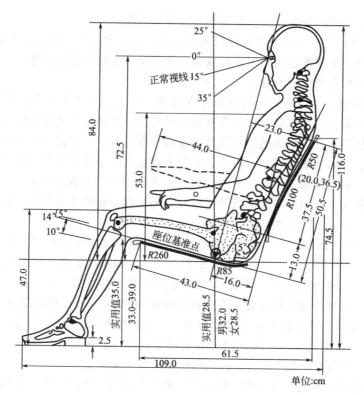

图 5.41　小原二郎设计的 V 型椅子

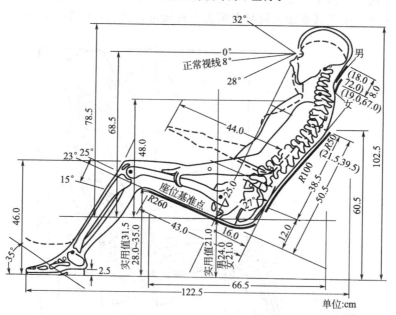

图 5.42　小原二郎设计的 VI 型椅子

　　图 5.43 为某商场销售的一种经典的休闲椅，沙发椅的垫子为聚酯填料和聚氨酯泡沫，设计参数为座位宽度 540mm，座位深度 490mm，座位高度 380mm，坐姿及外观均好。

　　图 5.44 为 Walter Knoll 的圆点沙发。该沙发可随意组合成新的款式，靠背的斜面与沙发座位形成一个整体的流线形，无论是坐、卧都具有良好的舒适性。当人们就座时可以随意选择就座的方式，满足不同的需要。

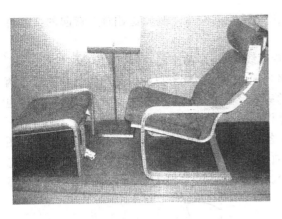

图 5.43　某商场销售的沙发椅和脚凳

图 5.44　一款获得设计大奖的多功能沙发

5.3.4.3　多功能椅

多功能椅可用于各种不同的目的，故必须适宜用于向前坐、笔直坐和斜靠等各种姿势。

（1）多功能椅设计的各种参数　Watzka 等人在一项研究中采用成对比较的方法，分析了 12 只多功能椅的舒适度和反应。这 12 只椅子的轮廓线如图 5.45 所示。按它们支撑背部的方式可以分成三类，第一类是 3、5、6、9 椅子，此类的特点是座位和靠背在下部突出来，支撑骶骨和腰部；第二类是 1、2、7、12 椅子，具有较少的腰部支撑；第三类是 4、8、10、11 椅子，无腰部支撑或靠背很陡，使坐者采取弯曲上身的姿势。有 25 个男学生和 25 个女学生参加试验，他们的年龄为 22～24 岁，身高，女生为 (166.5±5.2) cm，男生为 (177.9±6.3) cm。

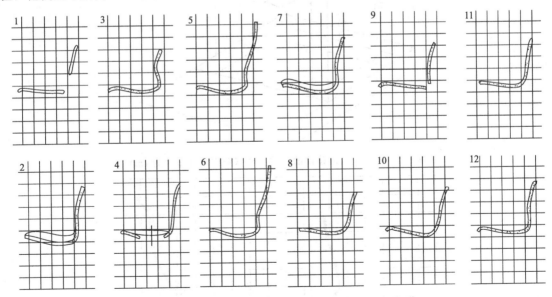

图 5.45　12 种多功能椅的轮廓线

每个被试者依次坐在两只试验用的椅子中，通过 66 次成对比较并估计了"舒适"和"不舒适"，故共有 $50×66＝3300$ 次。实验问题是："当你向后靠时，你感到这只椅子怎么样？"，"当你向前坐时，你感到这只椅子怎么样？"通过分析，得到如下的结论。

① 有高靠背的椅子如 5、6 轮廓线，并有饰面和铺垫，被试者们对背、颈和腰等部位的感觉有好的评价，但在腰部区域有太显著的弯曲或拥挤时，导致不利的评价。

② 座面做成臀部的形状比平的评价好。

③ 座面前半部分做成平的，只有少数人提出大腿处不舒适，而大腿处向上弯起的，则许多人认为不好。

④ 轮廓线 6 当向后靠时得到好的评价，而轮廓线 12 当向前坐时获得好的评价。

在每个部位的评价中，轮廓线 2 和 6 都是名列前三位，因此可以断定轮廓线 2 和 6 对于两种坐姿都同样适合。由于多功能椅是一种折中的家具，必须适宜于在桌旁就餐和开会，同样也能在交谈和休息时向后靠。这两个轮廓线可以建议作为多功能椅子的范例。

就多功能椅的设计，Grundjean 建议了它的各项参数和靠背曲线，如图 5.46 所示。而图 5.47 显示了受人欢迎的多功能椅和休息椅靠背曲线，左侧为多功能椅靠背曲线，右侧为休息椅靠背曲线，这两种椅子人们对它们的抱怨最少。图中网格尺寸为 100mm×100mm。斜线部

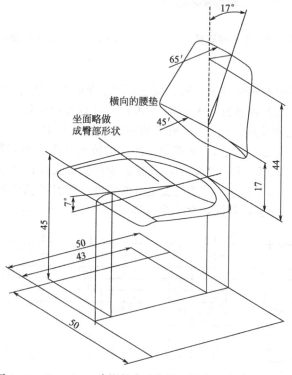

图 5.46　Grundjean 建议的多功能椅 （图中尺寸单位为 cm）

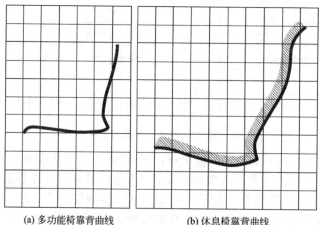

(a) 多功能椅靠背曲线　　　(b) 休息椅靠背曲线

图 5.47　受人欢迎的多功能椅和休息椅靠背曲线

分是 60mm 厚的硬质泡沫面层。

　　由于多功能椅在使用上的特点，多功能椅的各项参数正好位于工作椅和休息椅之间。所以在多功能椅的设计中无法避免折中，它必须为几种功能和不同的坐姿服务。所以多功能椅无法满足人们所要求的最大舒适。对这一问题的解决可通过提供几种不同高度的椅子来应付这种需要，对于会议室和类似的场所，无法预测要求，有时候较低的椅子也可能为高身材的人所接受。

　　另外，多功能椅在各项参数设计上，除了上面提到的以外，设计中还必须强调以下要点。

　　① 座面与工作椅相比可以稍向后倾，宜选择大腿和上体之间 95°以上者。

　　② 座面高度与工作椅相比稍低些，以 400mm 左右为宜，与它配合的餐桌高度以 700～720mm 为宜。

　　③ 靠背用一个带腰部支托的靠背。小身材的人使用时，从腰托至前缘的座位深度不宜超过 430mm。较深的座位导致臀部处于座面的前部，其结果为背部不再能支托在骶骨和骨盆区。座面宽度宜为 400mm。

　　④ 多功能椅带扶手的为好。因为腕的重量由肩承担，改由扶手承担其重量，坐起来很舒适。

　　⑤ 椅座正面方向内侧的尺寸以宽敞为宜。

　　⑥ 椅垫材料以硬些的为宜，应避免中间软、一坐下就沉下去的椅垫。整个椅子衬垫宜为 20～40mm 厚泡沫塑料。一方面可将分布的压力扩大，另一方面可防止滑动。面材料应能透气和水蒸气并防滑和温暖。为避免材料中潮湿积聚，可在面层下铺一层吸水层。如整个椅子是硬塑料压铸而成的，亦可在塑料的座面和靠背上打洞。

　　（2）多功能椅的设计实例　在小原二郎设计总结出的六种座椅原型中，Ⅲ型椅子属于典型的多功能椅，如图 5.48 所示。

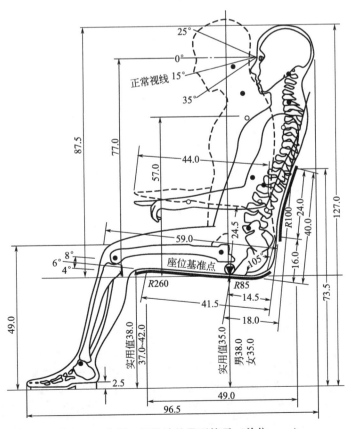

图 5.48　小原二郎设计的Ⅲ型椅子（单位：cm）

思考练习题

1. 简述立姿工作空间范围。
2. 简述坐姿工作空间范围。
3. 工作空间设计的要点是什么？
4. 什么是一把好椅子？
5. 坐姿对脊柱的影响是什么？
6. 椅子设计的要点是什么？

6 建筑室内外环境中的人机因素

6.1 建筑室内外环境空间与人体尺寸

不同尺度范围，由于涉及与考虑的问题不同，背后的影响因素也不同，所以无论其对于尺度的评价体系与观念，还是尺度所包含的内容都是不同的。

室内空间以其直接为人使用与接触的性质，其组成要素主要是人与人直接使用的物品。由人体的尺寸及与人密切相关的设施设备的尺寸，决定了室内空间尺度的是以人的尺度、触觉的尺度、以人体局部结构为尺度单位，其尺度单位必然是细节的细小的。

建筑虽然也构成人使用的空间环境，但它主要的构成要素是空间和结构要素，它并不直接为人使用，而是为人的活动提供适当大小的空间环境及空间组织序列。它主要由人的行动能力限度（如步行）与视觉能力限度因素决定，因此建筑的尺度是行动的尺度、视觉的尺度。其尺度单位是以整个人体、人体运动、人群为尺度。

城市规划与景观的构成要素并不直接针对具体的个体的人，而是以建筑、植被、大型工具（如交通工具）及设施为基本的构成要素，由它们构成更大的区域性人群活动社区，单体建筑、植物、交通工具等的尺度决定了城市空间的尺度范围。

以人的固定视觉感受而言，不同尺度的形态会形成不同的景观意识，这种意识体现在设计上就形成了以不同尺度单位为基础的景观尺度概念。作为一个特定专业的设计者，必须具备该类专业所需的单位尺度概念，城市规划设计者需要确立以"km"为单位的尺度概念；建筑设计者需要确立以"m"为单位的尺度概念；室内设计师则是要确立以"cm"为单位的尺度概念。这种不同专业的尺度概念，不同的尺度范围的形成，其原因之一是其构成要素的尺度不同决定的。由于所依托的感觉平台、客观依据不同，而不同的设计师长期建立的感觉平台与知识背景差别很大，所以一旦确立某种尺度的概念，很难转换。

6.1.1 建筑室内环境空间与人体尺寸

6.1.1.1 住宅室内环境空间与人体尺寸

（1）起居室 住宅中的起居室是人们日常的主要活动场所，平面布置时应该按照会客、学习、娱乐等功能进行区域划分。各个功能区域的划分与通道应该避免干扰，起居室常用人体尺度，如图 6.1 所示。

（2）餐厅 餐厅可以单独设置，也可以设置在起居室靠近厨房的一角；就餐区域尺寸应考虑人的来往、服务等活动；正式的餐厅内应设有备餐台、餐车和备餐柜等餐饮设备，餐厅常用人体尺寸如图 6.2 所示。

（3）卧室 卧室的功能布局应该有睡眠、梳妆、贮藏及阅读等部分。平面布局应以床为中心。睡眠区的位置应相对比较安静，卧室常用人体尺度如图 6.3 所示。

（4）厨房 厨房设备及家具的布置应按照烹调操作顺序来布置，以方便操作、避免多余走动。平面布置除了考虑人体和家具尺寸外，还应考虑家具的活动，厨房常用人体尺寸如图 6.4 所示。

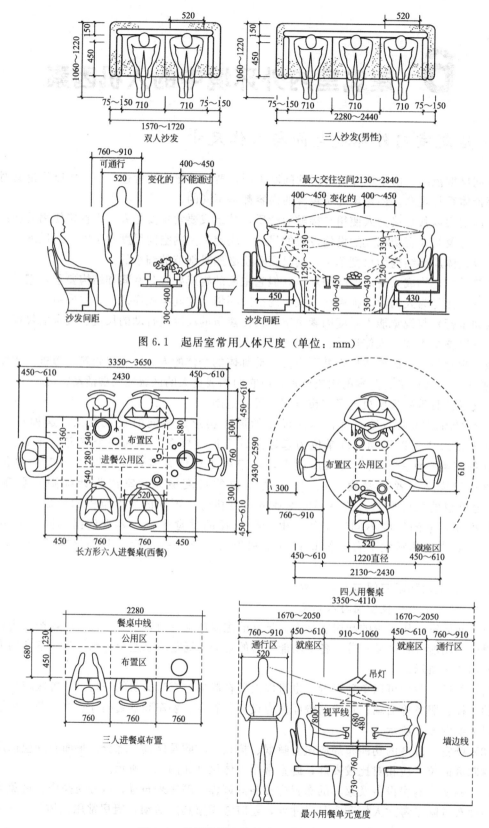

图 6.1　起居室常用人体尺度（单位：mm）

图 6.2　餐厅常用人体尺寸（单位：mm）

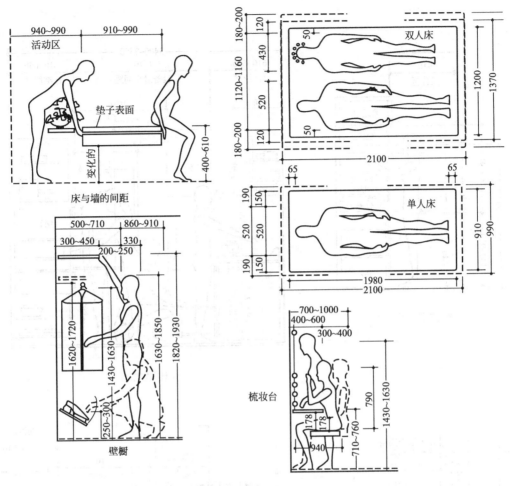

图 6.3 卧室常用人体尺度（单位：mm）

（5）卫生间环境空间与人体尺寸 卫生间中洗浴部分应与如厕部分分开设置。如不能分开，也应在布置上有明显的划分。并尽可能设置隔断、屏帘等。浴缸及便池附近应设置尺度适宜的扶手，以方便家中老人或病弱者使用。如空间允许，洗漱梳妆部分应单独设置，卫生间人体尺寸如图 6.5 所示。

6.1.1.2　普通办公室环境空间与人体尺寸

（1）普通办公室 传统的普通办公室空间比较固定，如果是个人使用则主要考虑各种功能的分区，分区要合理。如果是多人使用的办公室，在布置上首先应考虑按工作的顺序来安排每个人的位置及办公设备的位置，避免互相干扰。普通办公室常用人体尺度如图 6.6 所示。

（2）开放式办公室 开放式办公室是国外比较流行的一种办公形式，特点是灵活多变，由工业化生产的各种隔断和家具组成；其处理的关键是通道的布置，办公单元应按功能关系进行分组，开放式办公室人体尺度如图 6.7 所示。

6.1.1.3　银行营业厅环境空间与人体尺寸

银行营业厅分为大型营业厅及小型储蓄所。小型储蓄所比较简单，而大型营业厅因营业内容多，一般分成多个柜台和若干洽谈室，银行营业厅常用人体尺度如图 6.8 所示。

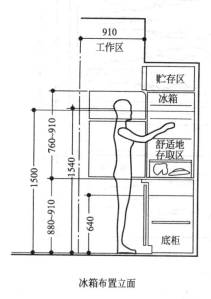

冰箱布置立面

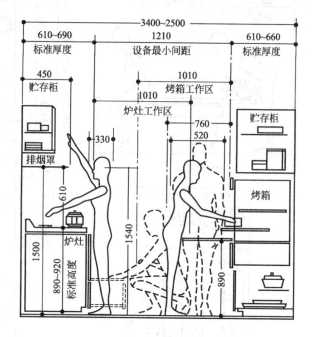

炉灶布置立面

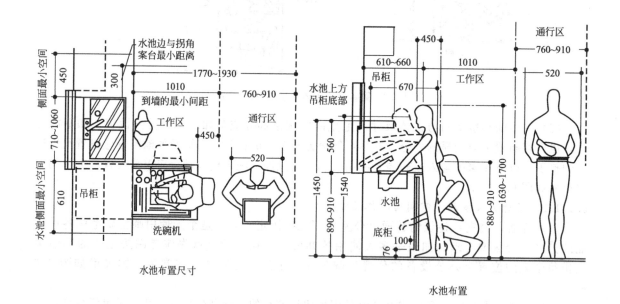

水池布置尺寸

水池布置

图 6.4 厨房常用人体尺寸（单位：mm）

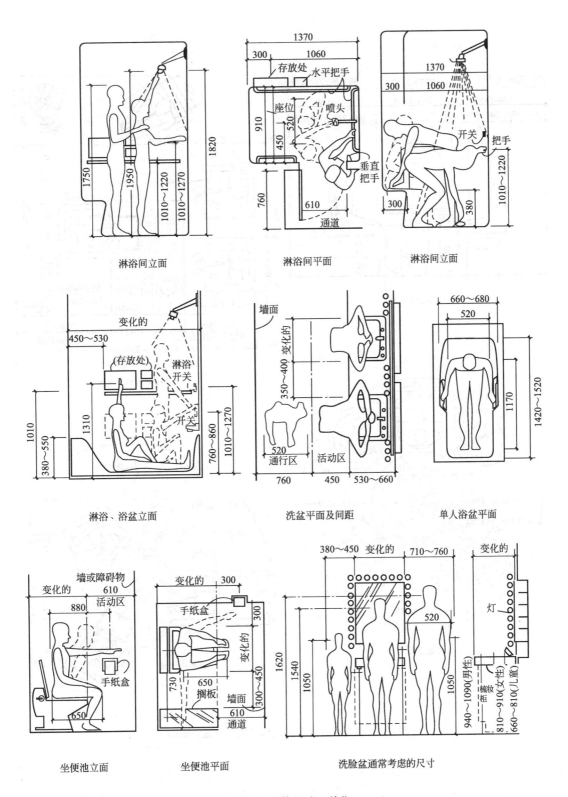

图 6.5　卫生间人体尺寸（单位：mm）

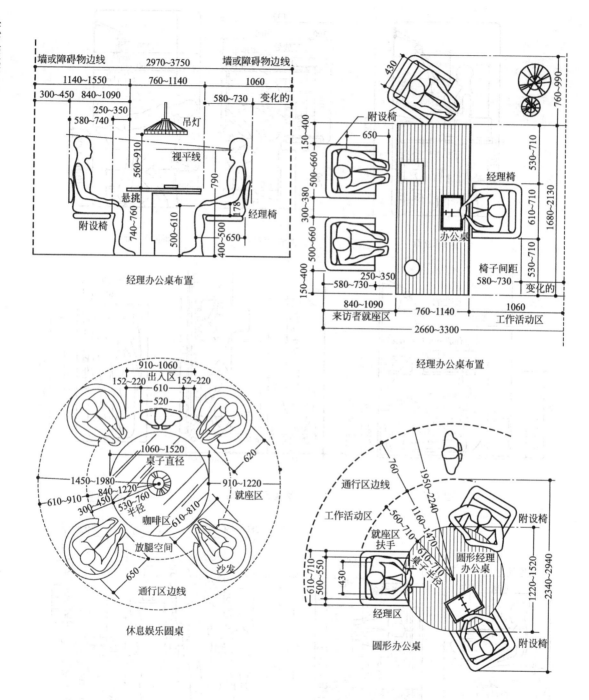

墙或障碍物边线　2970~3750　墙或障碍物边线

经理办公桌布置

经理办公桌布置

休息娱乐圆桌

圆形办公桌

图 6.6　普通办公室常用人体尺度（单位：mm）

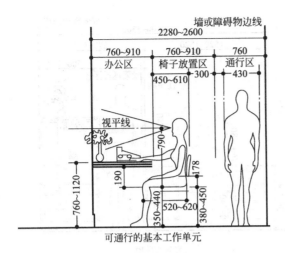

可通行的基本工作单元

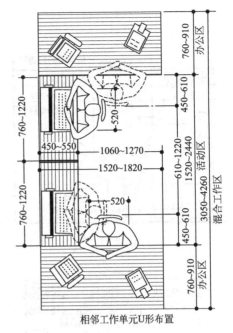

相邻工作单元U形布置

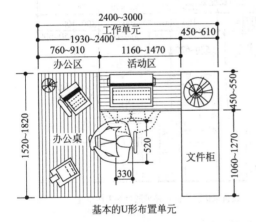

基本的U形布置单元

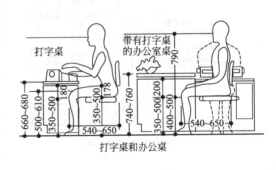

打字桌和办公桌

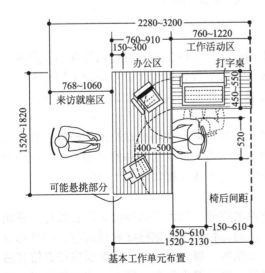

基本工作单元布置

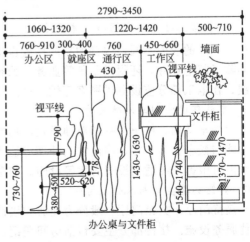

办公桌与文件柜

图 6.7

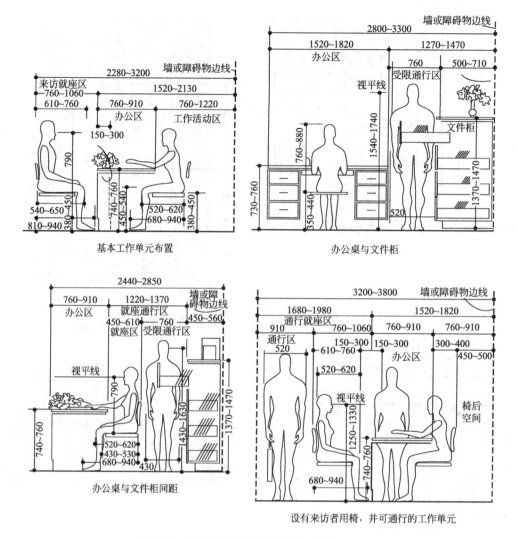

图 6.7　开放式办公室人体尺度（单位：mm）

6.1.1.4　邮局营业厅环境空间与人体尺寸

邮局营业厅的规模不同，内部的功能构成也不相同。小型的邮局只有信函等部门；大的综合型邮局除了邮电业务，还附设集邮等业务。顾客活动区应设置填写台，布局应不影响人流的交通流线，在电讯部分应设立供顾客等候用椅。邮局营业厅常用人体尺度如图 6.9 所示。

6.1.1.5　车站环境空间与人体尺寸

在较大的车站内，候车室一般单独设置，功能也比较明确；在小型车站内，经常是将售票等其他功能与候车合为一体，因此空间处理应适当划分功能区域。通道和旅客停留区应明确分开，等候区可根据情况适当设置售卖等设施。候车室常用人体尺度如图 6.10 所示。

6.1.1.6　宾馆环境空间与人体尺寸

（1）接待门厅　宾馆门厅一般分为交通和接待两大部分。较大型的高级宾馆还设有内庭花园及其他服务设施。接待部分主要包括房间登记、出纳、行李房、旅行社和通信等。接待部分的总服务台应该布置在门厅内最明显的位置，以方便旅客。服务台的长度与面积应按宾馆客房数量确定。接待区内靠近服务台应设置适当的休息区，便于客人休息、等候。宾馆接待门厅常

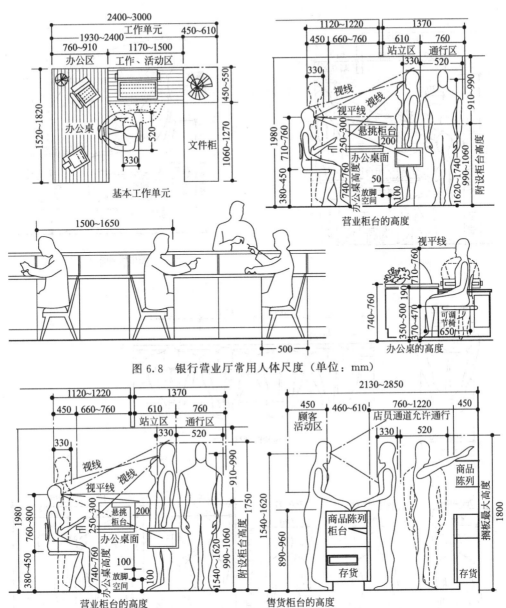

图 6.8　银行营业厅常用人体尺度（单位：mm）

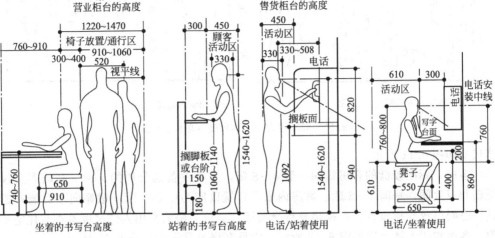

图 6.9　邮局营业厅常用人体尺度（单位：mm）

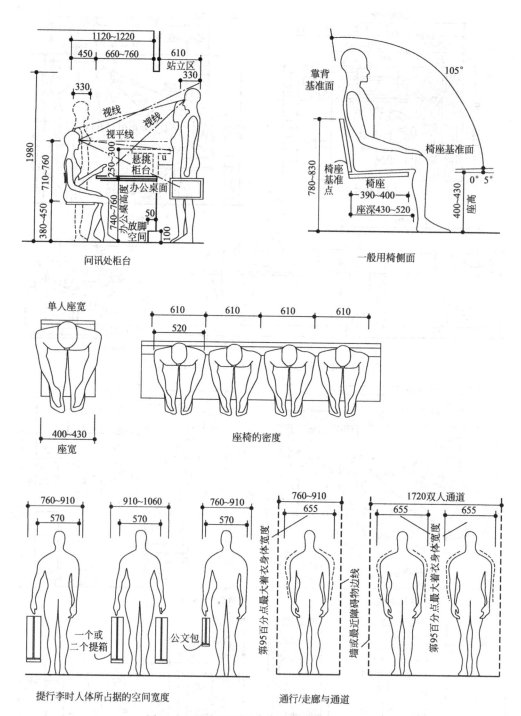

图 6.10　候车室常用人体尺度（单位：mm）

用人体尺度如图 6.11 所示。

　　（2）客房　标准较低的客房每间一般 4～8 床，卫生设备是公用的。标准高的客房设有单独的壁橱和卫生间，每间 1～2 床。客房内家具布置以床为中心，床一般靠向一面墙并避开门口。其他空间可放置梳妆台、电视架及行李架等。宾馆客房的常用人体尺度基本与住宅中的卧室相似。客房常用人体尺度如图 6.12 所示，常见客房家具尺度如图 6.13 所示。

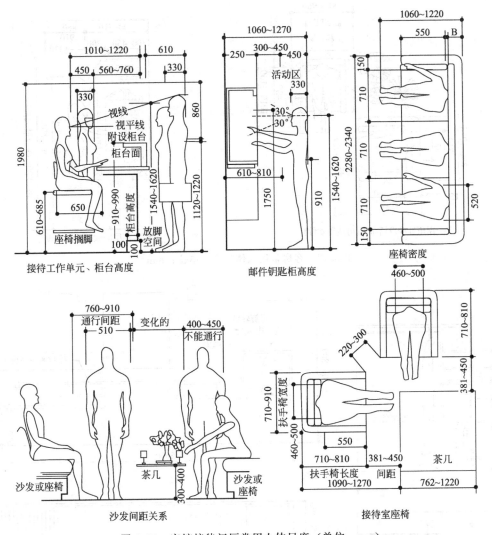

图 6.11　宾馆接待门厅常用人体尺度（单位：mm）

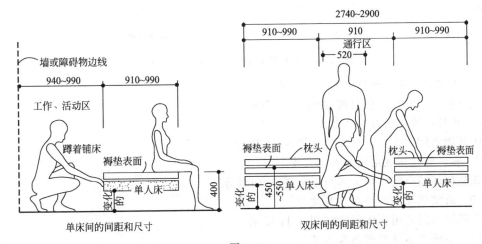

图 6.12

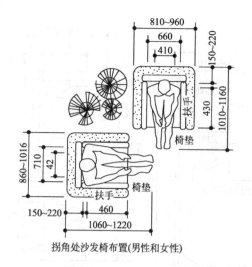

拐角处沙发椅布置(男性和女性)

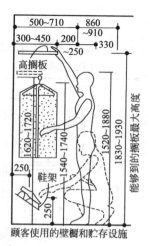

顾客使用的壁橱和贮存设施

图 6.12 客房常用人体尺度（单位：mm）

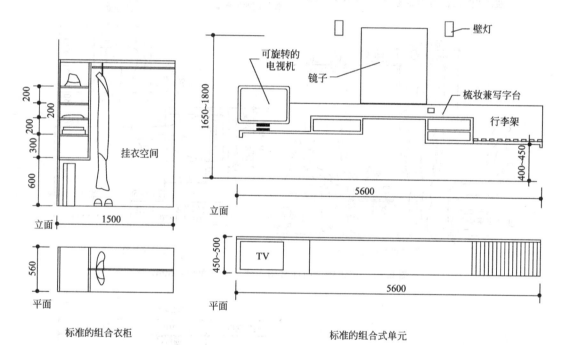

标准的组合衣柜

标准的组合式单元

图 6.13 常见客房家具尺度（单位：mm）

6.1.1.7 医院（病房）环境空间与人体尺度

医院（病房）常用人体尺度如图 6.14 所示。

6.1.1.8 视听环境空间与人体尺度

视听环境空间中常用人体尺度如图 6.15 所示。

6.1.1.9 展览陈列环境空间与人体尺度

展览陈列环境空间常用人体尺度如图 6.16 所示。

6.1.1.10 酒吧环境空间与人体尺度

酒吧环境空间常用人体尺度如图 6.17 所示。

6.1.1.11 咖啡厅环境空间与人体尺度

咖啡厅环境空间常用人体尺度如图 6.18 所示。

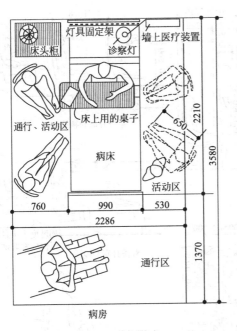

病房

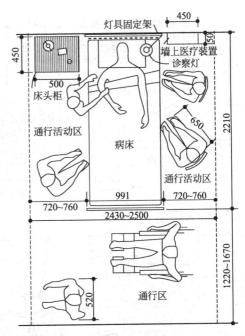

每病床所占面积(双床间或四床间)

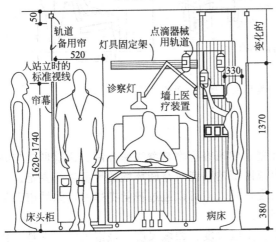

用帘幕隔开的病床小间

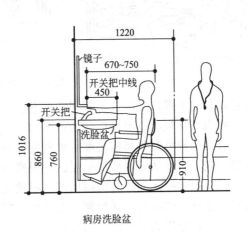

病房洗脸盆

图 6.14　医院（病房）常用人体尺度（单位：mm）

6.1.1.12　餐厅环境空间与人体尺寸

餐厅环境空间常用人体尺寸如图 6.19 和图 6.20 所示。

6.1.2　建筑室外环境空间与人体尺寸

6.1.2.1　规划与景观尺度的分类

规划与景观尺度的形成，不是简单的视觉问题，是地理环境、城市功能、经济结构、文化背景、技术发展和历史演变等因素的综合结果，是公众利益与环境建造者互动的结果。

以规划与景观为主的外部空间应该是指经人选择的、经人为改造的，为人所使用的空间。因此，外部空间的尺度应该在人的能力控制范围之内才有意义，外部空间尺度除了人体直接接触的近人空间环境，还包括有视觉控制的视觉空间尺度、心理控制的心理空间尺度、功能控制的规模尺度。在任何的空间创造时总希望有一个可以参考的尺度体系，特别是设计外部空间时，因为大部分的尺度与人体的关系并不是十分直接的，因此会产生尺度的漠然效应。因此更

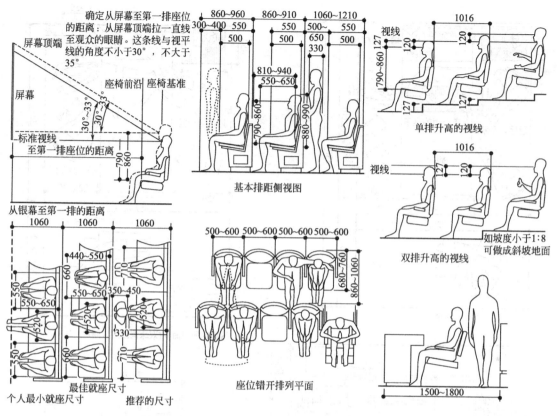

图 6.15　视听环境空间中常用人体尺度（单位：mm）

有必要预先掌握尺度的比例系列的关系。

规划与景观的空间尺度包括以下的内容。

（1）功能控制的规模尺度　如密度控制计划、建筑容积率与覆盖率控制、建筑形制与高度控制。规模尺度从宏观尺度的层面，根据城市或区域的功能对空间环境的尺度进行界定。

（2）视觉控制的视觉空间尺度　视觉的尺度，是人们可以通过视觉把握的，如城市天际线控制、建筑与构筑物尺度控制、退缩空地控制等。

（3）心理控制的心理空间尺度　邻里尺度、小区尺度、领域尺度、城市尺度。它是一种体现人的精神向度的空间尺度分类，是抽象的心理感受。

在城市环境中往往有多种尺度参加景观的演出，这些尺度与概念尺度、空间尺度相互交融彼此作用，是人们衡量和品评环境质量的综合尺度，比如时间尺度（古代、近代、现代、未来）、环境尺度（自然、人际、社会）等。

在设计实践中，从环境艺术的本事来看，在规划与景观的范畴中它更多地侧重于视觉与空间造型，它与城市设计、规划设计各有不同的侧重点，因此在空间的尺度上更多的是视觉方面的、心理方面的考虑，因此与视觉尺度、心理尺度有关的尺度问题是环境艺术的空间尺度核心。而城市外部空间环境（建筑以外和周围的）与景观则正是视觉尺度考虑的重点。

6.1.2.2　外部空间构成尺度

（1）外部空间环境的度量　一般来说空间环境的构件——门窗、踢蹬、栏杆、阳台等与人体关系密切的尺寸特征是我们最为熟悉的度量标准。在城市景观中，除建筑构件，还有路牙、路灯、座椅等街道设施、小品建筑及车辆等。可以将尺度分为人体尺度——是人感到适当且自然的尺寸标准；超人尺度——超乎人体和自然的虚拟夸张的尺寸标准。超人尺度往往造成特点

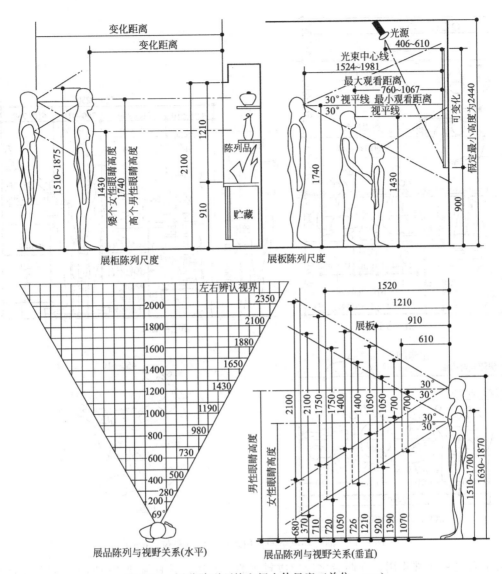

图 6.16　展览陈列环境空间人体尺度（单位：mm）

环境中的戏剧性效果。

当设计外部空间时，它的空间尺度与室内空间相比是有很大不同的，虽然那些由人直接使用的如栏杆、台阶等构件，还是要像室内一样按照人体尺寸去考虑尺度，但在空间的尺度上要大于室内相同性质空间，芦原义信在他的《外部空间设计》中提出了外部空间是室内空间的8～10倍的理论。外部空间的尺度也是要先确定其使用功能，再根据其功能参照室内空间尺度推算。例如在室内空间中，一个边长2.7m的空间是亲密的空间尺度，而在外部空间中，要想得到同样亲密的空间感，尺度要放大8～10倍，2.7×（8～10）≈27（m）。这是能看清对方面部表情的距离。又比如作为公共交往空间的室内空间，如宴会厅、酒店大堂，普通的尺度为12m×25m左右，而外部空间的公众交往空间如普通的广场即应为120m×25m左右。这个1/10的理论尽管并不十分严密，到底是几倍合适也不是绝对的，5倍、8倍、10倍都是可以的，但可以作为外部空间确定尺度的参考。

（2）形成外部空间的尺度　外部空间环境的形成，也与周围空间构成要素的尺度有关。当单独的一个要素存在时，环境是开放的，不具有空间体量感。当两个要素出现时，两者之间开

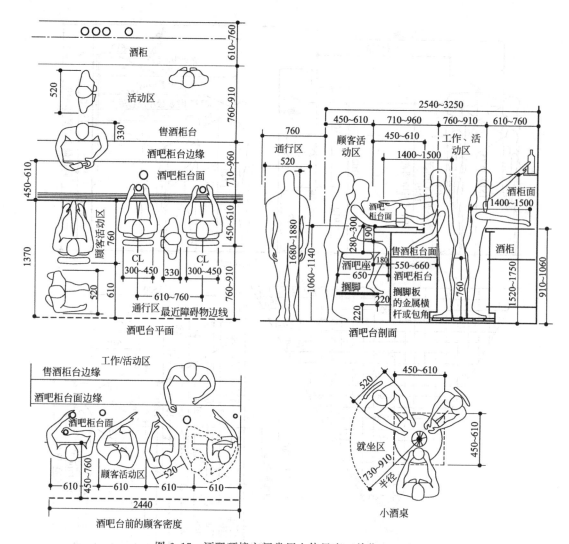

图 6.17　酒吧环境空间常用人体尺度（单位：mm）

始产生封闭性的干涉作用，在两者之间形成封闭的空间场，具有强烈的空间感。这种空间场的形成、有无、强弱均与两者的高度及距离相关，以 $D/H=1$ 为界限，大于 1 时空间感弱，有远离感；小于 1 时空间感强，有紧迫感。卡米洛·希泰对广场空间大小的描述也有类似的理论，按照他的说法，广场宽度的最小尺寸等于主要建筑的高度，最大尺寸不超过其高度的 2 倍。以前面的公式表示为 $1 \leqslant D/H \leqslant 2$。当 $D/H < 1$ 时，建筑之间的干涉性过强，空间过于压抑。当 $D/H=2$，则有点过于分离，作为广场的封闭性就不容易起作用了。D/H 在 1～2 之间时，空间平衡，是最适当的广场空间。

（3）空间要素的间距　在特定的空间和场所中，参演物和基本构件之间的距离，在同一要素中，间距过小将呈现一体化的特征；而距离过大相互间的连接趋势又减弱。其最佳距离的选择要根据物体本身特点、场所的环境性质及人的使用和心理要求。一般来说同类要素的空间相对距离不宜超过：$D/H=2$（平面距离不小于两者高度之和）。在不同要素间，距离过小将呈现归属性；距离过大，彼此的相关性很弱而独立性又很强。当然视觉上的联系不强，并不等于环境氛围的减弱或没有联系。所谓的距离选择分为：

① 视觉距离，即固定视场的物体距离；

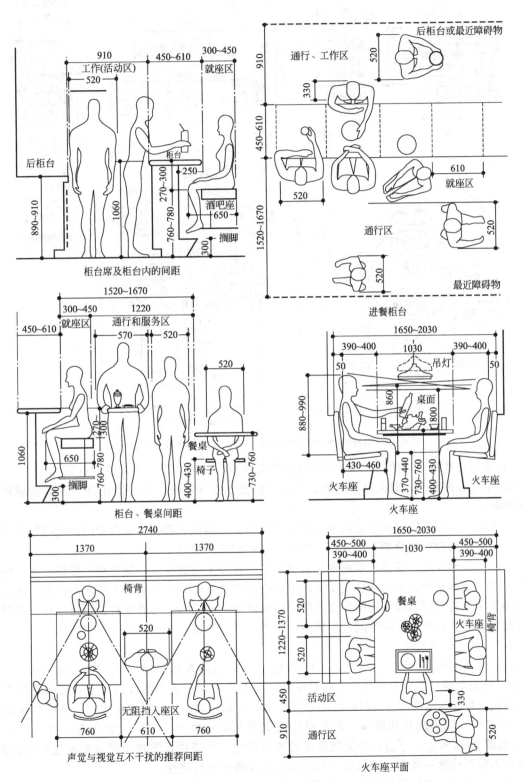

图 6.18　咖啡厅环境空间常用人体尺度（单位：mm）

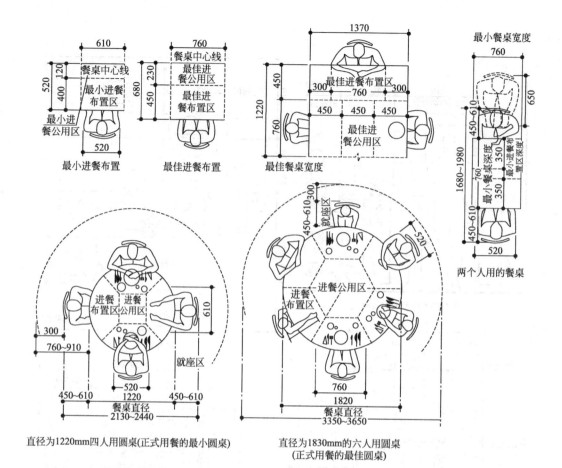

图 6.19　餐厅环境空间常用人体尺度平面布置图（单位：mm）

② 第一心理距离，即视线运动而感知的物体距离，一般用作于领域或相近领域；

③ 第二心理距离，即人以往的经验和心理揣测的物体距离，它一般用作于不同领域和城市大空间。

其中②、③两项应属于观者的经验和心理联结。比如虽然两棵年逾古稀的松树相隔数百米之遥，且被道路和院墙分割，但人们会自然地将它们联系起来。

（4）功能性尺度　在城市规划中，有很多的具体技术功能性的问题会对尺度提出不同的参照系，如交通体系中由不同的使用功能决定的街道的横截面，主要交通干道、步行街、休闲小径会因为功能的不同形成不同的尺度空间。还有诸如公共设施、交通工具、绿化植被、景观要素等会以自己的特性对环境空间施加影响，如图 6.21 所示。

6.1.2.3　视觉空间尺度

（1）关于景观的视觉空间尺度　19 世纪德国建筑师麦尔登斯（H. Martens）的见解在《城市与规划中的尺度》中阐述，人在看建筑时，如果考虑建筑上面看到天空，那么建筑与视点的距离（D）与建筑高度（H）之比 $D/H = 2$ 时，则可以整体地看到建筑。若不到建筑高度（H）的 2 倍，就不能看到整体。若从单栋建筑进而看一群建筑时，一般认为距离且为 $D = 3H$，如图 6.22 所示。不过在今天快速变动的人类生活环境中，很难机械地要求这样的比例。但是并不能否认这一关系在外部空间环境的尺度考虑上的重要性。

视距与建筑高度的比例影响空间感的产生，当人的视距与建筑的外立面高度的比例为 1：1 时，即视角为 45°时，构成全封闭状态的空间。当视距与高度比为 2：1 时，构成半封闭空

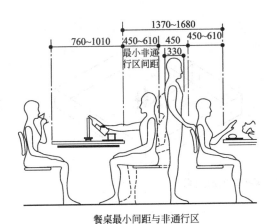

餐桌最小间距与非通行区

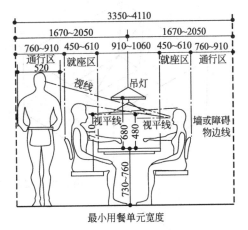

最小用餐单元宽度

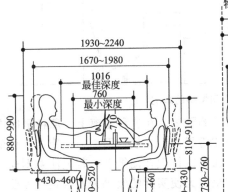

最小与最佳深度及垂直间距

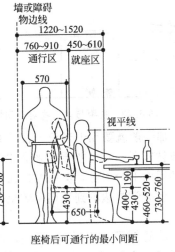

座椅后可通行的最小间距

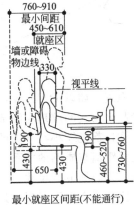

最小就座区间距(不能通行)

图 6.20　餐厅常用人体尺度立面图（单位：mm）

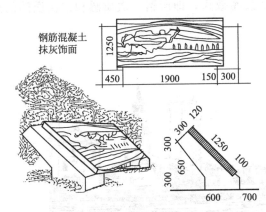

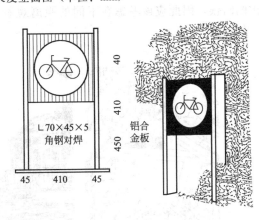

图 6.21　各种公共设施的功能性尺度（单位：mm）

间，当视距与高度比为 3：1 或 4：1 时，封闭感很小或消失。这种比例关系还会影响空间的情感和使用。随着比值的变化，空间会呈现私密性或开放性的不同空间情态，如图 6.23 所示。

（2）距离与质感或细节的尺度关系　在外部环境设计中，距离与质感或细节的尺度是极其重要的设计重点。预先了解从什么距离可以看清材料，才能选择适合于不同距离的材质。在外部环境中，空间构件的尺度相对都比较大，比如一座建筑，要看到建筑的整体外貌需要离开一

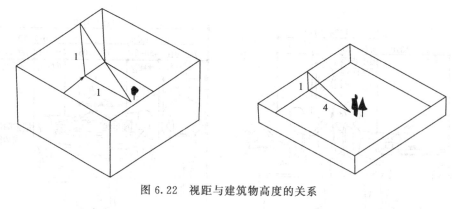

图 6.22　视距与建筑物高度的关系

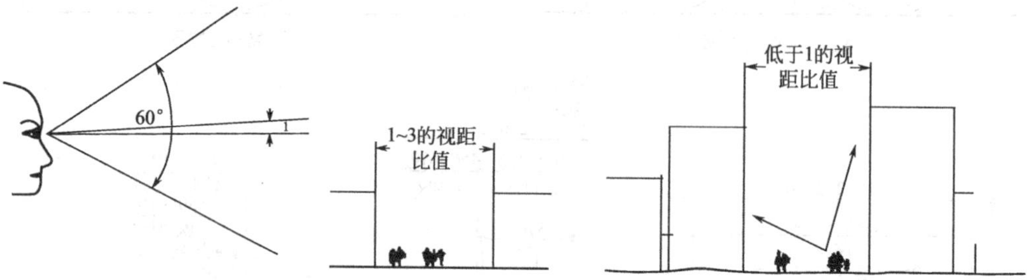

图 6.23　视距与建筑物对空间情感的影响

定的距离，如以 $D/H=2$，那一般就要几十米至上百米的距离，在这种距离上，那种平时在室内看起来很大的纹理和细节被减弱了，可能看起来会非常平淡。在设计图面上，因为立面的窗子、檐口都是缩小在不大的图面上给人看，美丽的饰面分割体现在图纸上，若只注意图面，不去注意距离与质感的关系，就会常常达不到预期的效果。为使实际的效果为人看到就需要仔细推敲肌理与细节的尺寸。

　　比如一个裸露混凝土外墙的例子，从 0.6m 开始，2.4～3m 处浇筑模板的印记清晰可见。20～30m 外裸露的混凝土质感就全部消失了，因为不能排除在外部空间中有近距离观看空间结构的时候，因此应该考虑在不同的距离观看的质感效果，即所谓一次质感和二次质感的处理，如图 6.24 所示。

日本　东京，八王子商业街　　　　巴西 马瑙斯市，歌剧院前广场，1986年

图 6.24　地面铺装细节的尺度与空间尺度的关系

6.1.2.4　心理空间尺度与行走的尺度比例

（1）心理空间尺度　它以整体环境和空间为背景，将具有亲切感和庇护感的室内空间作为室内的尺度，将人们熟悉的庭院邻里和有特色的小区作为邻里和小区的尺度；而将各层次的城市街道、公共活动空间作为领域或城市的尺度；然后是宏大的超乎普通城市空间的都市的尺度。它们往往反映或象征一个地区的历史、经济、文化、政治、疆界和行政等级。领域尺度多见于某些大型城市，邻里尺度、小区尺度、领域尺度、城市尺度是一个连续的空间心理转化过程，并不单纯表现于物体和空间的尺寸关系。其中邻里与领域的尺度经常被设计师忽略，例如住宅小区的建筑外延环境硬性按城市尺度处理，使亲切感大为减弱。某些适于领域尺度的小城市也建造过街桥、盖高大建筑、拓宽道路，导致整体空间尺度与实际功能的不和谐。把现代宽阔的柏油马路延伸到幽深的古建胜迹中也属于尺度运用不当。

除了前述的各类问题，在规划与景观的空间尺度中需要考虑的因素还有很多，诸如地形、植被与城市的整体形态，交通方式，城市功能，产业类型，社会活动形态等，都会以不同的方式制约空间尺度的选择。尤其是有关这一层面的问题的解决所产生的影响是深层的、潜伏的、缓慢的，对环境和人类社会的影响也是巨大的。因此在决定有关的空间尺度问题时应做各方面的深入探讨。

（2）行走的尺度比例　外部空间可以采用一个行程为 20～25m 的模数，称之为"外部模数理论"。实际走走看，可以体会出在一个单边有200～300m 的建筑旁走过，若单调的墙面延续很长，街道就容易形成非人性的感觉。可安排每20～25m 设置变化，如重复的节奏、改变的橱窗、后退的空间、突出的构件装饰、材质的变化或地面高差的变化等，用各种办法为外部空间带来节奏感。即使在大空间里也可以打破单调，有时会一下子生动起来。这个模数太小了不行，太大了也不行。一般看来可以识别人脸的距离正好与20～25m 吻合，这可能不完全是巧合。

在确定空间大小时，如前所述，先要明确它的使用功能，根据 1/10 理论确定空间的大小。从空间的视觉结构来说，虽然过小的空间不行，但没有意义的过大的空间则更不好。以行程 20～25m 的模数为参考，1～5 个行程时是比较适当的，超过8～10 个行程以上时，作为统一的单个外部空间已经是极限了。但是可以通过多个适当大小的空间按照空间序列组织的方法构成更大尺度的外部环境。

人作为步行者活动时，一般心情愉快的步行距离为300m，超过它时，根据天气情况而希望乘坐交通工具的距离为500m，再超过它时一般可以说超过了建筑的尺度了，而且人就开始感到疲惫。大体上作为人的领域而得体的规模可考虑为500m 见方。骑自行车时为 2000～3000m 感到轻松自如，超 5000m 人就感觉费劲了。总之，能看清人存在的最大距离为1200m，不管什么样的空间，只要超过 1600m 时，作为城市景观来说可以说是过大了，如图 6.25 所示。

（3）高度　在城市空间中，物体或物体的相对高度参照标准，第一次空间界面是路灯或街道

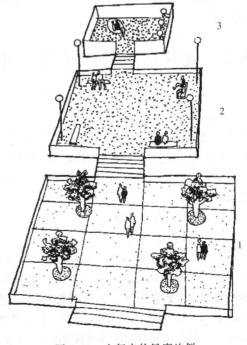

图 6.25　人行走的尺度比例

树木，第二次空间界面是沿街建筑，最后是城市天际线。高度的变化意味着间距的相对变化，也决定了空间要素空间外涉力的作用范围，如图 6.26 所示。

6.1.2.5 城市建筑尺度控制

城市建筑尺度控制是从城市的整体区域角度出发，对大体和群体建筑密度、平面尺度、高度、立面尺度实行的尺度控制。这种尺度控制除了针对建筑本身，更主要的是协调建筑与其他城市构成要素之间的关系，使整个城市按照预定的城市功能合理地组成有机的整体。

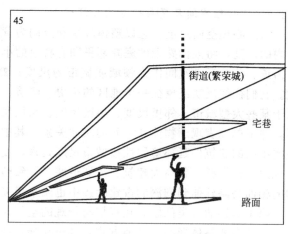

图 6.26 心理空间尺度中的高度

（1）视线与建筑的尺度 建筑与其他城市要素尺度控制的问题最多见于建筑与街道、广场的关系。这里除了合理的功能问题，如交通设施的尺度、城市绿化、公共设施尺度，更重要的是在其中活动的人的视线与建筑的关系，这种关系产生了两个问题：一是观察的位置使人产生的对建筑尺度的把握，影响着人对建筑艺术造型整体意向的评判；二是建筑与街道之间、建筑与广场之间的尺度比例影响着人们对街道空间意向、广场空间意向的评判，进而潜在地影响这些城市空间的功能和艺术性的大成。

（2）世界城市建筑尺度 世界各地的城市建筑，因各自不同的发展历史及其影响历史发展的因素，诸如宗教、政治、地理环境、技术的发展和经济水平等，在城市建筑的空间尺度比例形态上形成了千姿百态的不同风格。有以手工业时代特征、亲近自然、亲近人、低速度、小尺度、高密度等为特征的传统城市，如中国传统城市的平面延伸式的空间；有现代工业与设施产生的高速度大尺度的现代城市，如以纽约为典型的现代竖向高密度的城市空间。这些不同的城市空间比例尺度作为各种综合因素影响的结果，反过来也在影响着人们对城市空间的使用方式与价值取向。

6.2 建筑室内外环境的声环境问题

世界上充满声音，可是其中很多声音是我们不想听到的，这就是噪声。噪声的定义就是不想听到的声音，它的反面就是乐音。噪声是非常主观的，任何声音都可能是噪声。对某些人来说非常美妙的声音，但对另一些人来说完全可能是噪声，譬如摇滚乐爱好者酷爱电贝思的声音，可是在其他人听来这种持续的电贝思声音可以让人心烦意乱。环境设计的重点应该是在了解噪声对人们生活与工作的危害以后，不仅想方设法减少噪声，而且还要利用声音来创造一个宜人的环境。

6.2.1 噪声的生理影响

6.2.1.1 噪声对听觉的影响

噪声对人的危害首先表现在它会使人们的听力受到损伤。当人们处于比较强烈的噪声环境中，耳朵就会感到难受，听力下降；离开这种环境，或者噪声消失，听力就会逐渐恢复正常。这种现象属于听觉疲劳，是暂时性的听力损失，又称听觉的暂时阈移（TTS）。在接触 100dB 声音 10min 后，就可能发生 TTS，但是这类声音水平经常发生在嘈杂的工厂、演奏会和俱乐部里。人们在接触 90dB 的声音 90min 以后，也可能造成 TTS。这种声音水平往往出现在许多工厂里以及在清理花园时电动割草机的声音。

如果人耳受到高强度噪声的反复作用或长期作用，听觉器官就会发生器质性病变，造成不可逆的听力丧失，这被称之为永久性听力丧失，或称职业性耳聋。在发生突然性爆炸或进行发动机及炮弹试验时，噪声水平可达 160dB 上。

总之，人对噪声的适应特征是，在听到噪声后听觉有较小的减退，而在安静的环境中听力又得到恢复。但是在持久性的强噪声影响下，人的听力又会大幅度减退，而且如果噪声连续长期伴随人们的生活与工作且没有防护的话，听觉疲劳现象就会日益加重，从而导致听力损失逐渐加重，直至不能恢复，此时听力损失就是永久性的。

6.2.1.2 噪声对工作效率的影响

研究表明，当被试者同时进行两项作业时，那项最不感兴趣的作业或者看起来对被试者最不重要的作业受到的干扰最多。所以，噪声对简单作业的影响较少，对复杂作业的工作效能有较大影响。无论什么时候，当听者能控制他所听到的东西时，即使他不使用这种控制措施，消极的作用也会降低。同样的道理，当被试者能预测噪声时，不论由于这个声音是有规律间歇地发生，或由于被试者接收到视觉上的警告，消极的隐蔽作用也被降低。

这个理论可以说明，为什么人们在写工作报告时，总是你同事打字的声音干扰了你，而不是你自己打字的声音在干扰你。同样也可以解释，为什么在铁路上工作的人员，比那些被动地遭受火车噪声的人烦恼较少。所以，在一个车间中，如果你试图通过增加工人间的距离来降低工具的噪声所引起的烦恼，可能会事与愿违，烦恼却反而上升。这是因为如果这个工人与他相邻的人距离太远，他没有看到将要产生噪声的行为，因此他就不能预料到这个噪声而产生预防。

在办公环境中，噪声主要的影响是人们难以集中精力以及私密性的部分损失。噪声既影响了私密性，也影响了人们的工作环境满意度。办公室里此起彼伏的电话铃声、同事们的谈话声、空调的启动声和复印机的滚动声等，使得办公室成为复杂、混合但很不悦耳的交响曲。这也是为什么个人办公室要比开放办公室的私密性高的主要原因。一项研究表明，在开放式的办公室里，微量的噪声就会导致工作压力增加甚至危害健康。康奈尔大学 Gary Evans 说，即使像谈话、敲击键盘、电话铃声这样轻度的噪声也会对人体生理机能产生负面影响。

在 Evans 所领导的这个研究中，研究人员随机安排了 40 位女性文秘到安静的办公室或有轻微噪声的开放式办公室中工作 3 小时。他们发现，那些在有噪声办公室中工作的人的体内肾上腺素水平非常高，这说明他们感到了很大的压力。肾上腺素水平过高，患心脏病的危险就会增大。有趣的是，虽然实验结果显示他们的激素水平很高，接受实验的员工自己并没有反映办公室很吵闹。Evans 说："可能是面对压力时，人们往往只注意他们的任务，忘记了调整。这种精神的高度紧张导致工作人员在做一些决策时，思维缺乏足够的灵活性，过分专注，从而连本能的身体姿势的调节或休息都忘记了。"

人体工程学以为，噪声往往会影响员工改变自己工作环境的积极性，使人们自己意识不到环境恶劣。在吵闹环境中工作的人，很少调整他们的椅子和坐姿，以便能更舒适地办公。因为，他们将全部的注意力集中到了完成工作和应付噪声方面了。

办公室设计时应进行声学处理，减少噪声的音量是一个有效的解决之道，如铺地毯、做吸声吊顶，在墙面和隔断上铺钉吸声板，以及增设帷幔等措施都可以减小办公室里的噪声。

6.2.1.3 噪声对儿童的影响

Wachs 等人从事的研究说明，家庭中的高噪声级对孩子的语言学习和注意力的发展起着消极的作用。研究人员收集了年龄从 7~22 个月的 102 个幼儿发展资料，结果发现，家中的噪声级可以最准确地预测孩子的发展水平。同样的，Goldman 和 Sanders 也证明住在喧闹社区里的学龄儿童，在一个略微喧闹的房间中进行的听觉实验不合格，但当他们在一个静室中测试时，他们的成绩明显提高。他们的结论是，持续喧闹的环境降低了孩子们在一堆听觉信号中分离出一个信号的能力。

Cohen 等人做过的一项有名的实验提供了这个问题的另一个定量资料。54 个小学生分别住在一幢 32 层的大楼里，此住宅楼靠近一条快车道。他们对孩子们做了阅读和听觉辨别测验。公寓里测量到的噪声级为 55~66dB，这取决于高度（8 层为 66dB，32 层为 55dB）。楼层与噪声级的相关度很高（$r=0.9$）。Wepman 听觉辨别测验的得分和这个孩子所住高度的相关度也很大（$r=-0.48$）。对至少在此地住过 4 年的孩子的分析说明，Wepman 听觉辨别测验和阅读实验的相关度也很显著（$r=0.53$）。对此，他们总结说："公寓中的噪声级可以解释听觉辨别方差中的很大一部分，也可以解释阅读能力方差中的很大一部分。在日常生活中较长久地暴露在噪声中，产生了持久的作用……很可能实验中的孩子已学会滤去噪声并适应于一个喧闹的环境，然而这种适应的代价是语言和听觉能力的损失。"

6.2.2 噪声的控制

有足够的证据表明，噪声影响了人们之间的社会交流，长期暴露在噪声环境中的城市人变得更不愿意和人交往。英国皇家鸟类保护协会的一项研究表明，就连鸟类也逃脱不了噪声的危害。那些生活在噪声源附近的鸟类可能由于听不见彼此的声音而造成交流和配偶的困难。有鉴于此，欧洲与美国在噪声的影响、控制与立法方面以及有大量的研究工作已经和正在进行。在实践方面，目前欧洲许多城市正在建立和完善其噪声现状图、计算机预测图，力图对噪声污染加以控制。

6.2.2.1 街道上的噪声

当背景噪声超过约 60dB 时，就很难进行正常的交谈，而在混合交通的街道上，噪声的水平通常正是这个数值。因此在繁忙的街道上实际极少看见有人在交谈，即使要交谈几句，也会有很大的困难。人们只有趁交通缓和之际高声交换几句短暂的、事先准备好的话来进行交流。为了在这种条件下交谈，人们必须靠得很近，在小到 50~150mm 的距离内讲话。如果成人要与儿童交谈，就必须躬身俯向儿童。这实际上意味着当噪声水平太高时，成人与儿童之间的交流会完全消失。儿童无法询问他们所看到的东西，也不可能得到回答。语言干扰级与通话条件的关系见表 6.1。

表 6.1 语言干扰级与通话条件的关系

语言干扰级/dB	通话条件
30~40	距离 2~10m,用正常声音会话及通电话效果满意
40~50	距离 1~2m,用正常声音交谈效果满意 距离 2~4m,可用正常声音交谈,但通电话有轻度困难
50~60	距离 1/3~2/3m 用正常声音交谈及距离 1/2m 用高声交谈效果满意,但使用电话有轻度困难
60~70	距离 1/3~2/3m 高声交谈效果满意,距离 1~2m 有轻度困难,使用电话困难;戴耳塞或耳罩对交谈无不良影响
70~80	距离 1/3~2/3m 高声交谈有轻度困难,距离 1~2m 用喊叫声交谈有轻度困难;使用电话很困难;戴耳塞或耳罩对交谈无不良影响
80~85	距离 1/3~2/3m 用喊叫声交谈有轻度困难;无法使用电话;戴耳塞或耳罩无不良影响

Gehl 介绍说，只有在背景噪声小于 50dB 时，才可能进行交谈。如果人们要听清别人的高声细语、脚步声、歌声等完整的社会场景要素，噪声水平就必须降至 45~50dB。

6.2.2.2 声音

声音给人的印象因持续时间而异，持续时间越短，声音就越感尖利。在城市开敞空间的声景中，声源的位置、距离和运动有特别重要的意义。当这些声音和使用者所进行的活动相关时，声源的位置和运动情况会显著影响声景的评价结果。

根据声音特色，声景元素可以分为 3 类：基调声、前景声和标志声。基调声描绘了生活空间中的基本声音特点，如风声、水流声、旷野之声、鸟声和交通噪声等；前景声用其本身所具有的听觉上的警告作用引起注意，如钟声、汽笛声、号角声、警报声等；标志声包括自然声和人工声，是具有独特地域特征的声音，如间歇喷泉和瀑布，以及特殊的钟声和传统的活动等。

人们更喜欢自然的声音而不是人工声音。蔡冈廷等的研究发现，大多数人较为喜欢自然的声音，如鸟声、水流声和乐声，较讨厌的是车辆声、狗叫声和蝉声，其他如海浪声、风铃声和蛙鸣声，则是既不喜欢，也不讨厌。日本的一项研究把不同的声音按照人们的好恶程度进行了排序，人们最喜欢的声音来自鸟类、潺潺流水、昆虫、青蛙、波浪和风铃，有 $45\%\sim75\%$ 的受访者喜欢这样的声音，而 $25\%\sim65\%$ 的人既不喜欢也不讨厌这样的声音。人们最不喜欢的声音是来自摩托车、空转的发动机、施工机械、广告车和酒店的卡拉 OK，有 $35\%\sim55\%$ 的受访者讨厌这些声音，而 $45\%\sim65\%$ 的受访者既不喜欢也不讨厌这些声音。

关于声音的愉悦性研究表明，那些具有较高响度的噪声，响声越高愉悦度越低，而对于中等响度的噪声来说，两者之间的关系就不显著。同时，人们对声音所具有的认知性，如记忆等对总体响度评价也起到重要作用。

6.2.2.3 听者

听者决定了哪些声音是噪声，哪些不是噪声。听者的个体特征和即时状态对他们的声音体验有显著影响。听者的个体特征包括性别、年龄、教育水平和文化背景以及居住地点。日本与瑞典进行的研究表明非声学因素，包括不同国家的生活习惯和住宅形式对人们对交通噪声的评价有很重要的影响。在生活和工作中受噪声影响较强的人群，对城市开敞空间中的声环境更敏感。青少年对自己制造的声音，如摇滚乐、金属碰撞地面的声音等非常喜爱，对交通噪声并不特别反感。与之相反，受过良好教育的中年男子更容易厌恶交通噪声。

听者的即时状态也会在很大程度上影响对声景的评价。有些专业人士报告了他们对北京建国门广场的调研，结果显示：

① 在广场内休息和娱乐的使用者对声景的满意度要高于仅仅穿越广场的人；
② 在广场内长时间逗留的使用者对声景的满意度要高于短时间逗留的使用者；
③ 经常来广场的使用者对声景的满意度要高于偶然来广场的使用者；
④ 随使用者组群人数的增加，组内使用者对声景的满意度提高。

6.2.3 声景设计

声景是一个非常复杂的现象，对它的描述和评价也是复杂的过程。任何对声音的物理和心理方面的特征，其社会、历史、文化的意义，以及其与听者和环境之间的相互关系等都应进行全面考虑，从而为空间中的声景设计提供依据。在对上海城市中心区开敞空间的系列研究中发现，人们对上海中心区开敞空间的声环境评价并不好。如南京东路步行街、人民广场等本地标志性的开敞空间，人们对声环境评价较低，但对静安寺广场、人民广场上的迪美广场和名店街广场等三个下沉广场的声环境评价则好于地面的广场。

基于文献资料的基础，对在城市环境中如何进行声景设计的策略总结如下。

（1）对大多数人来说，较喜欢自然的声音，如鸟声、水流声和乐声，较讨厌的是人工的声音，特别是机器工业所制造的声音，包括车辆、喇叭声等，但后者恰恰是城市开敞空间中所充斥的声音，被称为噪声污染。开敞空间设计需要降低噪声并引入有意义的前景声和标志声，使设计的声景成为声学意义上富有意义的信息系统。

利用前景声和标志声对背景声的掩蔽，可区分开敞空间的声景和城市的背景声。根据其声源特征，前景声和标志声包括动态声景元素和稳态声景元素。动态声景元素是随时间变化而变化的，包括鸟鸣、昆虫声、四季更替、昼夜变化，以及包括跳舞、儿童游戏、露天音乐等在内的使用者创造的声音等。良好的开敞空间设计可以创造动态声景元素等，稳态声景元素与景观元素相呼应，如声音雕塑、水景、时钟等。

（2）在前景声和标志声的设计中，除了考虑声景元素本身的物理、心理特征和社会特征以外，开敞空间设计中的建筑外表面的布局和细部设计会影响声音的混响时间。比如用凹凸的建筑表面可以显著降低混响时间，通过计算机模拟可以精确地计算出开敞空间的声场。另外，在室内声学中通常被认为是缺陷的回声、聚焦和爬行反射等，在城市开敞空间的设计中应予以重新考虑，若设计得当，则会增加空间的趣味性。

（3）通过改善开敞空间中的视觉景观来改善空间中的声景。蔡冈廷等的研究发现，视觉对大多数的环境声而言，"好"或"中等"的景观可提升人们对声音的喜好，但是"不好"的景观也会恶化人们对声音的喜好。大多数情况下，通过改善当下的视觉景观，也可以改善声景品质。

在开敞空间中同样可以使用室内环境常常使用的背景音乐。在城市开敞空间中，也可以通过这种方法来获得较好的声环境品质，并降低车辆噪声等在内的基调噪声。音乐能提高环境质量，增强环境的舒适性。在音乐家和环境设计师的合作下，各具特色的音乐公园、音乐柱、音乐钟等都是开敞空间设计时可以考虑的手段。

（4）植物和土丘对噪声有缓冲作用。Barton 等人说明，浓密的叶子对噪声有减弱作用，大约每 100m 降低 2~3dB，密植的树可达到 5~10dB，同时，常青的植物依然是城市开敞空间中的景致。

6.3　建筑室内外环境的光环境问题

6.3.1　光的本质

地球上的一切生命都置身于能量之波的沐浴之中，这种能量之波是生命赖以存活的依托，也是生命与生存环境之间相互沟通、相互作用和交流的媒介。光和声便是天地之间的两种最基本的能量之波。光是电磁波，来源于物质内部微观结构水平上的运动；波是一种交变往复形式的运动，科学家将这种形式的运动称之为振荡或振动，电磁波是电磁场强度的振荡。波的另一个特点是它具有传播性，一点上的振动会牵连到与它邻近的物质也发生振动，于是这种交变往复的运动形式便会向四周传播开来。波的传播现象是屡见不鲜的，当你站在湖边向平静的湖面抛去一粒石子时，石子击中水面产生的水波便会围绕击中的那一点向周围扩散开来，形成一圈一圈的同心圆水波由近及远地传遍整个湖面。这时如果湖面上有一茎出水的苇草，当水波波及到它时，这根苇草便会受到频频传来的水波的影响而摇曳起来。这显示出了能量之波的第三个特性，它会使任何一种置身与其中的物体发生感应，无论是有生命的物体还是无生命的物体，是有意识的感应还是无意识的感应，总之任何东西置身于能量之波都不可能"无动于衷"。而生命正是以积极的姿态感应这充满天地间的能量之波才得以存在，才成其为生命，也才有生命及生物的进化、发展，以至于在这寂寥的宇宙中产生出地球人类的智慧、意识和文化这些大自然造化的最高成果。

全世界的各种古老文化，尤其是在神话和原始宗教方面，几乎毫不例外地都是以对光的崇拜拉开序幕的，而光也就是太阳。人类的祖先，无论是哪一种文化的开辟者，一旦睁开了智慧之眼，他的自我意识驱使他要问的第一个问题便是："我是谁？我在哪里？我和这世界是从何而来的？"而世界各民族从上古流传或记载下来的关于创世的传说，首先都是作为光的创造而出现的——世界的开端就是光的来临。在埃及神话中，光的地位非常重要，天与地的分开（用中国文化的语言，就是"开天辟地"）都是光干预的结果。中国的创世神话虽成文较晚，但关于盘古王开天辟地的神话也涉及太阳，三国时徐整的《五运历年记》算是最早的成文记述："首生盘古，垂死化身，气成风云，声为雷霆。左眼为日，右眼为月……"，"天地开辟，阳清为天，阴浊为地……"这一传说值得注意的是将光与眼睛连系了起来。无独有偶，在这种联系上东西方文化竟如此遥相呼应，不谋而合。从埃及古王国时期的第一王朝开始，古埃及人便普遍崇拜宇宙之神荷努斯（Horus），它的形象是一只鹰隼，它的右眼为日，称为"太阳神瑞（Ra，Re）之眼"，左眼为月，称为"荷努斯之眼"，在古埃及文物和艺术品中，这种象征太阳的符号随处可见。非常值得注意的是，古埃及人将太阳和眼睛视为一体的观念，古埃及文化之美的根本特征也就在于此，是"太阳神的光芒创造了一切生灵的眼睛"，太阳之眼（Wedjat eye）的灿烂光芒雕刻了幽暗的群山和岩石，塑造了古埃及人的宇宙和心中的偶像，如同太阳、眼睛创造出了这个五彩缤纷的世界。古埃及多神教中崇拜光和太阳的观念带有很浓厚的泛神论思想，这种崇拜实际上来源于对太阳光的自然力的敬畏，到法老阿赫那顿（Akhnaton），即第十八王朝法老阿蒙霍特普四世实行一神教改革的时代，太阳神阿顿（Aton）便成了唯一允许敬拜的神灵，并剔除掉了过去那些加在太阳神上的杂多的偶像成分，还太阳神一个自然的形象，那时留下的太阳神阿顿就是一个圆形的日轮和无数辐照大地，抚卫苍生的光线，每条光线的下端都是一只施予下界的手。在这位哲人般的法老心中，太阳就是上帝，上帝便成了一个人人都能看到和认识到的事实，它以同样的慷慨向万物洒下阳光和生命。在他写给太阳神的《阿顿颂诗》中，他唱到："生命的太阳，你以何等地壮美自天边升起，你是万物创生之太初，你从东方的地平线上发出照耀，让大地充满美色；你美丽，光明而伟大，用你那阳和之光怀抱你所创造的万物和无垠的大地；你虽如此之遥远，你的光却洒到了整个大地上……"由此可见，与其说人是生活在宗教神力范围内，不如说是生活在太阳光这种自然力的范围之内。太阳能够普照与纵观万物，人们常把眼睛与太阳和光紧密联系在一起，其文化渊源是相当深远的。

在欧洲，中世纪的学者们对光的本性有了更深刻的认识，当时最有学问的神学家圣·托马斯·阿奎那把光与美的关系提升到了神圣的境界，他把光和鲜明的颜色作为美的三要素之一，又把鲜明的颜色看成是美作为光的最单纯的表现。阿奎那认为，美的光就是事物形式的光，光可以使事物的形式在人们的头脑中充分地显示出它的完善和秩序。他的这些观点都是具有科学性的，但阿奎那的认识尚不仅至于此，作为一个神学家，在他的心目中光还不完全是物理的光，还更有其神秘的一层含义。这是一种比太阳还要鲜明的光，是上帝之光，只有这种光才是灌注生气的东西。因此，那时的学者们认为：光是各种事物中最美、最高贵、最完善的。光是视力的创造者，只是有了光，才诱发出了人们的种种感觉。光，作为上帝之光，它能显现和创造大千世界，上苍通过它来滋养万物，给人以温暖和食物。人们对周围世界的知觉与感悟，也取决于光对心灵的照射，美对知觉的直接性，也取决于事物在光线照射下的明确性。中国汉字造得很好，表达聪明和智慧这些概念的语言文字中，耳、目、日、月和心都包括齐了，东西方文化在这上面的认识应该说是有共通之处的。

中国古人有云："耳闻之成声，目遇之成色。"仰观俯察，游目骋怀，以极视听之娱，其实就是人类感官对那两种基本形式的能量之波的感应，光来自于上苍，使视见这一感应带上了悠久的宗教虔诚色彩。其实眼睛能看见的光只是充满宇宙的电磁波（或电磁辐射）谱上介于紫外和红外辐射之间的一个非常狭窄的谱段，这就是可见光。电磁波波长的范围极宽，从以千米为单位的交流输电（1000m 以上波长）的电磁波，至 $10^{-15} \sim 10^{-12}$ m 的核辐射和宇宙射线，人眼所能看见的可见光电磁波的波长范围只在 $730 \times 10^{-9} \sim 380 \times 10^{-9}$ m ［即 380～730nm（1nm＝10^{-9}m）］之间。在如此宽广（10^{18} 数量级范围）的电磁波谱中，人眼的视觉细胞只对这个狭窄范围的波段产生视感应。可见光谱段范围以外的电磁波也会对人体的细胞产生作用，但不会引起视觉，例如，可见光长波端以外的红外线能使人体产生热感这种皮肤感应；短波端以外的电磁辐射则会对人体细胞造成不同程度的伤害。例如，紫外线能使皮肤产生色素沉着，甚至灼伤皮肤，杀死上皮细胞；X射线能杀死正在分裂的细胞。这个很短的宇宙射线与射线到很长的无线电波范围内的连续电磁辐射谱，各辐射区所给的名称只是为了方便和纯属技术应用的历史背景方面的原因，各段波谱的物理本质是完全一样的，各波谱段上的电磁辐射便是以下种种事物的基础：无线电和电视发射与收听、收视，X射线医学检查，微波加热等。至于可见光这个极其狭窄谱段的意义，已如前所述，在这里强调，它提供了色谱，是人们赖以视觉传达、从事配色与创造视觉艺术和审美的基础。

6.3.2 采光与照明设计

6.3.2.1 室内采光

室内采光是指在室内采自然光而言。众所周知，我们生活中能见到物体的形状与色彩都是光的作用。而光又源于自然光、灯光与火光，前两者是室内光的主要来源。

自然光又叫日光，实际上夜晚的月光也属自然光范围。室内的采光，是室内必不可少的条件，也是室内设计最基本的要求之一。

室内的自然采光，主要依靠窗来采光。但现代室内装饰中，由于大型规格钢化玻璃的出现和工艺技术的进步，使得现代装饰出现了多种采光形式，这些形式并不完全依赖于窗的形式，其采光大致有如下几种形式。

(1) 玻璃幕墙 玻璃幕墙又称单反玻璃，在建筑中它既可为室内采光，又可作为建筑的墙体装饰。从建筑美学上来看，将天空的云彩与街道风光映于单反玻璃中，这是现代建筑与现代室内采光的一个重要形式，也是现代建筑与室内采光的一个特征。

(2) 落地玻璃采光 在室内设计中，为了让自然优美的风光与室内融为一体，往往采用大玻璃墙采光的形式，这种形式被广泛地应用于门厅、银行、商场、餐厅等商业场所，它既可采光，又可使人们看到室内商业的气氛。

(3) 玻璃天棚采光 许多复杂的建筑，采自然光于室内时，经常采用玻璃（或其他透明材料）天棚等形式。该形式可将室内各区域中的共享空间同时采光。它广泛使用于门厅、各商业区的进门处，以及现代办公室与图书馆、医院、教室等场所。

(4) 窗式采光 主要依靠窗户来采光的形式，称为窗式采光。对于窗式采光，从功能上来看，它并非单一采光的功能，它还有通风换气的功能。由于它具有双功能的特点，因此，这种形式在人们住宅、办公室、客房等场所应用最广，是人们生活中接触最多的一种形式。在窗式采光中，大致有如下几种方式。

① 天窗采光 该方式是在建筑顶部设天窗口采光，这种形式被图书馆、画室、阶梯教室等广泛采用。

② 斜面窗采光 斜面窗采光是一种特殊的建筑形式下产生的采光方法，一般出现在顶楼的角楼上，但目前在装饰设计中，一些餐厅等公共场所也用钢架结构来作龙骨进行斜面窗的设计，也有将斜面窗与大玻璃来同步考虑，使其成为斜面窗与玻璃大墙连为一体的特殊形式，斜面窗造型别致，窗帘不能采用垂直吊挂式，而是两头吊挂的特殊形式。

③ 平行墙面的窗式采光 平行于墙面的窗式采光，这种窗式是日常生活中最常见的形式。这种形式除了考虑其窗的造型之外，还应考虑窗的大小。在住宅设计中，大窗虽然采光通风好，但隐私性、防噪声、防日晒等功能相应较差。在寒冷地区，窗口越大，室内的保温性相应差一些，在炎热地区，窗口越大，室内的辐射热就越多，因此，综合考虑各种因素来决定室内窗的大小是十分必要的。

室内采自然光，并不完全局限于以上几种形式。这些采光的形式，有时在建筑设计中完成，有时则需要与其配合完成，有时则由室内设计师独立完成，不管怎样，在室内采自然光是室内设计的一大任务。室内采自然光给人一种温和、自然感，同时也使得空间与自然环境相连，使室内设计步入一个人与自然环境相融的境界。

室内采光的计算方法：一般住宅室内利用自然光大都采用侧面采光的方式。影响侧面采光的因素，主要是窗子开口的面积。窗子开口过小，室内光线必然过弱，使人在工作、学习时容易身心疲劳，产生吃力之感。窗子开得过大，则光线太强，也会使人心绪不宁，产生烦躁。通常情况下，为了求得合适的窗口面积，常用采光系数来进行估算确定。采光系数是指窗口面积和室内面积之比，其数值在有关规范中有明确规定，一般居室的采光系数为 1/8～1/6，辅助房间为 1/10～1/8 或更小。居室面积乘采光面积系数则得到采光面积。例如一个 $16m^2$ 的卧室，按采光系数为 1/8 计，它的采光面积为：$16m^2 \times 1/8 = 2m^2$（采光面积）。

但这个数值还不能说已完全得到了窗口大小的尺寸。因为不同的窗框、窗扇材料还将遮挡一部分光线，因此，由采光系数算出来的采光面积还应除以不同的窗框、窗扇材料遮挡而得到的采光系数的百分比，才是窗口面积。如果采光面积百分比为 50% 的木窗，则算出来的采光面积就应再除以 50%，从而得到窗口的面积。实际计算方式为：$16m^2 \times 1/8 \div 50/100 = 4m^2$（窗口面积）。

根据以上的计算，可以看到根据室内的规范要求，来计算窗口面积时，应考虑到各种窗口遮光程度等因素，为了便于读者查阅计算，将有关窗的各种式样与采购面积百分比介绍给读者，见表 6.2。

表 6.2 窗的样式与采光面积

材料	窗洞	钢窗		木窗	
窗的式样					
采光面积百分比	100%	77%	74%	60%～64%	56%～60%
窗的式样					
采光面积百分比	100%	79%	77%	54%～57%	47%～50%

另外，开窗位置的高低也会对室内光线产生影响。开窗太低时，光线集中于某一部位，不利于光的扩散。开窗高，光线均匀，利用产生柔和的均质光线效果。除此以外，影响室内采光的因素还有房间的朝向和光线射入的角度。例如东西向房间，光直接射入的机会多，采光强度大，但不稳定，变化大。朝北的房间，采光相应弱一些，但光线稳定，光线变化不大。向南的房间，冬暖夏凉，光线也较稳定。因此，在室内采光中需要根据室内射入的光的角度用窗帘进行调节。

6.3.2.2 照明设计的基本原则

节约能源是加速我国经济建设的一项重要政策，在进行照明设计时，应把电能消耗指标作为全面技术经济分析的重要组成部分。节约能源，不能片面降低标准和忽视安全，而须在保证达到标准和安全的前提下，以提高能源利用率和综合效益为主要途径。照明设计中的节电问题，应从方案开始，会同其他各专业，搞好整个建筑工程的能源节约。

照明节电的设计方案，应根据技术先进、安全适用、经济合理、节约能源和保护环境的原则确定。通过必要的正确计算，合理选择光源、灯具、电气设备及控制方式。尽量在少增加投资的前提下取得较显著的节电效果。

有条件时，应积极争取生产厂家的配合，研制新型节电光源、灯具及电气产品，为今后的工作创造条件。

（1）照度确定　工业建筑照度标准按现行《工业企业照明设计标准》确定照度；民用建筑照度，在国家标准未颁布前，应根据使用要求，按《建筑电气设计技术规程》选择。

（2）高效电光源　在灯具悬挂较高的场所（如高大的厂房）的一般照明，宜采用高压钠灯、金属卤化物灯或自镇流高压荧光汞灯，除特殊情况外，不宜采用管型卤钨灯及大功率白炽灯。灯具悬挂较低的场所（如办公、住宅、商业建筑）的照明宜采用荧光灯。除特殊功能建筑（如博物馆、影剧院、高级饭店等场所）外，不宜采用白炽灯。在光色要求较高的场所，可采用三基色荧光灯。推荐选用快速启动镇流器，以解决低温场所（1～15℃）的普遍荧光灯启动问题。自镇流高压荧光汞灯及大于100W的普通白炽灯的应用范围应加以限制。

（3）灯具及照明方式　不宜采用效率低于0.7的灯具。当灯具装有遮光栅格时，要特别注意遮光栅格保护角对降低灯具效果的影响。一般装有格栅的灯具，其灯具效率不宜低于0.55。在实验室及类似房间宜采用高效荧光灯具。采用照明灯具与家具组合的照明形式。当空调面积和照明容量较大时，应积极采用中按摩空调组合系统，以改变照明设备的运行状态，并减少空调机组的能量损耗。在房间内布置已经确定的场所，应尽量采用局部一般照明。合理采用混合照明。对以下场所宜采用混合照明，即大面积的照明场所、视觉条件较高的场所、均匀照度要求不高的场所等。对高大厂房，宜采用顶灯、壁灯、投光灯混合布置。采用混合照明时，其一般照明在工作面上的照度应占总照度的5%～10%，且不低于20lx。一种光源不能满足视觉工作对其显色性的要求时，宜采用混光照明方式。建筑艺术照明设计，应讲究实效，避免片面追求形式。严格限制霓虹灯和节日装饰等的设置范围。严格控制照明用电指标，优选光通利用系数较高的照明设计方案。不允许降低推荐的照度标准来节能。

（4）改善照明的控制方式　照明的控制，要根据各房间使用的不同特点和要求区别对待，在保证安全的前提下，尽可能做到便于使用、管理和维护，且又为节电创造条件。面积较小的居住、办公房间或类似房间，宜采用一灯一控或二灯一控的方式，在经济条件允许时，可采用变光开关。面积较大的房间宜采用多灯一控的方式；当整个房间有均匀照度要求时，可采用隔一控一的方式；无均匀照度要求时可分区控制，此时应考虑适当数量的单控灯。居住、办公楼建筑内的楼梯间、走廊灯公共通道，其灯具宜选用定时开关控制。在远离侧窗的天然采光不足的区域内的电气照明，宜采用光电控制的自动调光装置，以随天然光的变化而自动地调节电气照明的强弱，保证室内照度的稳定。室外照明宜采用光电自动开关或光电定时开关控制，按预定的照度和预定的时间自动接通或断开电源。道路照明可采用适当的控制线路，有条件的地方亦可采用便于控制的双灯泡灯具。照明灯具布置和线路的设计要便于管理和维护，且使其处于高效的工作状态。对于双电源供电系统，宜采用两路电源同时工作方案，以减少线路损失。

（5）控制与信号设备　控制回路宜采用氖灯、发光二极管、节能按钮（带指示灯）等作指示灯。条件允许时宜采用电致发光或等离子显示装置，仅在放电时接通回路。

（6）配电设备　在选择配电设备时，应尽可能选用节能产品。配电箱和控制箱的选用一般以标准产品为主，也可根据具体情况选用非标准配电箱。配电设计应根据房间使用要求和特

点，选择树干式、放射式或混合式，在条件适合的情况下以选树干式为宜。确定变压器容量及运行方式。根据用户负荷特点，确定投入及切除方式，合理组合，力求安全可靠，操作、维护方便，适应性强，尽量满足使用和节电要求。在使用合理时，尽量采用低损耗高效率的大容量变压器。高层建筑的消火栓处应设启动消防水泵按钮，并设有保护按钮的措施。环境不正常的房间的灯具，其控制开关宜安装在另外环境好的房间内，当没有较好的环境或条件不适合时，应选择适合该环境特点的控制开关。

（7）合理设置计量装置　民用住宅应每户安装电度表。为便于用电单位内部的经济核算，宜在各核算单位装设电度表。住宅建筑，每一居室均应设置插座，距地标高一般为1.4～1.6m，但带安全门型插座不在此限。插座平均按每个100W计算。

6.3.2.3　照明设计应注意的事项

（1）室内装饰性照明设计多数情况下是一个配合设计，该设计是由室内设计师与电器工程师共同合作完成。

（2）根据天花造型布光。

（3）注意日光灯与白炽灯的照度。

（4）注意尽可能多地采用自然光。

（5）以功能区的要求来配光。

（6）注重照度的比差。

（7）尽量多使用均匀照度。

（8）分清主次来布光。

（9）注重布光中平淡与高潮的关系。

（10）仿物造型布光。

（11）注重灯具材料的使用。

（12）提高审美，选择适宜美观的灯具。

6.4　建筑室内外的热环境问题

6.4.1　热环境的测量

5个基本要素构成了热环境。第一个是空气温度，或者称为干球温度。这通常用一个与所有主要辐射热源隔离的简单的玻璃温度计来测量。第二个要素是空气的相对湿度，指空气中的水蒸气含量与在这个温度下空气中最大水蒸气含量的比值。相对湿度用湿度计测量。第三个要素是湿球温度，通过在温度计的感测元件处放置一个湿芯，让它暴露在被强迫对流的空气流中来测量。这种装置叫做摇动干湿计，它有一个被湿芯覆盖的温度计，吊在一根绳索的末端，被人为地不断摆动。另一个相关的量度是自然湿球温度，它和湿球温度相似，不同之处在于湿芯覆盖的温度计被放置在自然流动的空气中，不用摆动它。但是，温度计必须与辐射热源隔离且不阻碍空气的自然流动。构成热环境的第四个要素是平均辐射温度，通常通过测量球体温度来获得。球体温度用一个放置在黑色铜球中心的温度计来测量。黑色铜球吸收辐射热量，内部的气温显示吸收热量的多少。热环境的最后一个要素是空气流速，通常用风速计来测量。

6.4.2　热舒适与感觉

周围环境中微气候的各个因素，包括温度、湿度、风速等，对人体在环境中的适应过程有强烈的影响。对微气候诸因素的了解可以使我们能利用这些因素与人生理心理行为的互动关系，提升设计水平。

6.4.2.1 温度对人的影响

（1）温度与生理方面　极端温度会影响健康。来自空调、交通工具发动机和工业生产的热量会使得城市里的温度比四周郊区高出 5～8℃。因此许多研究集中在高温对城市居民的影响上。北美洲城市中的热浪对应于死亡率的增加，而高温压力的持续效果则产生精疲力竭、头痛、易怒、昏昏欲睡，甚至导致精神错乱、心脏病和昏睡。此外，研究者还发现行人在较热或较冷的温度下都比平时走路更快。

（2）温度与工作效能　显而易见，没有所谓最好的单一温度。"舒适范围"是指大多数人感觉舒服的有效温度范围。这也和他们穿多少衣服、从事何种活动有关。依照那些研究得非常细致入微的专业人员的说法，当人们穿着较薄，室内相对湿度在 45%，而温度在 24～27℃时，人们觉得最舒服。

（3）高温与工作效能　McCormick 主张，在办公室上班的脑力劳动者，由于高温所造成的影响，是依照员工的工作时间长短而定的。如果员工只工作 30min，那么高达 38℃仍不影响心智表现，但如果必须工作 3h 以上，那么影响心智表现的最高温度是 30℃。实验资料表明，高温和高空气湿度的复合作用可严重地影响操作者的工作能力，大大增加操作人员的感觉反应和运动反应时间，在记录由莫尔斯电码传递的无线电报时，由于环境温度不同，出现的错误率也不同。在 1h 工作时间内，当温度为 26℃时出现 12 个差错，当温度为 33℃时出现 17 个差错，而当温度为 36℃时，差错高达 95 个之多。

（4）气候与文化　Huntington 在《文明与气候》中坚持认为，不管是古代民族还是现代民族，如果没有气候促进因素的影响，就不能到达文化的顶峰，像古埃及、巴比伦都不例外。

"理想的气候是平均温度很少低于 4.4℃是智力最适条件，很少高于 20℃是身体最适条件。但重要的不只是温度，湿度也很重要，平均湿度应在 75%左右。最后，天气不应是一直不变的，导致天气经常变化的旋风和风暴应有足够的次数和强度，空气应该净化一下，并且温度突然发生变化似乎是必要的，它可使人振奋、创造灵感。"

"气候说"虽然只是一种关于文化起源的论点，但它过去是由亚里士多德和孟德斯鸠这样的著名人物提出来的，而且有许多理由来赞同气候说。地球上有些地区如果在现今的大气条件下肯定不能成为高度文明的摇篮。这些地区现在不是太热、太湿、太冷，就是太干燥。北极圈地区、较大的沙漠地带、印度、中美和巴西的丛林都是这样。亚洲、美洲现在不适于人类居住的许多地区都存有明晰的遗迹，证明过去曾有过气候较为宜人的岁月。不能说气候是决定文明起源的唯一因素，但至少是重要的因素之一，这说明了温度、湿度、风速等气候条件无论对今天的个体，还是古老的群体，都有相当显著的作用，它将直接影响到人类的生活活动。

（5）温度与社会行为　有些研究显示，气温升高则攻击行为和暴力事件增加。天气阴沉，阴雨绵绵，会使人情绪低落，犯罪率降低；云量增加，气压降低，常使人焦躁不安，意外事件增多。

实验室和现场研究者得出的共同结论是：热和攻击性之间有必然的联系，但这关系是直线形还是曲线形目前还处在争论之中。Anderson 利用美国各地的档案资料来收集整理谋杀、强暴、抢劫、偷窃和偷车等犯罪的发生率，证实暴力犯罪随着温度的上升而增加；在实验室中处在较高温度的状况下，被试者不太愿意帮助他人，此类研究也指出，冬夏两季的极端温度会使人们不太愿意帮助他人；另外，高温使人的吸引力降低，尤其当热还伴随着拥挤时。

但是，温度与攻击行为之间的关系是复杂的，也受到了其他因素的影响。例如美国南方的温度高于北方的温度，南方人的自杀率也高于北方人，后者是否可归因于温度呢？温度与攻击行为之间的关系显然是复杂的，而且还受到其他因素的影响。试问，上海的气温比哈尔滨高得多，难道上海人性格上比哈尔滨人更暴烈一些吗？

在宜人的温度下，人们更愿意社会交流，愿意去某一环境，也愿意待的时间更长一些。而人们总是回避高温的环境，人们不仅逃避那些不舒适的极高或极低的温度，而且也回避那些被预测为将导致不舒适的环境。

6.4.2.2　建筑室外的热环境问题

（1）阳光　有太阳的地方人们就坐下来，没有太阳的地方，人们就坐不下来。阳光是吸引人使用开敞空间的关键因素。影响户外舒适性的主要因素有气温、阳光、湿度和风。旧金山规划局的伊娃·利伯曼对四个广场、三个公园和一个城市花园的调查研究发现，使用者在选择地点时，他们最关心的是能照到阳光（25%）。巴纳基和洛开透-赛德莱斯在对旧金山广场使用者的研究中发现了同样对于阳光的强调。

近几年，国外的公众和专业人员对于保证公共开放空间日照的关注已经变得相当强烈。1984 年，旧金山市通过了一项法律，该法律禁止新建那些会对公共开放空间"日出后一小时至日落前一小时投下大片新的阴影"的建筑物。博瑟曼的团队设计了一个太阳高度角换算扇面，通过它确定出建筑退让距离以保证获得充足的日照。旧金山城区规划和其相应的 1984 年分区法规列出了具体要求，以使阳光能最大程度地照到人行道和其他公共空间。旧金山广场的导则由于考虑到了午间阳光的可及性，从而预先避免了上述情况的发生。导则还极力主张设计师考虑"借用"阳光，即通过邻近钢、玻璃或石材建筑的反射，照亮且温暖很少有阳光直射的广场空间。

（2）温度　宜人的温度促使人们在开敞空间活动。在曼哈顿和哥本哈根的研究证明，当气温高于 12.7℃时，城市购物中心和广场上的散步、站立以及闲坐的人数量会有明显的增加。因此，当预测公众喜爱的午间休息区的位置时，平均午间气温达到 12.7℃以上的月份应当考虑到这种阳光-阴影之间的规律。对哥本哈根步行街 1～7 月活动的一项调查发现，随着冬去夏来，步行人数增长了 1 倍，逗留的人数则增加了 2 倍，这是更频繁和更长时间驻足停留的结果。同时，与站立有关的活动特点也发生了变化，停下来购买小吃、饮料和观光的人数大增，街头表演、展览和其他冬天实际上不存在的活动，在最温暖月份的总体活动模式中起了很大的作用。当座椅周围的气温达到 10℃时，在最冷时节完全消失了的小坐活动也活跃起来。

但是对那些冬冷夏热的地区来说，夏日暴晒却很烦人，于是就需要夏季的遮阳措施。像我国江南地区 7～9 月的多数时间如果广场上没有遮阴的地方，在烈日下，中午和下午是难以开展活动的。当然，如果温度超过 32℃的话，即使广场上有遮阴，中午和下午广场上也不会有多少人。但是，有较好遮阴的广场则可以尽量延长广场活动的时间和可能性。带有活动遮阳伞的椅子是一个很好的设施，有助于人们在温度较高太阳直射的日子里，继续保持对空间的使用。

夏天在上海的广场和绿地中，经常可以看到这样的景象，人们往往聚集在遮阴的或有遮阳的地方，而太阳直晒的地方是没有人去的。

（3）座位设施的热舒适性　温度对开敞空间设计产生影响的另一个重要方面是设备的材料，特别是座椅设备的材料。由于中国很多地区冬天寒冷，所以必须考虑座椅表面材料的热损失。评价建筑表面材料的保暖性能有很多方法，一般用的是"透热值"。

在冬天寒冷（最冷月平均温度低于 10℃）而且时间较长（大于 3 个月）的城市中，开敞空间座椅材料的透热值不宜大于 80。从我国气候分布来看，符合这一标准的地区范围广泛，包括东北、西北、华北和长江中下游地区的很多城市。但很多城市开敞空间的座椅材料面层，透热值多大于 80，如水泥面层、混凝土面层、花岗石和大理石面层等。

座椅的热舒适性对人们的使用有很大影响。对西雅图联邦大厦的研究发现，绝大多数人最喜欢木制长椅，然后是台阶、花池以及（在排名中处于较后位置的）石质座位和地面。4 月初的上海已经是春天了，但在淮海公园前广场的调查发现，广场上的人们很少使用花岗石花坛，而木椅子上却是聚集了很多人。上海城市中心区开敞空间的系列研究一再表明，人们普遍喜欢木椅子，而不是花岗石、混凝土或面砖的椅子。

6.5 建筑室内外空间行为与设计

6.5.1 交往与空间

社会交往是人们在环境中的基本需要。人们在环境中交流的方式也多种多样，包括谈话、观看、感受、聆听等。社会交流的重要特点是需要特定的空间。人们往往通过距离来控制交流的程度。例如，电梯空间就不适合于邻里间的日常交谈，进深只有 1m 的前院也是如此。在这两种情况下，都无法避免不喜欢的接触或者退出尴尬的局面。

距离既可以在不同的社会场合中用来调节相互关系的强度，也可用来控制每次交谈的开头与结尾，这就说明交谈需要特定的空间。另一方面，如果空间太大，交谈也无法开始。在澳大利亚、加拿大和丹麦等地的调查表明，在这一特定情形下，3m 的距离似乎是很有用的。

6.5.1.1 交往的密度与距离

（1）密度与空间　在极端情况下，人们可以经受极高密度的环境，譬如上班高峰时的列车内，在乘车率 200％ 的状态时人口密度为 5.7 人/m² 左右。其他如电梯内、电影院、棒球场等都有过这种情况。在这样短时间内经受高密度，密度越高给人的生理、心理影响越大，心跳加快，工作效率下降。一般住宅的居室等的密度比上述密度低得多。很多时候，低于 0.2 人/m² 或 5m²/人。长时间能忍耐的密度界限不单与面积有关，还与每人的空间容量有关。时限为 2 天每人 1.4m³，而 1~2 个月为每人 7m³、数个月为每人 17m³ 是必要的。长时间处于高密度状况给人的负面影响是众所周知的，特别是在高密度居住区成长期的孩子因所受的负面影响大，处于"学习无力感"这样不良的心理状况。关于各空间的人员密度如图 6.27 所示。

人口密度与空间关系是建筑学中非常重要的研究课题，它直接关系到城市规划中土地和空间的配置。笔者曾经研究过一个人在户外公共空间的广场和步行街活动中需要使用多少空间。结论是，中国人的人均空间密度（m²/人）相比西方人而言是很高的。例如，步行商业街给人

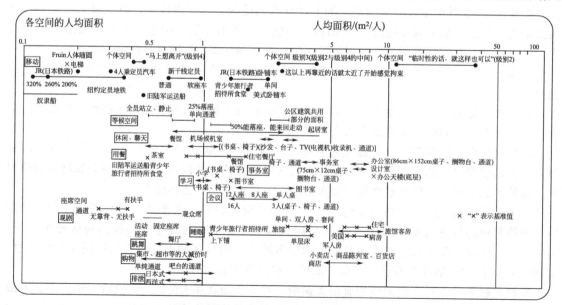

图 6.27　各空间的人员密度

的第一感觉往往是拥挤，因为在购物环境中，如上海淮海路，可以观察到在高峰时段（节假日）上海市中心购物环境中的密度非常高，为 1.5～2.5m²/人，节假日时，南京东路步行街和淮海路有的地段甚至密度更大。

又例如闫整等人建议以开敞空间的使用密度为 3.5m²/人，但国外开敞空间使用密度数据一般是 13.5m²/人（上限）至 4.5m²/人（下限）。我国在人均开敞空间指标方面，与国外还是有差距。必须承认我国在户外公共空间的空间配置政策中，执行的是高密度的规划，这也与我国特殊的国情和在城市公共空间中大量的人流量是一致的。

付立恩在《步行空间设计》一书中根据街道上行人的行为调查和试验得出的人对环境感觉的结果表明，不同的人流数与占地大小所发生的环境感觉是不同的：0.2～1.0m²/人为阻滞；1.0～1.5m²/人为混乱；1.5～2.2m²/人为拥挤；2.2～3.7m²/人为约束；3.7～12m²/人为干扰；12～50m²/人为无干扰。在步行商业街中，约束和干扰算是较好的购物状态。因此将人均占地控制在 2.2～12m²/人之间易形成良好的商业气氛。表 6.3 表示在步行空间的密度对步行品质的影响。

表 6.3　步行品质与空间密度

步行品质	空间密度 /(m²/人)	流动系数 /(人/m·min)	步行状态
A	3.5 以上	20 以下	可以自由选择步行速度,如在公共建筑和广场
B	2.5～3.5	20～30	正常的步行速度走路,可以同方向超越,如在偶尔出现不太严重高峰的建筑
C	1.5～2.5	30～45	步行速度和超越的自由度受到限制,交叉流量、相向流时容易发生冲突。如发生严重高峰的交通终点
D	1.0～1.5	40～60	步行速度受限制,需要修正步距和方向,如在最混杂的公共空间
E	0.5～1.0	60～80	不能按照自己通常速度走路,由于步行路可能容量的限制,出现停滞的人流,如短时间内有大量人离开的建筑
F	0.5 以下	80 以上	处于交通瘫痪状态,步行路设计得不适用

保持距离并不只是人存在的方式，也是事物存在的方式，例如散布在空间中的居所和聚落也会在一定范围内保持一个合适的距离。原广司发现日本砺波平原上的村庄中，民宅之间的距离约为 80m，略大于危地马拉等地的 50m 左右民宅的间距。

（2）人们聚会与座位的配置　有足够证据表明，两人之间的距离与空间关系决定了人与人之间交流的程度。与人过近和过远都不是理想的交流状态。人在室内对话距离的上限为 3m 左右。美国出版的《节省时间标准》一书中也将直径 3m 的圆称为"会话圈"。这个数值是针对站立说话、坐在椅子上说话的情况而言的。坐在地板上说话时，则距离缩小为该数值的 75%，如图 6.28 和图 6.29 所示。

6.5.1.2　个人空间与近体学

在与人交往中，我们利用环境的一个基本方式就是与他人保持距离。动物行为学家早已观察到在这方面动物与人类很相似。譬如鸟儿在电线上停成一排，互相保持一定的距离，好像它们曾用尺丈量好似的，恰好使谁也啄不到谁。一些学者还指出许多动物进食时也是均匀地分散开来，这样它们之间就保持差不多的距离。个人空间，动物学家称为个人距离，指的仅仅是一种人与人之间的距离吗？

（1）个人空间的概念　Robert Sommer 曾对个人空间有生动的描述："个人空间是指闯入者不允许进入的环绕人体周围的有看不见界限的一个区域。像叔本华寓言故事里的豪猪一样，人需要亲近以获得温暖和友谊，但又要保持一定的距离以避免相互刺痛。个人空间不一定是球

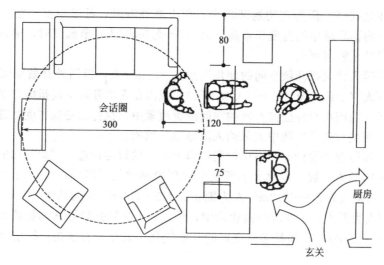

图 6.28　3m 会话圈（单位：cm）

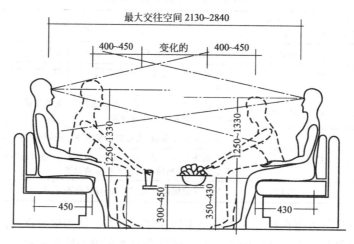

图 6.29　沙发布置与交往空间（单位：mm）

形的，各个方向的延伸也不一定是相等的……有人把它比作一个蜗牛壳、一个肥皂泡、一种气味和'休息室'。"

所以个人空间是人们周围看不见的界限范围内的空间，人们走到哪儿这一空间就跟到哪儿。基本上它是一个包围人的气泡，有其他人闯入此气泡时，就会导致某种反应，通常是不愉快的感受，或是一种要后退的冲动。另一方面，个人空间并不是固定的，在环境中它会收缩或伸展，它是能动的，是一种变化着的界限调整现象。人们有时靠别人近一些，有时离别人远一些，是随情境而变化的。虽然每个人都拥有各自的个人空间，但他们的个人空间并不完全一样，而且，尽管个人空间主要指的是人际距离，但它也不排除社会交流的其他方面，如交流方向和视觉接触等。

（2）立体的个人空间　多人同住一室时，有时相互之间要有一定的距离以确保个人隐私，这种不许他人侵犯的领域称为个人空间，与这个领域的概念接近的是区分领域的这里、那里（近）、那边（远）指示代名词中的"这里"代名词。根据东京大学的研究，明确"这里"领域的三维的形状，将人体包围进去，像个鸡蛋形。"这里"领域的平面大小，其地板面积约 3.3m^2（前方 1.5m，后方 1.1m，左右各 0.63m，在 1m 高度时个人空间最大）、高度约 2.4m，体积约为 10m³。这种看不见的心理性领域的大小也是设计个人居室最小规模空间时的立体单位之一。

（3）我国的个人空间研究　我国个人空间研究工作很少，有人曾对 160 名 20～60 岁的成人被试者进行实验研究，这些被试者相互陌生，男女各半，有干部，也有工人，文化程度也各有不同，有的是大学生，有的只有初中文化。研究揭示了中国人个人空间的一些数据。他们发现陌生人之间不管是同性间的接触也好，还是异性间的接触也好，确实有一定的人际距离。实验测定，女性与男性接触时平均人际距离是 134cm，这是在所有组里最大的，当女性与女性接触时平均人际距离是 84cm，可见两者相差悬殊。而男性与女性接触时平均为 88cm，男性与男性接触时平均为 106cm。可见男人之间的人际距离要大于女人之间的人际距离，而且男人与女人接触时显得相对放松，特别是与女人和男人交往以及男人之间的交往相比，这种关系显得更清楚。研究人员认为与外国相比总体上中国人的人际距离要小一些，如图 6.30 所示。

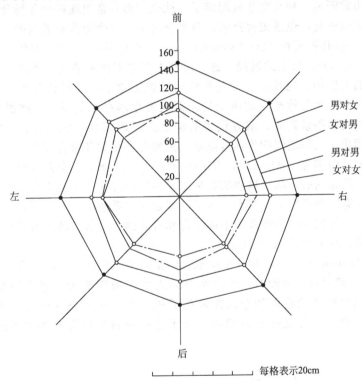

图 6.30　杨治良等个人空间研究结果

（4）近体学　Hall 说，北美人在日常交往中有规律地使用 4 种人际距离，即亲密距离、个人距离、社交距离和公共距离。人们使用这些人际距离是随场合的变化而变化的，如公开场合就与私下场合不一样。此外，作为人类学家，Hall 认为不同文化背景的人们，他们的个人空间也不一样，比如阿拉伯人之间就保持较近的距离，而德国人在交往时距离就比较大。

① 亲密距离。亲密距离的范围为 0～18in（0～45cm）。它包括一个 0～6in（0～15cm）的近段和一个 6～18in（15～45cm）的远段。在亲密距离内，视觉、声音、气味、体热和呼吸的感觉合并产生了一种与另一人真切的关系。在此距离内所发生的活动主要是安慰、保护、抚爱、角斗和耳语等。亲密距离只使用于关系亲密的人，如密友、情人或配偶和亲人等。在北美文化里陌生人和偶尔相识的人不会用此距离，除非是在个别有规则的游戏里（如拳击比赛等）。一旦陌生人进入亲密距离，别人就会作出反应如后退或给予异样的眼光。Hall 说，一般来说，

成年的中产阶级美国人在公开场合里不使用亲密距离，即使被迫进入此距离，也常是紧缩身体，避免碰着他人，眼睛毫无表情地盯着一个方向。

② 个人距离。个人距离的范围为 1.5～4ft（45～120cm）。它包括一个从 1.5～2.5ft（45～75cm）的近段和一个 2.5～4ft（75～120cm）的远段。在近段里活动的人大都熟识且关系融洽。好朋友常常在这个距离内交谈。Hall 说如果你的配偶进入此距离你可能不在意。但如果另一异性进入这个区域并与你接近，这将"完全是另一个故事"。个人距离的远段所允许的人范围极广，从比较亲密的到比较正式的交谈都可以。这是人们在公开场合普遍使用的距离。个人距离可以使人们的交往保持在一个合理的亲近范围之内。

③ 社交距离。社交距离的范围为 4～12ft（120～360cm）。它包括一个 4～7ft（120～200cm）的近段和一个 7～12ft（200～360cm）的远段。这个距离通常用于商业和社交接触，如隔着桌子相对而坐的面谈，或者鸡尾酒会上的交谈等。Hall 认为这一距离对许多社交而言是适宜的。但超出此距离，相互交往就困难了。社交距离常常出现在公务场合和商业场合，就是不需过分热情或亲密时，包括语言接触、目光交接等，这个距离是适当的。

④ 公共距离。公共距离在 12ft（360cm）以上。它包括一个 12～25ft（360～750cm）的近段和一个 25ft（750cm）以上的远段。这个距离人们并不普遍使用，通常出现在较正式的场合，由地位较高的人使用。比较常见的是在讲演厅或课堂上，教师通常在此距离内给学生上课。讲演厅里的报告人离与他最近的听众的距离通常也落在此范围里。据说在赎罪日战争之后，阿拉伯与以色列和平谈判时，双方代表的坐距正好是 25ft（750cm）。一般而言公共距离与上面三种距离相比，人们之间的沟通有限制，主要是在视觉和听觉方面。

（5）近体学的其他训究　Altman 和 Vinsel 考察了 100 项关于个人空间的定量研究。这些工作都提供了实际测量到的距离。这些实验采用了不同的方法，实验中有些由男性参加，有些只有女性参加，还有一些研究男女都有。有的研究是在关系亲密的人之间进行，有些则测量了陌生人之间的行为。另有一些则涉及了不同文化和种族的人。所以两人所回顾的研究涉及了相当宽的情况和因素，结果如图 6.31 所示。

图中显示了 Altman 和 Vinsel 的分析结果。图中两条曲线分别表示站着的人（实线）和坐着的人（虚线）。一般而言。坐着的人要比站着的人之间的距离大。当人们站着的时候，用得最多的距离是亲密距离的远段和个人距离的近段，平均在 18in（45cm）左右。这与 Hall 假设的人们日常公开场合的交往距离相当。由于这些资料来自许多类型不同的人，所以此

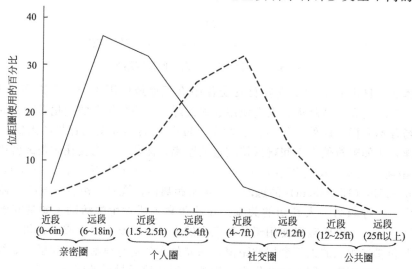

图 6.31　人际距离近段和远段的分布（1in＝2.5cm，1ft＝30cm）

结果令人印象深刻。只有极少数的人站在亲密距离的近段，也只有极少数人使用社交距离和公共距离。

虚线代表了坐着的人的比较资料，这里的距离明显较大，人们倾向于使用个人距离的远段和社交距离的近段。他们之间的距离（测量两个人之间或测量两把椅子之间）大概是 4ft（120cm），这比站着的人增加约 1.5ft（45cm）。这增加的距离是由于人腿长度造成的。因而当人们坐着的时候，他们的距离既不太近也不太远，好像他们知道并选择一个标准的和可接受的彼此间的实际关系。

可以说 Hall 关于人际距离使用的观点，在总体上，尤其是日常交往中的个人距离和社交距离的论述得到证实。这些结果加强了个人空间是人们调整社会交往的一个重要机制的观点。所以，Altman 认为一个人周围的空间可以被看成是调整与他人交往的最后屏障。

6.5.1.3　交往空间设计实例

图 6.32 和图 6.33 显示了一些在我国和日本的设计资料集中公布的人与人交往所需要的空间的各种实例。交往空间为建筑空间的基本组成，如起居室、餐厅、酒店大堂、各种休息室、会客室等。这些空间实例表明人们之间的深度交往总是发生在一定距离之内。

6.5.1.4　座位布置与社会空间

研究人员希望发现怎样的座位布置有最佳的效果，能对人们的沟通有促进作用。他们希望通过自己的工作为建筑师、环境设计师提供建设性的信息。确实，个人空间可能不是环境设计的基础，但它对环境设计依然有着重要的参考价值。

椅子的功用是让人坐下来，但它的设计和布置足以影响人们的行为。Sommer 举了一个丹麦家具设计师的例子。这位设计师曾设计一张椅子，那张椅子坐起来极不舒服，坐不了多久就得站起来。请他设计的业主是一位餐厅老板，他不希望看到顾客泡上了一杯咖啡就赖着不走。

（1）座位的距离　Sommer 在一连串的实验里，曾探讨了人坐着时可以舒适交谈的空间范围。两个长沙发面对面摆着，让被试者选择，他们既可面对面也可肩并肩地坐。通过不断调整沙发之间的距离，他发现当两者（指沙发脚之间）相距在 105cm 之内时，被试者还是愿意相对而坐。当距离再大时，他们都选择坐在同一张沙发上。Canter 后来也找了一些完全不知道 Sommer 工作的学生重复了此实验，他测量到面对面坐的极限距离（也是指沙发脚之间的距离）是 95cm。考虑到测量中可能出现的误差，可以认为这两个距离是相同的，而且显示出此结果不随时间和地点而改变的性质。

除了距离以外，角度也同样重要。Sommer 的老师，一位有远见的精神病专家 Osmond 经过长期观察发现，他所在的医院尽管条件很好，给病人提供了足够的空间，但病人都不喜欢相互交往，一个个愁眉苦脸的样子。Osmond 就找了 Sommer 一起选择餐厅作为实验地点，通过大量观察，他们发现餐厅的不同位置与人们的交往有一定的联系，如图 6.34 所示。

从图中可以看到，长方形餐桌提供了最基本的 6 种交往联系。Osmond 和 Sommer 发现 F—A 之间的联系最多，通常比 C—B 多 2 倍，C—B 又比 C—D 要多 3 倍。在其他位置上，他们没有发现有多少交谈发生。通过此项研究 Osmond 想到，医院病房里唯一属于病人的东西就是床铺和椅子，他们缺乏共同活动的设施，如果安排有书籍、报纸和杂志的大桌子，就会促进彼此间的交往。Osmond 认为，关键问题是房屋的设计和室内陈设必须与功能之间相适应，以便空间有不同的变化，同时根据自己的活动需要和情绪状态决定使用何种空间。

（2）基本座位与辅助座位　座位的基本形式包括凳子、椅子和沙发等，称为基本座位。基本座位一方面可提供给需要迫切的各类使用者，另一方面又要顾及对座位的需要不是太多的场合。Gehl 认为，只要有足够的空闲座位，人们总是会挑选位置最佳、最舒适的座位，这就要求有充裕的基本座位，并将它们安放到精心选定、章法无误的地方，这些地方能为使用者提供

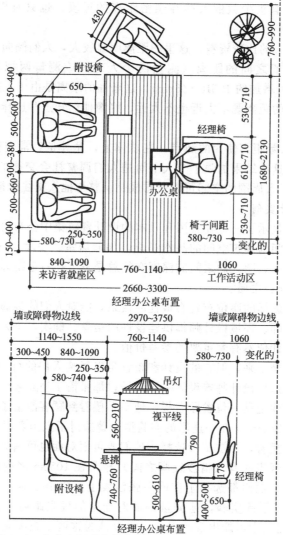

图 6.32　办公室经理办公桌布置与人际距离（单位：mm）

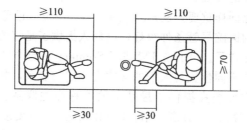

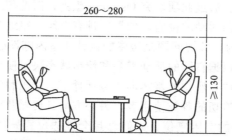

图 6.33　两个人坐的空间（单位：cm）

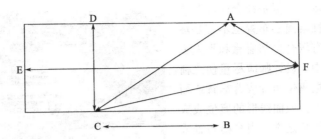

图 6.34　可能交往的 6 种方位联系图

尽可能多的有利条件。

　　往往可以观察到一些户外空间中，在使用高峰时段时基本座位的数量远远不够，还需要许多辅助座位，如台阶、基础、梯级、矮墙、箱子等以应一时之需。国外的研究表明，在各种辅助座位中，台阶比较受欢迎，因为它们还可作为很好的观景点。但是，国人对户外台阶的态度好像与国外不同，国人似乎并不认为户外台阶是可以坐的。笔者对上海静安寺下沉广场进行了历时几年的跟踪研究，可以说明这一点。2000 年的调查发现，尽管建筑师在广场的设计中布置了半圆形露天剧场，剧场里的台阶不仅在周末演出时可以作为临时的观众厅，平常人们在南京路逛累的话，也可以在这里小坐一会儿。但调查中，广场的使用者将座位不够列为其不满意的首要原因（39%），甚至超过了对广场面积较小的不满（35.7%）。

　　上海静安寺广场的半圆形露天剧场台阶明明是可以坐的，但很多市民视而不见，对此笔者感到奇怪。后来静安寺广场的经营管理者也发现了这点。在笔者调查以后他们在广场上布置一些桌子和座位，即增加了一些基本座位。接着笔者在 2001 年和 2002 年的春天，继续对这个广场进行调查，这时发现多数人（均值为 3.67，即在一个从 1 到 5 的五点 Likert 态度量表上的平均得分）认为广场上可坐的地方很多。于是，不得不认为现在人们还难于将台阶、基础、梯级、矮墙等辅助座位，看成是日常可坐之处。

　　在现实生活中普遍发现这个规律，基本座位尤其是那些小椅子普遍受到欢迎，而辅助座位常常会受到冷落。但是在设计中不可能在户外空间中安排很多的椅子。在广场和步行街设计中，相对较少的基本座位与大量辅助座位是这些空间的一个基本设计原则。这个原则基于基本座位和辅助座位之间的相互关系，即基本座位在只有少量使用者的情况下合理地发挥作用。否则，众多空空荡荡的凳椅容易造成一种萧条的印象，似乎此地已被人抛弃和遗忘了，这种情形在淡季的露天咖啡座和度假村中都可以见到。反之，众多人竞争数量很少的基本座位也很令人不堪。所以，需要准备一些辅助座位。

　　（3）社会向心与社会离心的布置　　人们聚会的形态因人数、姿势、目的等不同而异，因此，对应的座位配置也会有很大不同。例如，两个人的位置关系可分为三种类型：进行谈话交流时采用面对面的位置；关系不相识者不与对方交流时反向位置；这两种位置关系的中间者则为斜侧面位置。住宅的起居室、餐厅和酒店大堂采用便于对话与视线交流的面对面座位布置，而像车站、广场、公共场所的等待场所，因大家多为互不相识者，则多采用反向的座位布置。

　　Osmond 把鼓励社会交往的环境称为社会向心的环境，反之则称为社会离心的环境。Osmond 并未把这两个术语限制在桌椅布置上，譬如他说走道式病房是社会离心的，环形病房是社会向心的。这两个术语用在桌椅布置方面实在合适。最常见的社会向心布置就是家里的餐桌，全家人围桌而坐，共享美味佳肴，其乐融融。机场休息厅里的座位布置则是典型的社会离心式，多数机场的候机楼里，人们很难舒服地谈话聊天。这些椅子成排地固定在一起，背靠背，坐着的人脸朝外，而不是面对同伴。

　　社会向心布置的空间让人兴奋，是典型的社交空间，也普遍受人欢迎。如图 6.35 所示为在新加坡受人欢迎的场所。但是社会向心布置并非永远都是好的，社会离心布置也不都是坏的，人们并不是在所有场合里都愿意和别人聊天。在公共空间设计中，设计师应尽量使桌椅的布置具有灵活性，把座位布置成背靠背或面对面是常用的设计方式，但曲线形的座位或成直角布置的座位也是明智之选。当桌椅布置成直角时，双方如都有谈话意向的话，那么这种交谈就会容易些。如果想清净一些的话，那么从无聊的攀谈里解脱出来也比较方便。

图 6.35 令人兴奋的社会向心布置的空间

桌椅的布置需要精心计划，现实中许多桌椅却完全是随意放置，缺乏仔细推敲，这样的例子俯拾即是。桌椅在公共空间里自由飘荡的布局并不鲜见。设计师在设计中多半考虑的是美学原则，为了图面上的美观而忽略使用上的需要。造成的结果是空间里充斥着自由放任的家具，看上去更像是城市里杂乱无章的小摆设而不是理想交谈和休息的地方。事实证明，人们选择桌椅绝不是随意的，里面暗含着明确的模式。重要的是为人们提供选择，即无论人们之间是否愿意聊天，椅子的设计和布置都能适应。拉特里奇曾详细分析了户外各种座位形式及其对交往的影响，如图 6.36 所示，其中的某些形式已经在上海的公共空间中使用。

座椅的细部尺寸对坐的舒适性而言也很重要。除了座椅的表面材料以外，则以座椅尺寸为最重要。这些椅子的设计尺寸可以参考本章所述的椅子设计。

另外，户外的单人椅标准长度为 60cm/人，双人椅 120cm/2 人左右，三人椅 180cm/3 人左右。重要的是，可将其他潜在的可坐设施，如花坛、树池的边缘和台阶等加宽到可以坐的尺度，如高度为 30~70cm，有效宽度为 30cm 以上。在特殊情况下，这些地方非常有助于人们进行休息和坐等活动。这些虽然属于细节上的处理，却可以看出对步行者的关怀。笔者以为，只有在各种细部设计上的充分考虑，才能称得上人性化的环境。从使用后评价的效果来看，正式的椅子、社会向心的布置受到更多的欢迎。

（4）座位的数量与密度 广场和步行街的设计中需要安排一些座位供人们使用。那么设计中该如何计算这些座位的数量呢？或者说，一个广场上多少座位才算够呢？其实这个问题既与人体工学中人体测量数据有关，也与座位的使用强度有关，而且后者关系更大。

Whyte 观察了纽约的广场后认为，在最挤的地方每 100ft（30m）可坐空间（如长凳）坐了约 33~38 人，他说可以按如下办法计算高峰时期的座位规律：将可提供的座位（包括基本座位和辅助座位）长度换算为英尺，然后除以 3 就是使用高峰时座位上的平均人数。换句话说，座位使用的高峰密度为 80~92cm/人。Whyte 补充说，上述还不是最挤的时候，譬如公共汽车上某些特殊情况下，100ft（30m）可以坐 60~70 人，即 43~51cm/人。

Whyte 认为存在一个座位使用密度的限度，如果超过这个限度，人们就到别的空间里找座位去了。他说在 Milgram 大厦前广场上的喷泉座墙（ledge）边一般坐 18~22 人，如果人数少于 18 人，后面的人也会将这个数目补上。他认为似乎存在一个调节机制，实际上是人们自动调节了一个地方可以坐多少人。其实这个自动调节机制就是个人空间。

就目前我国客观存在的高密度城市环境而言，本书以为 0.6m/人可以作为一个商业中心区开敞空间座位的计算宽度，原因是国人的最大肩宽（95 百分位）为 0.47m，算上衣服差不多0.5m，两边还剩 0.05m，尽管这不是一个舒适的宽度。0.7m/人可以作为非城市商业中心开

选用的座椅形式

直板式

适于不认识的人使用，可以观看
发生在正前方的事。

坐在上面的两个人可以转成谈话的方向，
但是免不了会相互碰到膝盖。

不适于一群人交往。站着的人会阻塞人行道路。

单独式

适合于一个人或(依尺寸而定)2~4个互不相识的
人使用：通过背向而坐，他们之间可以互不干扰。

由于尺寸限制和难以转身，不适于两人交流。
不适于群体使用。

单独转角式

转角可容纳两个人交谈而不发生膝盖碰撞。
在两端的人不容易交谈，但可以满足四个人
交谈的需要。

如果仍有几个人要站着，对于一小群人的
交流来说，这种形式比直板式和单独式的
要好：站着的那些人不会阻塞邻近的通道。

多重转角式

最佳：可满足多种需求。

环形
适于互不相识的人使用。曲线让邻近的人
微微偏离开，有助于减少干扰。

两个人可以进行交谈，但由于他们转身的方向
与曲线相背，不如直板式舒服。对于参与会话
的第三者来说就更糟了，他必须侧身坐来谈话
(弧线越弯曲，问题越严重)。与直板式同样，
不适于群体交往。

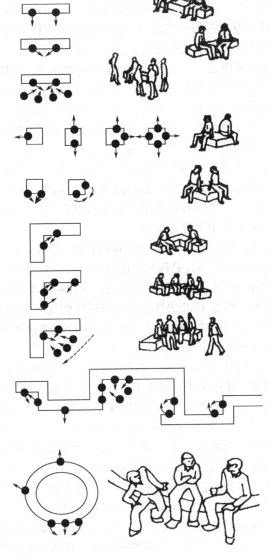

图 6.36　户外座位的形式

敞空间座位计算值。在城市商业中心区内，可以发现即使不是"十一"或"五一"等节假日，在一般的周末，如果天气好一些的话，开敞空间的座位总显得不足。

按照 Whyte 的建议，一个广场的面积总的 6%～10% 的区域应该是可以坐的，保证每 $3m^2$ 至少有 300mm 长的座位。但也有更强烈的建议，一家主要针对纽约市的咨询公司曾调查过许多广场，它建议辅助座位（包括台阶、花坛和护墙等）最多占广场上总座位的 50%。为了能够被使用，这类座位的高度应该在 16～30in（40～75cm）。旧金山市的经验表明大部分这类座位高度应该在 16～18in（40～45cm）。

市中心以停留目的为主的开敞空间，如休息性的广场，则应该有较多的座位供人休息。通过对上海多年的观察，笔者发现人们对席位的需要非常强烈。因而一个停留性广场的设计中，15%～20% 的广场面积应该是可以坐的，其中 5%～10% 的区域是那些正式的椅子，如木椅子和铸铁的椅子。其他 10%～15% 的椅子是那些辅助性的椅子，如花坛、台阶、护墙等。

6.5.1.5　坐的社会学

（1）椅子朝向　椅子的朝向会对人们的椅子选择产生影响。在上述三种直板式、转角式和环形椅子中，环形椅子面对绿地的中心——大草坪，L形和圆凳椅子都面对人行道，这可能是环形椅子受欢迎的原因之一。座位朝向的多样性也很重要，这意味着人们坐着时能看到不同景致，因为人们对于观看行人、水体、花木、远景、身边活动等的需要各不相同；日照和阴影的多样性也是原因之一，人们不仅根据不同的季节，也依据身边环境来选择对阳光需要量的多少。

能看到正在发生一切的地方是最有竞争力也是最吸引人的地方。Whyte说，人能吸引人，人们座位的"向心"方向总是有人的地方（道路、广场等）。一项温哥华的研究发现，在格兰贝勒广场，"提供一组朝向不同的小型座位同那些常规直线排列的座位相比，吸引了更为多样的人，不同的年龄、性别、地位以及活动"。另一成功的广场，澳大利亚悉尼的金斯路口广场，是一个位于繁忙街道交叉处的三角形广场，顶点处有一引人注目的喷泉。长椅有的宽有的窄，有的有靠背有的没靠背，有的隐蔽有的暴露，有的可向内看有的可向外望，有的在阳光中有的在阴影处，几乎所有的歇坐需要在这里都可以满足。

（2）空间中的座位选择

① 图书馆。Estman和Harper在卡内基梅隆大学图书馆中观察了阅览室里的读者如何使用空间，他们的目标不仅是理解使用者对空间的使用情况，而是希望能发展出一套方法来预测相似环境里的使用模式。两位研究人员的记录包括哪类使用者以什么次序使用了哪些座位，以及使用了多长时间。根据Hall的社交距离的近段假说，他们假设一旦某个椅子被选择了，那么使用者就会回避该范围内的其他椅子。此点在实验中得到证实。但他们还是发现了一个强烈的趋势，即使用者会选择那些空桌子，并且读者很少选择并排的位子，如果读者们这样做的话，则两人很有可能交谈。所以，Estman和Harper归纳了一些使用原则：人们最喜欢选择空桌子边的位子；如果有人使用了这张桌子，那么第二个人最可能选择离前者最远的一个位子；人们喜欢背靠背的位子，而不是并排的位子；当阅览室中已有60％以上的座位被占用时，人们将选择其他的阅览室。

② 教室。关于座位选择行为的研究，证实了环境中最有影响力的刺激因素是其他人的存在。Canter观察了一个讨论班里的学生是怎样选择座位的。在此工作中要求学生以8人一组进入教室，并发给每人一张问卷要求他们各选一个座位坐下。控制的变量是讲演者与第一排座位间的距离和座位排列的方式（直线或半圆形）。当讲演者站在离直线排列的第一排3m远时，学生们都坐在头三排座位。当讲演者与第一排相距0.5m远时，学生们都坐到后面去了，只有半圆形排列时，讲演者的位置对他与学生之间的距离没有影响，如图6.37所示。

这个实验表明在半圆形的环境里，随着角度的变化，抵消了在直线排列时产生的关于距离选择的某些影响因素。由于有证据说坐在边上和后排的学生参与教学活动少并且不认真，因而环形布置更有利于提高讨论课上学生们的投入程度。实际上半圆形的桌椅排列可以增进全班师生之间的合作与交流。

③ 会议室。位置的选择直接透出人们交往的方式，在会议场合里两者关系表现得更具体。在一个长桌上开会，通常是会议主席坐在桌子的短边，即使在非正式场合，谈话最多的或居于支配地位的人倾向于坐在桌子的短边，因而领导人常占据该位置。这种会议场合透露了一种强烈的上下级制度，坐在长桌长边的人只能看到他对面的人和桌子一端的老板，而老板能看到所有人，于是坐在不同位置的人有不同的和不平等的视域，权力最高的人有最好的最全面的视域。另一方面，如果选用圆桌的话，此种不同和不平等关系将消失，代之的是与会者平等的视域。所以一个民主意识较强的组织在开会时应选用圆桌。

6.5.1.6　空间行为的一般规律

空间与其中的活动互为表里，即特定地段的空间形式、地点和特征会吸引特有的功能、用

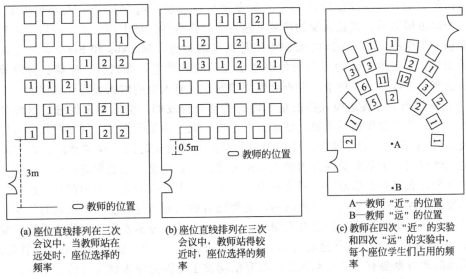

(a) 座位直线排列在三次会议中，当教师站在远处时，座位选择的频率

(b) 座位直线排列在三次会议中，教师站得较近时，座位选择的频率

(c) 教师在四次"近"的实验和四次"远"的实验中，每个座位学生们占用的频率

图 6.37　学生们如何选择座位

途和活动。行为也趋向于设置在最能满足它要求的场所。空间是具有空间力的。如果行为的目的是有意识的，那么空间就反映促进或妨碍行动的程度。适当大小的空间，加上适宜的气候、环境条件，以及适当的设施，人类的行为会变得舒适且效率提高。这就是空间力的促进和阻碍作用。另一方面，如果行为的目的不明确，如在空间中很自然地出现某种行为，则此空间可能存在诱发或是启发某种行为的因素。

（1）空间与支持活动　空间与人类行为的互动有以下三种：诱发模式、促进模式和阻碍模式。

① 空间诱发行为。空间对行为的诱发作用主要表现在通过设计师对空间功能上有意识的安排，而对行为产生了诱发作用。例如，房间中有座位，人们就可以坐下来。桌子上有杂志，人们就会拿起来看。人们会在公交站等公共汽车，会在电话亭里打电话，会在百货公司买衣服，会在运动场上踢足球。空间诱发行为的道理很明显，如果你想让人们在这里进行什么活动，那么你应在这个空间中布置安排这个活动所必要的内容。

所以如果你希望一个地区的街道上显得更有活力，常用的做法是将街道规划成商业街，通过在街上安排更多的商业店面，来提升街道上更多的与商业有关的活动来增强街道的活力。又比如，你希望减少这里的车流量，增进步行交通，那么你可以将这里设计成步行街，并封闭机动交通。于是步行活动增加了，人与人的交往增强了。

据 Gehl 报道，对 1986 年春夏两季哥本哈根市中心的所有活动的统计表明，在 1968～1986 年，市中心步行街和广场的数量增加了 2 倍，与这种物质环境改善相呼应，驻足与小憩的人也增加了 2 倍。研究表明，对商业地段的开敞空间来说，商业店铺布置对开敞空间的使用影响很大，包括食物供应在内的零售店铺，最能改善开敞空间冷冷落落的情况。Whyte 建议，一个市中心广场的广场界面中，应保证至少有 50% 的界面为零售店面。

Banerjee 和 Oukaitou Siders 所报告的对旧金山和洛杉矶的八个广场的研究发现，吸引人们到广场的各项活动中，最常见的活动是吃午餐，在七个广场中有六个中的被访者将其列为第一，有趣的是第七个广场在那时还缺乏便捷的食物供应。人们提出的其他理由包括"闲坐/休息"、"同朋友碰面"，少数情况下是"为了购物"。人们选择某一特定广场的主要理由是位置靠近工作场所。其他考虑的是广场的景观、可以独处、安静的氛围、饮食选择以及购物的方便性。

Whyte 说，为什么有的纽约广场上人头攒动生气勃勃，有的广场上人烟稀少毫无生气，其中的一个理由很简单，就是人少的广场上座位少，人多的广场上座位多。所以，他建议一个广场的面积中至少有 6%～10% 的面积应该是可坐的地方。Markus 和 Francis 的建议甚至比 Whyte 的更多，但是他们认为可以增加那些潜在的座位数量，如树台、座墙、台阶等，而不一定将所有座位都设计成木椅子，否则会使得空间在没有人坐的时候显得让人沮丧。

② 空间促进行为。促进模式指的是人们的活动是自发的，空间形态促进了这种自发的活动。空间功能上的诱发作用不明显，活动自发形成，无人为组织设计。例如花坛上可以坐（这是诱发模式），但花坛间的空地成为理想的为人们提供了较长时间等候的空间、人们由于偶遇而产生的交谈空间，于是有交谈要求的人多从道路上来到这里，这是促进模式。

这也是为什么混合土地使用模式要比单一土地使用来得有活力，因为混合土地使用意味着多种活动模式，因而能派生出更多的活动，更何况有的活动本身就能派生出别的活动。譬如街道上有几个人在下棋，那么可能会有人围观。如果下棋是一种诱发行为（假设设计师安排了座位和桌子），那么围观就是被促进的行为。促进模式的另一个版本就是参与模式，就是人看人，就是有活动的地方就会有新的活动发生，没有活动发生是因为原来就没有活动发生。

如果空间中能够通过某些活动的指引，并辅以合理的空间安排，是可以有效提升空间活力的。在空间设计中安排多种活动一般要优于单一性的活动，因为如果多种活动能相互支持的话，能大大提升空间的生气。

③ 空间阻碍行为。阻碍模式指空间的安排不鼓励某种行为的发生。例如，因为某商业空间来往人员较多，所以不是一个安静的能供人们休息的场所，很少有人在闲暇时间来这里做长时间室外停留，又因为两侧楼房高度较高，使这里长年没有阳光照射，不可能提供给人晒太阳的舒适环境。同时也由于其商业店面中的大量餐饮业致使周围环境不如人意，因此认为这个空间是排斥人们的休憩功能需要的。另外，在这个空间中的大树、花台、绿草给人以清爽、宁静的视觉享受，但花坛却占了整个街道近 37%，功能也仅仅起到了限制与隔离的作用。虽然花坛间的空地也为交流、休憩的人们提供了一定的空间，但却常常被来往穿梭的人流所干扰。花台南侧道路基本上只是起到联系各家店面的作用，而北边道路活动人数的总和却远远高于南侧通道，尤其它还承担了大多数的交通任务。而且花坛北侧道路唯一一家餐饮店在吃饭高峰时间聚集了许多店外等候外卖的人群，这在很大程度上与此时同样处于高峰时间的通行人群发生冲突，更无法为想在此交流的人群提供休憩的空间。而作为商业步行街，这个空间还缺乏一些基础的设施，这也不利于人们理想活动的开展。

Whyte 曾猛烈批评为什么有的城市街道毫无活力，因为那些街道不是被停车场占据，就是建筑的街道立面不开窗或是没有店面，甚至连柱子也没有，有的只是大片大片冰冷的墙体。

人们在空间中的活动与空间能提供何种设施有关，而且空间本身就是设施的一个方面。但在很多情况下，使用者不按照设计师的预定设计而从事别的未在计划中的活动，所以空间与人们活动不是单向的，而是一种互动的关系。

（2）空间行为的规律　人们在空间中可发生的活动几乎是无限的，而且这种活动偶然性、随意性很大。但是总存在一定的趋势。譬如，人在空间中的活动总是以目标为导向的，在活动的内容、特点、方式上受客观环境的制约。

人们最不了解的就是自身，所以要了解自己的活动反而不是容易的事。人们将户外活动的规律分成动作性行为习性和体验性行为习性。动作性行为习性包括抄近路、右（左）侧通行、逆时针转向和依靠性；体验性行为习性包括看人也被人看、围观、安静与凝思等。

人的行为模式主要包括左侧通行、左转弯、抄近路、识途性等，也包括躲避、向光和追随等非常时的行为特性。

人们活动的规律存在很多模式，可以将活动模式归纳为环境应激模式、参与模式、流动模式和停留模式等。

① 环境应激模式。环境应激指的是当环境刺激超过个体适应的应变能力限度时，对行为和健康产生的影响。用这个概念来解释人们利用环境中的某些特征来达到人体舒适和安全的行为规律。

环境应激模式的活动主要包括向光、躲风避雨、寻找舒适温度的避热驱寒、避免危险环境以及向人多地方聚集的从众性等。

② 参与模式。参与模式是指人以各种行为方式参与各种事件和活动之中，与客体发生直接的或间接的关联。按参与的程度，可区分为主动参与、被动参与和旁观参与。城市环境中最普遍的参与活动就是"人看人"，人看人就是人引人。

一般来说，活动内容的目标性越强，越会诱发参与者的活动动机，使参与者在活动中发挥自己创造性的潜力，能促使活动内容的泛化与深化，可以扩大活动的深度与广度，更大范围地进行社会交往、思想交流和文化共享，并为参与者提供表现自我、扮演角色的机遇。如果环境能够最大限度地充当行为的媒体，把人带入一个多彩的生活世界，那它的社会效益就是最高的。哈普林在创作波特兰 Lovejoy 广场水景时，曾多次去内华达山速写，体验山林情趣，将自然生机注入城市环境，花费数年的心血，建成后使波特兰市民极为振奋，现已成为市民们休闲聚会的佳地。

③ 流动模式。流动模式主要指人在移动过程中的活动规律，主要包括抄近路、右侧通行与左转弯等。目的性强烈程度是这个模式的主要影响因素。如果目的性非常强，那么人在行进中会抄近路，表现出明显的方向性。

Whyte 对纽约的调查也认为纽约人为右侧通行。日本的某些研究说明，游人或观众有左转弯即逆时针转向的规律。转弯的方式还会受到文化的影响，藏族人就是顺时针方向转弯。

④ 停留模式。当人们在环境中移动的目的性不强烈，或者是在空间中停留的时候，会表现出聚集、沿边和依靠的规律。聚集表示当人们在环境中有向某一物体集中的趋势，例如，如果环境中有一棵树或一口井，或一团篝火，或一个雕塑等，往往在其附近空间发生活动的机会比别的地方大。在对温哥华 10 个广场中观察 600 名使用者进行的各时段观察后，令人非常惊讶地发现，在远离任何小品的空旷铺装上开展活动的人还不到 1%。

（3）边界效应　人在环境中总是选择那些有利于开阔视野和自我防卫的地点就位，于是便在墙垣、阶台、座椅、树旁、阴角、廊下等依托物的附近汇聚。

依靠性就是人们在环境中有依托于某一实质要素的愿望，通过依靠在环境的某些要素，如墙、柱、椅子、栏杆、雕塑、植物等；人们既可以得到休息，也获得了某种程度的个人空间和私密性。这个模式说明，人在空间中的分布不是随意的，存在一定的规律。

对城市公共空间研究很有心得的 Whyte 曾对设计师提出了简单的建议，他说："我的建议很简单，就是使空间变得更友善，友善空间的细节是座位之间的角度合适，有凹处可以挡风，有树木可以遮阴。"

（4）领域性　领域性指的是人们总是希望在环境中建立自己的领域。领域的建立可使人们增进对环境的控制感，并能对别人的行为有所控制。领域性理论对环境设计的重要意义存在于确立一种减少冲突、增进控制的设计，提高秩序感、安定感和安全性的设计。在空间设计中，应鼓励明确的划分空间，并将空间划得更小。通过树木、座椅、座墙、空间高程、雕塑、小品，甚至是闲坐或穿行的人群，为开敞空间提供一种围合感以及同交通相分离的领域感。

在西雅图的一个广场，许多使用者把空旷的东广场视为他们最不喜欢的空间；他们最喜欢的地方是南部阶地，那里布置了一些台阶以及半私密庭院，这些庭院能够照到阳光，而且提供了庇护和私密。空间划分可以借助于地面高程、植物、构筑物、座椅设施等的变化，不仅在广场上人较少时创造出美观的视觉形象，而且能使人们找到属于自己的位置并逗留一会儿。

(5) 环境设施 停留性活动与空间能提供的设施有关，特别是座位设施、商业设施和环境设施。对上海市中心一些著名广场和步行街的调查发现，静安寺广场的停留性活动多与茶座和商业设施有关，淮海广场的停留性活动也是与其多种形式的座位有关。而弘基广场上的停留活动主要也与座位和边上的餐饮店有关，吴江路步行街和南京东路步行街的停留活动也主要是与各种座位有关。

6.5.2 私密性、领域性与场所

除了在家里和个人办公室里，大多数场合中人们必须与别人一起共享空间。人们通过在共享空间中的行为，来建构、表达、解释与他人和社会的关系，也就形成了人们在空间中的社会行为。这些社会行为在不同层次的公共空间中表现得特别明显，在工厂和学校，在办公室和休息厅，在地铁和公园里，人们借实质空间来调整他们与社会和物质世界的关系，所以人的行为在空间中的分布不是随意的，是有规律可循的。平衡自己的私密性以及建立领域，是人们在共享空间中行为的重要规律。对人的私密性和领域行为的研究，反过来又可以指导设计，有助于创造人性化的环境。

6.5.2.1 私密性

(1) 私密性的性质 Halprin 强调城市生活可以分成两类：第一类是公众性和社交性，属于外向活动，而且彼此相互关联，这一类城市活动特别与城市开敞空间有关，广泛地发生在街道、广场、公园绿地和有活力的商业区和旅游地区等；第二类则是私密性的，即私密性、内向性和个别拥有的宁静与栖息所需要的私密空间。这两者的结合，紧密形成关联，为人们提供一个具有创造性的生活环境。

① 私密性的内涵。现在看来，Altman 的理论既包含了传统上的私密性概念，也包含了开放性的概念。空间的社会行为的核心是私密性，且所谓私密性是"对接近自己的有选择的控制"。这一定义的重点是有选择的控制。它意味着人们（个人或群体）设法调整自己与别人或环境的某些方面之间的相互作用，也就是说，人们设法控制自己对别人开放或封闭的程度。当私密性过多时就对别人开放，当私密性太少时就对别人封闭。这个定义的两个核心是对个人信息的支配权和对社会互动的支配权。简而言之，私密性就是对人们社会交往合适程度的控制。

Altman 还提出了"界限调整理论"。他认为空间中的私密性控制就像一扇可向两个方向开启的门，有时对别人开放，有时对别人关闭，视情境而定。于是，私密性就成为空间中人们社会行为的中心，如图 6.38 所示。这个太极图说明私密性作为一个开放和封闭过程的特征，通过使用不同的行为机制（每个小圆圈代表一种机制），向他人有时发出开放的信号，有时发出封闭的信号。小圆圈的开放部分和封闭部分是随时变化的。通过此模式，私密性可以被看成是一个变化的过程，此过程能对人际的、个人的或环境的诸方面在短时间内做出反应。

人们可以使用不同的行为机制来控制他们的开放和封闭。例如，人们可以用语言告诉别人他们的愿望："我可以和你在一起吗？""对不起，我没空"等。当然也可以使用非语言方式来调整私密性。人们可以用点头、微笑、开怀大笑、聆听、

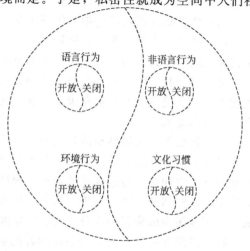

图 6.38 私密性的动态调整

凑近、注视对方等身体语言以表示自己对与你交流感到高兴。反过来用皱眉、移开视线、背对对方或是不安地玩弄领带和扣子、搓手和看表等动作表示自己对此番谈话没有兴趣。除了语言和肢体语言以外，还可以用空间来反映对别人的欢迎或拒绝。打开房门把别人请进来，或是仅仅以靠近对方的方式，就可以让他知道他是受欢迎的。反过来可以关上房门，比如，对不速之客人们一般在门外和他们谈话。最后可以用文化上的某些习惯、规定和准则来表示对别人的开放或封闭。不同的文化有不同的行为准则，但是私密性作为基本人权具有文化上的普遍意义。在文明社会里，无论是在美国和欧洲，还是在日本和中国，这些准则和习惯大多数是相通的。

个人空间、领域性、语言行为、非语言行为以及文化习惯等一起构成了私密性调整的行为机制。四种行为机制并非单独工作的，为获得私密性，会组合几种机制共同作用，有时把重点放在语言上，有时则把重点放在空间行为上。

② 私密性作为空间行为的核心。在 Altman 看来，私密性、拥挤、领域性和个人空间之间存在着明确的关系，其中私密性最为重要，它是四项概念结合在一起的中心。个人空间和领域行为是用来获取私密性的手段，拥挤可以看成是私密性的各个机制未能发挥作用的一种状态，结果是产生了过多的、令人厌恶的社会接触。个人空间、领域性、语言行为、非语言行为以及文化习惯等一起构成了私密性调整的行为机制。这些行为机制可以用来调整人们对社会交流的开放与封闭。有时天从人愿，实际的私密性与所希望的私密性相等，有时实际的私密性少于所希望的私密性，此时就处于拥挤的状态。拥挤的发生是由于未能成功地使用个人空间、领域性、语言和非语言等行为机制来保护一个人或团体免受不希望的相互作用的影响。有时私密性的调整会矫枉过正，导致一个人或团体得到的社会接触少于所希望的，这就产生了社交隔离，如图 6.39 所示。

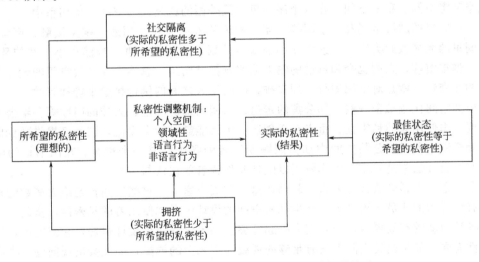

图 6.39　私密性、拥挤、个人空间和领域性的关系

私密性调整反映了个体控制环境的能力，也反映了个体对自己生活的控制程度。为了适应环境，个体必须具备调整自我和实质环境的能力。那些被迫屈服于极高密度而且没有任何机会逃离的人，譬如因犯，无论是对实质环境还是对社会环境他们几乎都没有什么控制的手段。失去控制直接导致独立感和自由感的丧失。

（2）私密性的空间

① 空间的私密性要求。尽管不同场所中有不同私密性的要求，但是在那些对个人生活非常重要的场所中，私密性越发显得重要。例如，住宅通常被认为是一个极具私密的地方，也是难以进入的地方，而且随着住宅主人的地位越高、财富越多、面积越大，他们对私密性的要求

也越高。

私密性是健康居住生活的关键因素，对住房来说，个人私密性最重要的保证就是每人有个人房间，这可以有效保护独处的私密性。如果家里没有这样一个场所，那就会产生一种烦躁、不满和挫折的感觉。卧房就是这样一个场所。单独使用的场所可以帮助人们控制私密性的水平，当他感到私密性不足时，就可以躲在卧房里不受干扰地学习、休息或做其他私密的活动。保证最低限度的私密性是一个健康的居住环境的基本要求。

与人均住房面积相比，每间卧房人数更准确地反映了家庭里的私密性情况，一般来说，人们在住宅中的压力会随着每个房间的人数的增加而增加。

除了住宅以外，办公室也是人们追求私密性的重要场所。无论是在封闭办公室里，还是在开放式办公室中，私密性列在工作环境满意度诸要素的第四和第五位（第四位是指封闭办公室的私密性，第五位是指开放式办公室的私密性），仅次于空间评价、照明质量和家具品质。在封闭办公室里，言语的私密性名列满意度诸要素的第三位。在开放式办公室里，视觉私密性名列满意度的第三位，仅次于照明质量和空间评价，并在家具品质之上。而且研究还发现，私密性满意的最佳预报因子是工作人员工作台周围的隔断和挡板的数量。所以，私密性的满意度可以看成是环境能提供的单独感的函数。工作人员对私密性的满意与周围空间的可封闭程度密切相关。工作人员偏爱在较私密的传统办公室，不喜欢开放式的大办公室。

与住宅和办公室相比，人们在户外开敞空间中私密性要求是较低的，人们更愿意开放和社交，但是这并不表明开敞空间中人们不需要私密性。笔者认为，开敞空间的私密性应该首先考虑小团体的私密性，即2～3人的小群体活动的私密性。

② 私密性的层次。建筑学常常根据私密性的程度将空间分为三个类别，即公共空间、半公共或半私密空间、私密空间。在这个序列里，最外面的就是公共空间，例如市中心的步行街和广场、社区里的超级市场和游乐园等，互不相识的人可以在此相遇、视觉接触、声音传递。公共空间里的大多数此类交流，或大或小都未经计划，是例行公事。当然在小一些的环境里，如酒吧、咖啡馆等，人们也会和自己的熟人或朋友把盏而坐。总体上在公共空间的设计中考虑使用者的私密性，就是对空间进行合理安排，使陌生人之间的例行接触平静和有效。

半公共空间比较私密一些，如公寓的走道、组团内部的绿地、大楼的门厅等。半公共空间设计时要考虑使用者的私密性，重点在于创造一个既能鼓励社会交流，同时又提供减少此类交流的控制机制，所以半公共空间中如何照顾使用者的私密性是一个难题。在图书馆的阅览室里，私密性设计通常是安排一些小隔板以阻挡其他读者的视线与声响。

半私密空间包括开放式办公室、教师休息室和贵宾室等。这些空间拒绝绝大多数的外来人员，只有该群体的成员才可进入。在半私密空间的设计中考虑使用者的私密性，指的是在空间中创造各种活动的有效界限，否则就会引起冲突。如果这些边界设计得好，它就能满足使用者的私密性需要。如果此类空间里没有足够的视线与声响上的屏障，那就会出现问题。半私密空间的设计并不容易，需要建筑师仔细斟酌。半私密空间如设计得不好，要么是造成空间的使用率不高，要么就是使之成为充满摩擦的地方。

私密空间指的是只对一个人或若干个人开放的空间。卧室、浴室和私人办公室都是私密空间。一般来说当人们拥有私密空间时，他们往往更合群，而不是更孤僻，他们遇到的社会压力也会减少很多。

布置建筑物的空间，使它们具有层次。这个层次首先是建筑物的入口和最公开的部分，其次进入到稍为私密一些的区域，最后才到最私密的领域。在使公用区靠近前门的同时，务必使这些区域也成为活动的中心和灵魂，并使比较私密的房间之间的所有走道都从公用房间旁边经过——中心公用区。在私人住宅里，使入口空间成为最正式和最公开的地方，并安排好最私密

的区域，使每个人都有自己的房间，在那儿他可以独自安静地休息——个人居室。将浴室和厕所设置在公用区和私密区之间，以便大家都能很方便地去使用它们——浴室；设置私密程度不同的起居室，根据它们在层次中的地位设计它们的形状——起居空间的序列。在办公楼，要把宾至如归放在这一层次的前面，把半私密办公室放在后面。

③ 私密性与公共空间设计。私密空间就是可以确保人们对空间的各方面有完全控制，既包括视觉控制，也包括听觉控制。在私密空间内，比如住宅和个人办公室中，墙体和门窗等可以确保隐私，但是在公共空间和半公共空间中，如何获得私密性则需要详细考虑，通常在这些空间中，人们只能得到部分的私密性。

在开放式办公室中，如果工作空间周围有各种隔断的话，那将有助于提高雇员们工作时的私密性。随着周围空间隔断数量的增加，雇员们的满意度会提高；私密性增强，工作绩效会提高。所以，在开放办公室中获得私密性的最重要方法，就是以隔板将共享空间分成各自独立的办公区域，如图 6.40 所示。

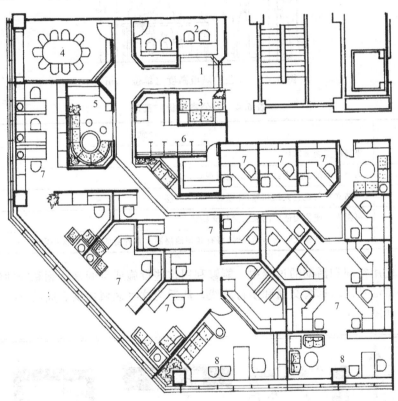

图 6.40 办公室平面举例
1—入口；2—接待处；3—等候；4—会议室；5—会客室；
6—收发室；7—职员办公室；8—主管办公室

私密性也与隔断的高度有关，一般来说，隔断的高度越高，被试者们对私密性、交流和工作绩效等项目的评分也越高。当然，如果隔断隔到顶棚就成为隔墙了，隔墙的私密性最高。典型的隔断由单片的、实质而不透明的板构成。通常办公室隔板与人坐着时的视线同高或略高一点，如 1200～1400mm，可遮挡视线，如图 6.41 和表 6.4 所示。

在户外开敞空间设计中，私密性也是需要考虑的问题。开敞空间必须提供某些东西使人们能有效地对空间有所控制，譬如通过空间中的障碍物、植物、高差、遮盖、距离、方向等处

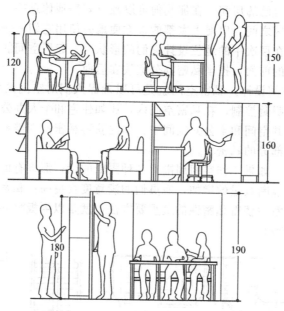

图 6.41　办公室隔板高度（单位：cm）

表 6.4　办公室隔板的高度

单位：mm

隔板高度	视觉
1100	坐着时无视觉障碍
1200	与坐着时的视觉大致相等,站立时视觉无障碍
1500	与站立时的视觉大致相等,环顾四周时压迫感少
1600	可视为与座位相适应的展示面和储物架
1800～2100	在视觉上遮蔽人的动作的同时,可有意识地隔断来自外部的视线以保护隐私

理，使人们在使用空间和活动的过程中，能够利用这些设施或空间来达到私密性的平衡。通常的做法是将停留活动区域远离交通和步行路线，然后为这些区域提供后面的支持，使人们难以从后面靠近，如图 6.42 所示。

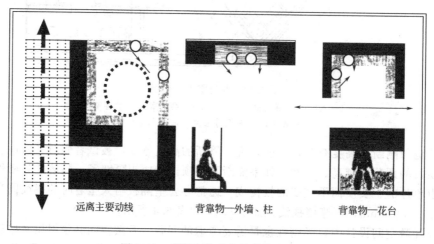

远离主要动线　　　　背靠物—外墙、柱　　　　背靠物—花台

图 6.42　广场座位私密性的某些模式

6.5.2.2　领域性

领域性指的是人们建立领域的习性。如果仔细观察一下就可以发现，人们建立领域的现象非常普遍。譬如，国与国之间需要勘定明确的边界，否则摩擦不断甚至导致战争；学生们为了在图书馆阅览室里占有一个座位，便在桌子上放些书或是本子；孩子们很快学会用"我的"一词来指他的玩具；对停车难感到头痛的公司会花钱租一些私有停车位，然后在车位上标记公司的名字；居住社区纷纷用围墙围起来，入口处设置了大门并雇人看守等不一而足。领域行为就是个体或团体暂时或永久地在某环境中建立自己领地的欲望和行为，并且当领域受到侵犯时，领域拥有者常会保卫它。

（1）领域的类型　领域必有边界，这些边界既可以是墙体、窗户、屋顶，也可以是栅栏、台阶或树篱，或仅仅是铺装的变化之处。领域必有其拥有者，这些拥有者小至个人、集体，大到组织或民族。领域也有不同的规模，小到物体、房间、住宅、社区，大至城市、区域和国家。

所有的领域可归纳为首属领域、次级领域和公共领域。

首属领域就是由个人或首属群体拥有或专用，并且对他们的生活而言是重要的、基本的和必不可少的。卧室、住宅、办公室和国家等都属于首属领域。虽然领域的规模和领域拥有者相差悬殊，但这些领域对其所有人而言在心理上极其重要，它承担着重要的社会化任务，并满足人们的感情需求。这些领域通常受到拥有者完全而明确的控制，是与他们融为一体的地方。

次级领域和社会学中的次级群体有关。次级群体中的人可能是重要的，但他们只涉及个人生活的一部分。典型的例子就是组团或同一楼里的邻居。次级领域和首属领域相比其心理上的作用较少，拥有者也只有较少的控制权。组团绿地、住宅楼里的门厅和楼梯间、大学里的公共教室等都属于次级领域。此类地方与住宅或专用教室相比其重要性低，其中的流动性也很大，但这些领域无论对人们的生活，还是对首属领域来说都很有价值。

公共领域是对所有人开放的地方，只要遵守一般的社会规范，几乎所有人都能进入或使用它。公园、广场、商店、火车、餐厅和剧院都是公共领域的例子。公共领域是临时性的，通常对使用人而言重要性不大。城市开敞空间主要属于次级领域和公共领域。在此类领域中领域拥有者对外人只是表现出某种程度的控制权，并且与陌生人共享或轮流使用该地方。所以此种控制和使用是不完全和间断性的，这也是容易造成冲突的原因。

（2）领域控制

① 个人化和做标记。确立领域的基础就是要得到别人的承认。想做到这一点，需要明示或暗示领域的归属。国界线上的界标就是一种明示。所谓暗示，就是在策略性的位置上安排一些线索来告诉别人领域的归属。人们常常采用两种方式为领域建立线索，即个人化和做标记。个人化就是为领域建立明示线索的行为。人们往往在首属领域和次级领域中建立个人化的标志物。例如给经理的个人办公室贴上个牌子，上面写上经理的名字就是个人化的领域行为。

与此相比，做标记则常常发生在公共领域里，如学校、餐厅、街道等。学生们为了使自己在图书馆阅览室的位子不被别人占据，在离开时会放上一些书。做标记就是为领域建立暗示线索的行为。在拥挤的火车上，旅客为了不使座位被别人抢走，动身去餐厅前也会在座位上放上一些小东西。

② 领域标志品。领域限定的实质要素从强到弱依次为墙体、屏障和标志物。墙体把人们隔离在两个空间里。墙体的材料、厚度和坚实程度决定了隔离的程度。屏障，包括玻璃、竹篱、浴帘等，比墙体更有选择性，它们通常只分隔一到两个感官的接触，因而它们既把人们分开，也把人们联系起来。

标志物可以分为两种，一种是空间方面的，如房间顶棚的高低、地坪标高的不同、铺地材料和方式的变化、灯光颜色和造型的变化等。比这更明确的标志物是字符性的，包括数字和符号，比如校长室、经理室、×××人的住宅等，这些又可称为个人化的标志。最后，领域限定中最模糊和最暧昧的元素就是物品。放在空间里的东西可以视为空间的分隔物，其本质是一种阻碍。城市广场上的雕塑可把空间分开来；两家共用庭院中的一根柱子可以把空间在感觉上分开。

从领域限定的要素而言，墙体、屏障、标志和物品都属于领域标志品。应该注意的是，人们常常使用其中的两项甚至更多来为自己的领域服务。在首属领域和次级领域里，人们通常使用限定性强的标志品，而通常在开敞空间中，人们使用限定性弱的领域标志品。

③ 占有和使用。领域的控制常常用标记和其他标志品表示所有权。通常人们也认可这些东西所表达的内容，并回避这些场所。其实简单地占有和使用场所也是向人们表明对领域控制的一种方式。一个地区的特性常常由占有者的存在和其活动决定。由于公共场所的某些地点反复被一定的人群占用，因此该地点的领域特权就可能被人们所默认。比如在公园里，某个地方被一些人占领了，其他人就会避免纠缠，绕道而走。不同的群体在公园里都有自己的地盘，尽管这些地方表面上没有任何标记，占有者对此区域也没有任何合法权利，但大家都心照不宣，其他人也很少闯入，使用是占有领域的主要方式，铺在草地上的垫子明确了领域的范围。

有时一块绿地在时间上会有不同的特色。早晨，老太太们在此处挥舞木兰剑，放学后，这里或许是孩子们踢球的操场，而到了晚上这块地盘就完全属于青年男女了。在这些事件中都没有明确的界限或标记以表明所有权，使用方式就足以明确领域的归属。这种同一空间不同时间内由不同群体轮流使用的方式，对这种高密度城市环境特别有利。

(3) 领域性与空间设计　领域的建立可使人们增进对环境的控制感，并能对别人的行为有所控制。领域性理论对环境设计的重要意义存在于确立一种减少冲突、增进控制的设计，提高秩序感、安定感和安全性的设计。领域感有两个层面：在实质设计元素层面上，它意味着建立领域标志品，并以此划分和界定空间；在社会层面上，它意味着居民对场所的责任感和对社区的非正式社会控制。

① 家和社区的领域感。领域拥有者对领域的认同并在某种程度上表达出来，就构成了领域感。具体地说，这种表达在实质环境方面就是建立了领域标志品。这包括保持户外环境的整洁、美化院落、种植花草和树木、做围栏和篱笆等。这些标志品不仅可以将社区空间划分得更加仔细，而且可以明确空间的所有权和管理者。建立个人化的标志品，如在外墙上挂一个有识别性的物品等。这些领域标志品可以向外人传递一些不言自明的信息，而且此类标志品也可以把别人和自己的住家隔离开来。家的领域边界并不限于住宅的墙体和门窗，家的领域涉及比住宅更大的范围，如图 6.43 所示。

提高领域感的另一策略就是空间分级系统。良好的分级系统应该是从私密空间到半私密空间再过渡到更开放的空间。这种空间分级可以通过场地设计来达成，这包括使用象征性的障碍物、区别场地的不同标高或铺地形式不同。

提高社区领域感的另一个措施就是减少越境交通。

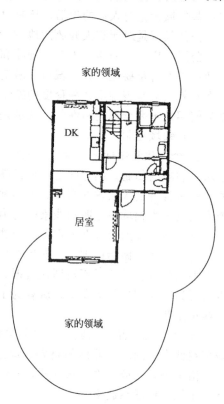

图 6.43　家的领域

社区感与穿越邻里道路的交通量成反比。

住宅区现有路网可根据其功能重新规划，比如在不通行汽车的地方设置路障，为了减少车流也可将原有的道路改成尽端式，使它成为只是通往道路两侧住宅的通道。改变道路功能以后，多余的街道可以设计成小公园、停车场，或兼具两者功能的街道空间。出入道路可以适度降低交通量，并创造更多样性和人性的街道景观。在著名的旧金山城市设计方案中，就包括在传统的方格网道路系统中，供非穿越性交通使用的整体街道改善计划，以及环状的出入及服务道路系统。

② 公共空间。领域性理论对公共空间设计的主要意义在于，对那些希望人们停留的空间而言，应鼓励明确的划分空间，并将空间划分得更小。通过树木、座椅、座墙、空间高差、雕塑、小品，甚至是闲坐或穿行的人群，为开敞空间提供一种围合感以及同交通相分离的领域感。另外，如果停留空间的界定是通过相邻建筑的围合，那么空间与建筑之间的过渡也应该加以考虑。例如，如果窗户朝向广场或街道，那么广场或街道上的人就不允许过于靠近，否则建筑和广场的使用者将侵犯彼此的个人空间。植物（室内或室外的）、高程变化以及反光玻璃都是可能的解决方法。

大型开敞空间如广场应该通过各种方式的空间限定，来分成许多小空间以鼓励使用。没有植物、街道设施或人的大型开敞空间对大多数人来说是不舒服的，他们更喜欢围合而不是暴露；与此情形对应，人们的行为会表现为快速穿过广场或待在广场边缘。

在西雅图的一个广场，许多使用者把空旷的东广场视为他们最不喜欢的空间，他们最喜欢的地方是南部阶地，那里布置了一些台阶以及半私密庭院，这些庭院能够照到阳光而且提供了庇护和私密。空间划分可以借助于地面高差、植物、构筑物、座椅设施等的变化，不仅在广场上人较少时创造出美观的视觉形象，而且能使人们找到属于自己的位置并逗留一会儿。

思考练习题

1. 简述建筑室内环境空间与人体尺寸。
2. 简述建筑室外环境空间与人体尺寸。
3. 简述噪声的生理影响。
4. 如何控制噪声？
5. 声景设计的策略是什么。
6. 简述采光与照明设计。
7. 简述建筑室内外的热环境问题。
8. 简述建筑室内外空间行为与设计的要点。
9. 根据建筑室内外环境空间与人体尺寸中住宅部分的数据设计一个厨房空间，厨房开间为 3000mm、进深为 2400mm、层高 2900mm；要求合理布置上下橱柜中的功能性空间，如抽屉和柜门的安排等。

7 视觉传达设计与人体工程学

7.1 文字与图像标志设计

从视觉传达的角度说，文字和图像是视觉不可缺少的元素。主要是指本身的形态，不只是表达的语言意义，还有其具有的造型意义。因此文字和图形都具有点、线、面等基本图形元素构成的形象，都具有交流、表达、实现和编码等方面的功能。

7.1.1 字符

字符是计算机或无线通讯中显示含义的符号总称，包括各国家语言文字、标点符号、图形符号、数字和其他符号等。随着数字技术影响力的扩大，无线电通讯也采用数字技术及其字符形式。现举例如下。

数学符号，如"≈"、"≡"、"≠"、"="、"≤"、"≥"、"<"、">"、"≮"、"≯"、"±"等；单位符号，如"mm"、"m"、"m²"、"m³"、"kg"、"t"、"℃"等；图文符号，如"§"、"№"、"☆"、"★"、"¤"、"@"、"♂"、"♀"、"&"、"‰"、"€"等；外语符号，如希腊字母"α"、"β"、"γ"、"δ"、"ε"、"ζ"、"η"、"θ"、"ι"、"κ"、"λ"、"μ"、"ν"等和日文平假名"ア"、"イ"、"ゥ"、"ヴ"、"エ"、"オ"、"カ"、"ヵ"等。

从字符的数码形式角度看，计算机字符具体表现为一连串的"1"和"0"的组合，称为字符串。因字符类型的差异，字符串分为 ANSI 字符串和多字节字符串两种。ANSI 字符串是单字节字符串，如"ABC"占三个字节；汉字为多字节字符串，如"中文 123"占七个字节。

在汉字字符及其编码系统中，全角、半角和部件是重要的构成因素。全角和半角是相对于输入法和占用字符来说的，主要用于中文输入。逗号、句号等标点符号使用全角模式是占用汉字字符，即占用两个字符；半角则是英文的标点符号，占用一个字符。部件是汉字构成的"零件"，是形码类中文输入法拆解汉字形态结构时使用的一个表示汉字构成"零件"的术语。由于汉字有很多种形态拆解的方式，导致不同形码类中文输入法中的"部件"具有不同的名称，如四角号码的单复笔、五笔输入法的字根等。字的数字化使用发生了根本变化。设计师可以在电脑中随意改变字符的大小，而不受"点"或"级"的影响。

7.1.2 文字与标志

文是字与字连接成的"线"，并由"线"与"线"的连接成为"面"。这个"面"就是一般说的段落，就是专业术语中的"字块"。

视觉传达设计中的标志是表明事物和人物特征的图形记号，其来历可以追溯到旧石器时代的刻划符号以及上古时代的"图腾"符号。现代的标志通常可分为数量标志和品质标志。如包装中的重量、体积、内装物数量等可用数量显示的符号；而"小心轻放"、"质量检测"和"检查标志"等属于品质标志范畴。

标志的基本功能有醒目功能、指示功能、识别功能、象征功能等。标志通过形状或色彩的差异在文字或图片环境中凸现出来，引起人们的注意。标志可以向人们传达事物的功能以及表示一种行为方式，具有明显的指令作用。标志能突出事物的某种素质，要求人们正确辨别，代表一个事物或组织。

7.1.3 标志设计的形式

按标志表达的形象，标志的图像形式分为具象型标志、几何型标志和字体型标志 3 种。

7.1.3.1 具象型标志

具象型标志是一种与实际事物形象特征相似的标志图像形式。它一般分为人物型标志图像、动物型标志图像、植物型标志图像、器物型标志图像和自然现象型标志图像等。

人物型标志图像主要表现在人体动作、肢体形态和五官表情三个方面。体态语研究的成果表明，人们之间的信息交流不仅仅体现在语言和文字上，也隐藏于人的姿态和表情中。人的体态、手势、面部表情是表达思想感情、显示心理活动的重要途径。据报道，心理学家已经记录到 180 种笑的形式。

动物型标志图像是一个非常古老的标志设计题材。早在远古时期，人们把动物作为图腾崇拜的标志。当时的人们相信每个氏族都与某种动物、植物等有着亲属或其他特殊关系，此物（多为动物）即成为该氏族的图腾，如熊、狼、鹰等。事实上，人类对动物的崇拜一直没有停止。即使在高度发达的今天，仍可看到以动物造型作为企业或组织的标志，在商品中作为产品的商标。从造型的角度看，动物形象可以分为鸟、兽、鱼、贝等类型。

植物型标志图像常常是美好的象征，用来表达吉祥如意的意愿。标志中的植物造型至少受到两个方面的影响。一是装饰纹样的深刻影响，"装饰纹样不是对植物的直接摹写，而是图案结构形成后再与具体植物结合，从而产生特定的装饰名称而已。装饰纹样本身的生长与运动，不一定都是自然形态的再现"。这一点在古代标志（如纹章）中尤为突出。二是几何化影响，近现代的标志植物造型多归整为圆、方、三角等几何形体，显示出现代艺术中解构主义、风格流派等艺术流派对视觉传达设计的影响。植物造型标志一般可分为木本和草本两种形式。

器物型标志图像表现为各种用具的图形形象，它涉及的范围极广，品种繁多。从形体上说，大至高耸入云的建筑物、巨大的飞机、火车等，小至铅笔、电器插座和插头、牙膏、汤勺等。

自然现象型标志图像往往是神秘的自然力象征。人类自诞生那天起，就把它和巨大无比的力量、变化的无穷性联系在一起，成为永恒的设计主题。星象、水和火是这一类型标志常用的题材，如中国的国旗、美国的国旗等。具象型标志设计如图 7.1 所示。

图 7.1 具象型标志设计

7.1.3.2 几何型标志

几何型标志是一种以圆形、方形、三角形等几何形构成的标志图像形式。从视知觉的角度说，几何形有利于视觉判断和视觉记忆。从设计制作的角度看，几何形有利于制作上的方便。形是由线和面复合而成，其要素可以无限地增加。一般分为圆形标志图像、四方形标志图像、三角形标志图像、多边形标志图像、方形标志图像等。几何型标志示例如图 7.2 所示。

圆形标志图像一般可分为正圆形、椭圆形、复合圆形等。圆具有单一的中心点。它依据这

图 7.2　几何型标志

个点运动，引起向周围等距离的放射活动，或从周围向中心点集中的活动，换言之，圆形容易吸引人的视觉注意力，形成视觉中心。而在中国古代审美心理中，古人常常把对待宇宙、对待万物的哲学态度融合在圆形之中，形成了求满、求全、求圆的民族心理特征。

四方形标志与圆形相比，它具有一定的方向性。四方形标志图像通常有正方形、矩形、梯形、菱形等类型。正方形具有近似圆形的性质，内含一个中心和四个方向不甚明确的角。矩形和正方形相比，具有一定的方形性。梯形既具有斜线的性质，也带有明显的方向性，而且梯形的中心是偏离的。菱形是四方形的一种变体，具有一种不稳定的感觉。

三角形标志图像中的三角形大多是等边（等角）三角形。这类三角形主要有两种表现形式：一种是正三角形，显得特别的稳重；另一种是倒三角形，这种三角形式将宽大的顶部支撑在一个支点上，形成了一种极其危险的平衡方式。而其他形式的三角形，因偏离或者失去了"垂直定向"导致其视觉稳定性不强，经不起人的长久注意，故在标志设计中较少使用。

多边形标志图像中的多边形是由多种几何形构成的，其构成方式一般有两种：一种是由各种几何形相互切割构成的，如圆形和四方形的切割等；另一种是由各种几何形并置而成的。因此，多边形在结构上比其他几何形复杂得多，其内容也丰富得多，但就视觉记忆而言，多边形不如其他简洁的几何形那样容易记忆。

方向形标志图像中的方向形虽然有多种形态，但箭形是其基本形状，其他变化都源自于它，故又称箭形。箭形的本义是箭头，其引申义是指向或朝向。在空间中，它的角度不同，方向不同，其意义也就不同。如箭头朝上表示上升和直立；箭头向下表示降低和朝下。因此，方向形（箭形）的意义变化主要来自方向变化、数量变化、状态变化三个方面。方向变化确立或改变了方向形的基本含义；数量变化增加了双向、多向的含义；状态变化则寓意其速度、曲折等态势。

7.1.3.3　字体型标志

字体型标志是一种以显示字的形体为主要特征的标志图像形式。它一般分为汉字形标志图像、拉丁字母形标志图像、数字形标志图像。字体型标志设计示例如图 7.3 所示。

图 7.3　字体型标志设计

就造型而言，现代汉字标志一般可分为单字和连字两种形式。汉字作为标志的基本造型，常常是探索标志设计民族化的途径之一。我国古人利用字形、字义、字音等因素，进行巧妙字形组合。如"喜"字，有两字喜、三字喜，甚至有四字喜的形式；寿字，有长形寿字、团花寿字等，其变化的形式难以计数。而用福字和蝙蝠的组合代表"福"、用鱼代表"吉庆有余"、用吉祥和如意表示"吉祥如意"等形式，都是充分运用了文字的象征意义。

拉丁字母形标志一般分为单字母和连字母两种形式，这两种形式被称为 logo 设计。这是第二次世界大战后欧美的标志设计界普遍采用组合构思的设计方式。logo 在英语中的含义有两层：首先它是一种识别性符号，如作为标志或广告的语句；其次它与 logotype 相通，指印刷中的联合活字（含有两个或两个以上字母的联体铅字），如"re、and"或报刊、标志名称等。拉丁字母形标志一般采取字母组合和象形图形等方式。其中，字母组合包括首字母缩写组合、全称字母组合、单一字母三种形式。

数字形标志图像一般可分为阿拉伯数字形标志图像和汉字数字形标志图像。以数字作为标志的造型基础，至少有三点能引起重视：一是独特性，目前使用数字作为标志的情况并不普遍，稀少也是一种独特性体现；二是记忆的深刻性，这是建立在独特性基础上的，在现代社会里，人们普遍对数字有一种天生的敏感；三是造型的新颖性，与文字等形态相比，数字显得极为简单，便于识别，便于形态的变化。事实上，一些经过改造后的数字造型是极具魅力和富有现代感的。

7.2 图形的设计

视觉传达设计中的图片是一种以摄影或类似技术方式获得的，以印刷或显示技术呈现在设计物中的画像。在印刷技术为主的年代里，图片主要表现为特定的印版，故又称为图版，多为静态的图画和表格。随着电脑及其显示技术的引入，动态的实像和虚像也以图版的方式出现在视觉传达设计作品中。

7.2.1 图片的性质

图片是视觉传达设计中用来说明某一事物的图画、照片、表格等的统称。图片复制技术、作用的不同，具有性质、面貌等方面的差异。图片的性质是由图的呈现技术决定的。依据出版程序，图片的性质可以通过编辑和制版两个阶段进行认识。

7.2.1.1 编辑阶段的图片性质

编辑阶段的图片主要存在于电脑中。依据电脑图形学原理，图片具有矢量和标量两种性质。

矢量是一种有大小也有方向的物理量，也叫向量。这是一种用参数法描述的电脑图形，即采用记录图形的形状参数与属性参数的方式表示视觉形象。形状参数是描述其形状的数学方程参数、线段的起点和终点等，属性参数则包括灰度、色彩、线型等非几何属性。而运用矢量技术成像的图是由直线、圆和弧线构成的，被称为电脑图形或矢量图。其优点是可以控制图中的每一部分，移动、缩小、放大、旋转和扭曲均不会破坏画面。

标量是一种有大小没有方向的物理量，如体积。在电脑成像技术中，标量具体表现为像素（pixel），即含有灰度值或色彩值的点，并以像素矩阵构成特定的视觉形象。也就是说，像素是定义构成数字图像的最小单位。而运用标量技术成像的图被称为电脑图像或位图。由于构成视觉形象的每一个最小单位都具有灰度或色彩的变化可能性，因此位图的处理技术特别适合处理一些色彩明暗层次丰富、细节表现微妙、细腻的视觉形象，如摄影、摄像画面的处理或传统笔墨效果的模拟和表现等。

7.2.1.2　制版阶段的图片性质

制版阶段的图片性质主要由图像的制版技术决定。因此，依据三色复制原理，图片具有线条和网点两种性质。这里的线条概念是种复制黑白阶调的制版技术。这种技术制成的图版虽然具有单色、两个单色叠加起来的间色、3 个单色或更多单色叠加起来的复色，但总体上是几乎没有阶调变化的单一阶调图，这种单一阶调图被称为线条图版。

网点是组成网点图像的像素，通过面积和（或）墨量变化再现原稿浓淡效果。它是表现连续图像层次与颜色变化的一个基本印刷单元。连续调的原稿，单色的通过照相加网或电子加网，彩色的通过照相分色加网或电子分色加网等过程制成的图版叫网点图版。单色连续调原稿从亮调到暗调的变化，通过加网用 0~100% 网点面积的变化表现阶调；彩色连续调原稿的色调变化由色层的多少、染料或颜料浓度的大小表现，再通过分色加网制成三张、四张或多张，用 0~100% 网点面积表现色调。因此不论是单色还是彩色，为了进行印刷，都必须经过加网过程。

7.2.2　标识设计

标识导向系统的最终目的是向尽可能多的人传达最大容量的标识信息。人类所获得的信息，90% 以上来自于视觉。但是，由于受到心理和生理特征的影响，人的视觉对信息的接受具有选择性，通常情况，新鲜、奇特的事物易于被人们接受，反之，人的视觉神经则会抑制、排斥，视而不见。

在"人文关怀"、"人性化"设计特点日渐凸显的今天，标识导向系统设计首先必须以人为本，结合人机工程学原理，深入了解人在特定环境中的行为特征，正确处理人-物-环境之间的关系；同时，运用科学合理的技术和艺术手段，通过对功能性和艺术性的研究，最大限度地利用人的视觉要素，创造出功能性强、易于接收的标识系统。标识设计中的标牌大小、标识色彩、灯光照明等方面无不体现人机工程学原理在标识系统设计中的应用，如图 7.4 所示。

图 7.4　标识设计中男性与女性的表现形式

7.2.2.1　标识的显示角度

人接受信息的主要感觉来自视觉、听觉、触觉，依据人的感觉特征来分，显示的大部分信息来源于视觉，因此视觉应用最为广泛。目标物体在眼睛视网膜上视像变大，分辨目标细节能力变强，观察精度相应提高。因此，在布置视觉显示装置时，显示信息的表面应尽可能与观察者的视线垂直，以保证获得最高的观察精度。

文字、符号是标识信息的主要载体。选择字体和符号时要考虑到远距离识别以及多层信息重叠的可辨性等问题，避免产生视觉模糊。因此，首先，标识字体和符号必须严格遵守国际标准（如 GB/T），采用标准化或通用性符号和字体；其结构、大小、图底关系等可根据实际需要进行适当调整，力求清晰。字体和符号设计是否合理、标准直接影响导向信息的传播速度。其次，应根据标识牌使用场所和用途的不同，对文字和符号进行区别应用。因为每种表达形式发出的信号对人眼产生的刺激不同，人在接收信息时具有一定的顺序性，立体感强的物体更易引起人们的注意。通常，按照先后顺序排列为：图→表→文字。标识系统主要用于户外导向，其对象主要是来来往往的游客或行人。它的使用环境和对象决定了人们不会花太多的时间和精力去解读、思考标识系统中的具体内容。因此，设计的标识系统必须主题明确，具有较高的吸引力和易读、易懂的特点。在选择标识信息表达形式时设计师应优先考虑具有较高形象感的图画、示意图以及各种通用符号等，尽量少用或者不用大篇幅的文字描述，只有在需要进行必要解释说明时才用。

7.2.2.2　标识色彩

没有色彩的世界是苍白无味的。作为最强烈的视觉冲击，最感性的视觉语言，色彩在标识系统设计中的应用具有不可替代的作用。色彩具有明度、色相和纯度三个基本要素。由于各种颜色对人眼的刺激不同，人眼的色觉视野也不同，从而使得人对色彩的辨别和接收具有差异性。正常情况下人眼对白色的视野最大，对黄色、蓝色、红色的视野依次减小，而对绿色的视野最小，对明度表、色相表上相邻色彩的分辨能力非常低。另外，经过长期的生活积累，人们为各种色彩赋予了不同的情感形成了色彩语言。如红色热烈、冲动，是激情、活力的象征，使人不禁产生敬畏之心；绿色美丽、幽雅，给人的感觉是宽容、大度、单纯和年轻；黑、白色具有超强的抽象表现力以及神秘感，都可以表达对死亡的恐惧和悲哀及不可超越的虚幻等。由于这些客观和主观因素的存在，根据种类和用途的不同，标识系统的色彩选择不仅要满足人在特定环境中的生理需求，还要满足人的心理需求。因此标识色彩设计必须遵循以下四个原则。

① 视认性。即一些约定俗成的标识色彩设计必须采用通用色，以便与观者达成共识。

② 诱惑性。如果某种颜色最易引起人们的注意，并能给人留下深刻印象，称这种颜色的诱惑性最好。心理学研究表明，各种颜色中红色最具诱惑性，黄色次之，黑色最差。

③ 可读性。色彩明度低、饱和度高，读取信息时无刺激感。蓝色和黑色的可读性最好。因此，墨水通常都是黑色或者蓝色的，可读性高而不伤眼睛。

④ 识别性。即人们能够在多种色彩中清晰分辨出每种颜色主要是色彩对比度的利用。对于较小的标识来说，红色的视认性、诱惑性及识别性最好，而对于较大的标识，黄色则最佳。

例如，通常表示危险和禁止等信息的标识符号都采用黑底白字。因为黑色和白色是所有色彩中对比最强烈的一组颜色，前者属于冷色，具有后退感，后者属于暖色，具有前进感，一进一退，清晰可辨。而且，黑色和白色所表达的色彩语言是对死亡的恐惧和悲哀，恰好与标识的用途相一致，可读、易于理解。另外，蓝色的可读性最好，而且与白色的对比较为强烈。因此，交通标识中大部分路向标识都采用蓝底白字。这样，司机可以非常容易地看清、读懂标识的含义，确保行车安全，如图7.5所示。

7.2.2.3　标识照明

光是一切视觉现象发生和存在的物质基础，是一切客观事物被主观视觉感知的前提，没有光，什么也看不见。标识系统设计在满足白天行人需求的同时还必须提供适宜的照明效果，以满足夜晚行人对信息系统的照明要求。当光的亮度不同时，视觉器官的感受性也不同，对光刺激的变化具有顺应性，即适应性，主要分为暗适应和明适应两种。但这种适应是需要一定的缓冲时间的。一般从明到暗需要30min，从暗到明只需1min。因此如果视野内明暗急剧变化，眼睛无法快速适应，很容易引起视力下降。另外如果照明系统的亮度不均匀，容易导致视觉疲劳，影响信息接收。

标识系统照明设计主要包括室外照明设计和室内照明设计两大类。由于人的眼睛早已适应了太阳光，其物理性能均匀、柔和。人们对于照明系统的要求，多以太阳光为标准。光太强或太弱都不利于视觉，而且容易造成眼睛疲劳和精神烦躁。所以，无论是室外照明还是室内照明都应尽量营造一种与太阳光最为接近的灯光效果。标识牌的照明效果主要与光的亮度、色温以

图 7.5 蓝底白字的交通标识

及与周围环境的对比有关。亮度是指发光面或被照面反射光的发光强弱的物理量，如太阳表面的平均亮度是 225000cd/cm^2。色温是指光源光色的温度，衡量人造光源的颜色质量的如色温大于 5500K 是冷色，小于 3300K 是暖色。室外照明与室内照明主要有两个方面不同：首先是光源的不同，室外照明的主光源是标识牌本身，室内照明的主光源是各种灯具；其次是场景的不同，室外照明是以昏暗的大自然为背景而室内照明背景环境通常较为明亮。不同的标识牌照明设计对光的亮度和色温有不同的要求。室外照明的最大特点是标识牌会与黑暗背景形成较强烈的对比。设计时必须遵循两点：首先，电器排布间距合理，光线均匀，亮度适中，以太阳光亮度为参照。若灯管间间距太大，离信息板又相对较远，灯管发出的光在交汇处会形成一条条昏暗的黑影，但彼此距离也不宜太近，避免产生眩光刺激眼睛。室内标识牌照明设计的关键是对光的亮度的准确把握。其次，明亮的背景要求标识牌要么不发光，要么发光强度大于环境，否则，光线太弱易产生朦胧效果，令观者无法获取信息。

7.2.3 插图设计

插图的最基本含义是一种插在文字中间帮助说明内容的图画，包括科学性的插图和艺术性的插图，如数学或物理中的公式和示意图以及小说中的图画等。

在过去的一百多年中，插图的概念发生了一次重大变迁。在 20 世纪上半叶之前，插图还仅限于对书籍插图的认识……第二次世界大战以后，尤其是 20 世纪 60 年代以来，欧美经济得到迅速发展，商业文化迅速崛起，对插图的内涵发生了极大的影响。现代的插图是指用视觉形象说明、论证文字的概念或图示事情的经过。这种说明和论证是作者有意识地强调、突出优点的行为过程和结果。因此，现代插图也包含了广告等单幅作品中的图画、照片。

插图的基本作用就是图解，主要表现在两个方面：一是说明性，插图是以形象解释和表达观念的；二是论证性，插图具有证明观念真实性的能力和显示形象的论述过程。

7.2.3.1 插图的位置

从书籍设计的角度看，插图在书中有位置的变化，并因此产生特殊的含义，起不同的作用。依据图在书中的具体位置，插图可分为文前图、文中图、文后图 3 种形式。

（1）文前图 也称卷头画，是一种安置在书籍正文前的插图形式。明清时期的小说将此称为"绣像"。一般来说，在正文前的图主要有两类：第一类是与全书或者全文相关，具有重大或重要说明意义的图表；第二类是为节省印刷成本而前置的图版页。

（2）文中图 是一种安置在书籍正文中的插图形式。在中国古代，根据文中图的出现形式不同而有不同的称呼。宋元小说中每页上的图称为"出相"，明清小说中表示章回故事情节的图称为"全图"。现代书籍中的文中图居全书的辅助地位，图解正文内容，有些文章中的图片能表达一些文字不能或者不易表达的内容，如一些绘画风格的描述，只能用图片来呈现其风貌。

（3）文后图 也称附图，是一种安置在书籍正文后的插图形式。它主要有相对独立的图表和为节省印制成本而后置的图版页两类。

7.2.3.2 插图类型

插图是一个涉及面极广的图画形式。它因材料、技术手段的差异，呈现不同的方式，如插画的描画、照片的拍摄和图表的绘制。但是，各种插图在表达方式方面又具有共同性。据此，将插图分为物与事的描绘图、事物的说明与指示图和事物的象征图 3 种形式。

物与事的描绘图是一种以写实方式绘制客观事物的插图，这类插图描绘了事物的某些客观特征，如橙子的橙色、一个头部的轮廓等。其目的是以相似性表示客观对象，如人像照片就是通过照相机将某个人的特征记录下来的结果。一般来说，具有描绘功能的插图主要包括画像、图片、影像等。即使这样，这类插图仍然需要文字说明或解释。依据描绘程度的差异，将物与事的描绘图细分为事物的描摹图、描画图和描述图。描摹图真实地描摹或摄取客观对象外在特征，如逼真画、产品摄影作品等。描画图注重事物神态表现或抒发情趣，具有写意的特征，如用绘画工具描绘的"粗笔"性作品等。描述图描绘事情的经过，具有叙述的功能，如图 7.6 所示。

图 7.6 书籍中的故事插图

事物的说明与指示图是一种明确指出物体内容的插图，其目的是为人们指明某些设施的功能，方便人们的利用，比如电话亭等公用设施的图示。因此，插图和客观事物的之间呈现一种因果关系或时空联系，其结果不是模仿，而是一种直接联系，如路标。

事物的象征图是一种以一事物或形状与色彩代表客观事物的插图。其结果与所指涉的客观对象之间并无必然的或内在的联系，仅是约定俗成的结果。所以，它所指涉的客观对象和有关的意义，并不是由个人感受所产生的联想，而是社会习俗造成的。如红色象征生命，牌楼标志着某街市的要冲或名胜之处。因此，具有象征功能的插图和客观对象之间的关系不具有相似性或直接性的联系。这类插图可以完全自由地表现对象，其象征性只与解释者相关，如狮子作为强大的象征、鸽子作为和平的象征等。

依据象征程度的差异，将事物的象征图细分为事物的会意图、类比图、隐喻图。会意图是以部分表达整体。这类象征图是人们通过若干组合后的具体形象进行联想，以便间接地把握所指称的对象，并体会其中的意义。类比图是具有借喻作用的，它常常借用一种或一组具体形象，使读者联想和想象到与之相似的另一事物，从而间接地把握它所指称的对象，并体会其中的含义。隐喻图是将某事物比拟成和它有相似关系的另一事物，常常表现为人们观察一种或一组形象，进而体验其内含的意义，间接地把握其所指称的对象。

7.2.4 版面设计

页面在专业领域里一般被称为版面。版面的概念在印刷技术领域和视觉传达设计领域存在一定的差异。印刷技术中的版面是指版心和白边的区域。而视觉传达设计中版面是各种稿件编排所形成的布局整体，反映报刊的宣传意图和风格特色。

7.2.4.1 版面的结构

版芯和白边作为版面的结构成分是在印刷术发明的早期确定的，现今的网页等显示页面仍然起着页面结构的作用。版芯是页面或版面上容纳文字和插图的面积。它包括文字块、插图、注释等内容。文字块是由字行排列而成的文字集合体。因文字排列的方式不同，文字块可以有方块、类方块和多边形块等形式。注释又称注解，是"为帮助读者对书中正文有更深理解而对正文的语汇、术语、人名、地名、专名、典故、引文出处等所作的说明"。注释的形式主要有夹注、脚注、尾注和旁注。从形态的角度说，夹注是夹于正文文字中的，成为正文文字块的一部分，而脚注、尾注和旁注都游离于正文文字块的外边，成为影响版心形态的独立因素。

白边是页面或版面四边与版心之间的面积，它包括天头、地脚、订口（中缝）、切口等内容。天头是版心与上切口之间的空白，又称"上白边"。地脚又称"下白边"，是版心与下切口之间的空白。订口又称"内白边"，是版心与横排书左边或直排书右边之间的空白。切口也称书口或"外白边"，是版心与横排书右边或直排书左边之间的空白。

版心和白边既是版面的构成内容，也是一对矛盾。版心扩大，白边就缩减；而白边扩大，版心自然受到压缩。首先，版心和白边的关系受制于书籍的性质和阅读的要求。一般来说，理论性书籍的白边较宽，以便读者在空白处写批注与画符号。其次，版心和白边还受到装订形式的影响，如打眼平订书的版心宽度受到其装订的影响。

7.2.4.2 版面的类型

依据版面中的图文组合关系，版面的类型可以分为对称性版面和相对性版面两大类。

对称性版面是一种版面中心轴线两侧的图文呈现出形状、大小、色彩等方面的相等关系的版面类型。由于中心轴线具有纵横两种形式，所以对称性版面演化为中心对称、左右对称和上下对称3种表现形式。而对称程度的差异产生了对等性和对应性两种版面。前者为绝对对称版面，体现完全相等或几乎完全相等的对称关系；后者为相对对称版面，体现相近的对称关系。

相对性版面是一种图文组合关系呈现比较的关系，不具相等关系的版面形式。因此，它也称作非对称版面。这类版面基本表现为对比组合、方向组合两种形式。对比组合是以图文的两个相对元素为依据排列的图文组合形式，可细分为大小对比组合、形状对比组合、明暗对比组合等。方向组合以图文的指向元素为依据排列的图文组合形式，可细分为对角线组合、S形组合等。

版面和版式是两个既联系又区别的概念。单幅视觉传达设计作品的版面和版式是一体的，而多幅视觉传达设计作品的版面和版式是分离的。比如，书籍是多页面的集合，也是由许多版面组成，而这些版面的共同因素就是版式。版式是视觉传达设计作品中图文的全部格式，包括标题、题眉、正文、装饰线、页码等构成的实体与空白之间的比例关系。它涉及字号、字体、版心大小、排列方法及其配合等设计因素。因此，版式是版面格式；版面和版式的关系是一个局部和整体的关系，通过版面，可以窥见版式的全貌。

7.2.4.3 版式的类型

版式受到页面大小与长宽比例等因素的制约，而多页面的书籍装订方法也影响版式，特别是对内白边的宽度影响更大。概括地说，版式主要有等距离版式、比例型版式、自由版式和中式竖排版式4大类型。等距离版式是一种版心处于版面的正中心位置，具有明显对称性的版式类型。比例型版式是一种强调开本与版心、边空比值的版式类型。著名的比例型版式有约翰·契肖特模式、九等分划分法、蛇腹式划分法、网格系统等。自由版式是一种强调图文关系的不对称性，讲究图文中的对比因素，追求视觉平衡的版式类型。中式竖排版式是一种文字纵向排列、左书口为基础、版心偏下、天头大而地脚小的版式类型，如图7.7所示版式设计的基本形式。

图 7.7 版式设计的基本形式

7.2.4.4 版式的功能

版式的功能概括为言语功能、吸引功能和象征功能3个方面。言语功能是指版式具有评价的功能。它是利用人的视觉注意有先后、强弱之分的特性，形成了版面空间的主次之别。这样，稿件安排在不同区域，采用不同的处理方式，实际上显示了编排人员对稿件内容的态度和评价。吸引功能是指版式具有比内容更容易引人注目的功能。虽然在吸引读者方面，内容自然是主要的，但版式是读者感知设计作品的"第一印象"。象征功能是版式能够显示设计作品的特征，体现设计作品的性格与能力。比如，不同内容、不同种类的书籍版式是不同的。理论性书籍的版式严谨，文艺性书籍的版式活泼，而系列性书籍又有系统化的格式。

7.2.4.5 页面的数字化描述

页面的数字化描述是一种专门的计算机语言，用来描述和记录页面上的内容和结构。它以精确的坐标数据、精密的数学公式和规定的格式定义页面上的各种元素，如文字、色彩、图形图像的位置、形状等。

在印前处理系统中，目前常用的页面描述语言是美国 Adobe 公司的 PostScript 语言（简称"PS 语言"）和 PDF（"便携文档格式"）语言。过去的页面描述语言没有统一的标准，同样的页面在不同的排版软件中会有各自不同的描述。从 20 世纪 80 年代末开始，Adobe 公司的 PostScript 语言逐渐被普遍接受，成为目前事实上的工业标准。另一方面，为了适应印刷、因特网和多媒体电子出版的需要，PDF 语言的应用也日益增加。

（1）PostScript（页面描述语言）　PostScript 语言也称页面描述语言，是一种专门的计算机程序，用来描述和记录页面上的内容和结构。它几乎是一套近英语的指令和操作，这些指令和操作被安排在一个句法里面，这个句法用来描述页面中出现的图形边界因素。PostScript 语言的描述能力有以下 5 个特点。

① 可由直线、圆弧、三次曲线构成任意的图形形状，这些图形可以自相相交，并可以包括空洞和不连续部分。

② 允许以任意宽度画出任意形的轮廓；可以任一图形轮廓作为剪裁路径剪裁其他图形。

③ 文字也作为一种特殊的图形，与版面中的其他图形、图像、文字同机处理、同时输出。

④ 允许具有任意分辨率和各种动态范围的图像。

⑤ 可以进行各种坐标变换的工作，包括平移、缩小、放大、旋转、映射、倾斜等。数字印前工艺以 PostScript 语言为基础的主要理由，是因为 PostScript 能提供高效率的页面描述机制。

（2）PDF（可移植文件格式）　PDF（portable document format）既是一种便携文档格式，也是一种区别于 PostScript 语言的页面数字化描述语言。首先，它是一种输出文件，不是程序文件。因此，它克服了 PostScript 文件易变的缺点。PDF 是一个面向对象的格式，每一个图形承载一个性质和一个等级。当一个文件的一部分进入印刷时，RIP（光栅处理器）将依据指定的性质进行工作。其次，它是以 PostScript 技术为基础的。它不仅用在印前制作领域，也适用于电子出版，是一种能独立于各种软件、硬件及操作系统之上的，具有跨媒体性质的页面数字化描述语言。与 PostScript 语言一样，PDF 语言既可包含矢量图形，也可包含点阵图像和文本。但是，PDF 语言还具有电子文档的查找和导航功能，可以进行超文本链接，并包含了电子目录表。PDF 主要特点有以下 6 个方面。

① 与设备无关。PDF 语言以向量方式描述页面中的元素。它定义了多种坐标系统，并通过当前变换矩阵完成用户空间到设备空间的转换，导致它独立于各种设备。

② 可移植性。PDF 语言通过编码过滤器兼容了 ASCⅡ信息和二进制信息，形成了 7 位的 ASCII 码与部分二进制码的混合结构，能确保在不支持二进制的通道中正确传播二进制信息，进而确保了文件在网络中的正确传输。

③ 可压缩性。它支持不同标准的压缩过滤器，使 PS 文件转化为 PDF 文件时，其文件长度明显缩小。

④ 字体独立性。它采用了一种"字体描述"的新方法，在缺少字体时能够准确替换字体所必需的信息。

⑤ 页面独立性。PDF 语言包含了交叉引用表，能直接获取页面或其他对象，使得对任意

页面的获取与文档的总页数和位置无关。

⑥ 操作简单。由于 PDF 语言不允许通用编程结构，导致其成像操作比 PostScript 简单。

（3）HTML（超文本标记语言）　HTML（hyper text mark-up language）为超文本标记语言，也称超文本链接标示语言，是网络上应用最为广泛的语言，是构成网页文档的主要语言。构建 HTML 语言的目的是为了能把存放在一台电脑中的文本或图形与另一台电脑中的文本或图形方便地联系在一起，形成有机的整体。

HTML 文本是由 HTML 命令组成的描述性文本：HTML 命令可以说明文字、图形、动画、声音、表格、链接等。HTML 的结构包括头部（head）、主体（body）两大部分，其中头部描述浏览器所需的信息，而主体则包含所要说明的具体内容。

HTML 的主要特点有以下 3 个方面。

① 简易性。HTML 文档制作不是很复杂，且功能强大，支持不同数据格式的文件镶入，这也是互联网盛行的原因之一。

② 可扩展性。HTML 语言的广泛应用带来了加强功能，增加标识符要求，HTML 采取子类元素的方式，为系统扩展带来保证。

③ 平台无关性。HTML 可以使用在广泛的平台上，这也是互联网盛行的另一个原因。因此，HTML 还是网络的通用语言，是一种简单、通用的全置标记语言。

7.3　书籍的设计

书籍的册子是书页的集成，是书籍呈现在读者面前的最终形体。从"册"字的形体结构，就能窥见其出现的年代和最初的字意。"册"，也作"策"。在 3000 多年前，人们将竹简编连成"册（策）"。《仪礼·聘礼》："百名以上书于策，不及百名书于方。"因此，册也有称"册书"的，成为中国古代最早的书籍形态之一。由此，古人还派生出"册立"、"册封"、"册命"、"册府"等词汇和事实。册（子）是书体的具体形式，自然就有形状和结构的因素。

7.3.1　书籍的性质

册子外形因成书的材料和制作技术的差异，而呈现不同的面貌。概括来说，册子的外形可以分为板、卷、本、盒、盘、网络 6 大类以及其他形态。

书板也作木版，指一种外形为片状或块状的、质地较硬的册子。书板上的文字呈现主要有镌刻和书写两种方式。书板的材料主要是木板、石板、金属板等硬质材料，如中国古代的木牍、竹简，还有许多国家都有的石板文献。有意思的是，有些国家或地区的人民将一些动物甲骨以及软质材料作为书板形式，创造了独具特色的"泥版书"、"蜡版书"。从某种程度上说，现代精装书籍的硬壳封面便是这类书册形式的延续。

书卷是指一种以柔软材料为主，弯曲而裹成圆筒状外形的册子类型。这类书册阅读时，需要将书卷平摊开来：其材料主要为织品、皮革、植物等。书卷包括纸莎草书卷与中国的书卷。纸莎草书卷产生于约公元前 3000 年的埃及。最初的纸莎草书卷均是宗教或半宗教的文献。其规格不等，视内容的多少而定，长的铺开可达十几米，短的只有几米。后来经古罗马人改进，创造出了带有卷轴的纸莎草书卷。中国的书卷分为有轴书卷和无轴书卷两种形式。人们习惯上将有轴书卷称为"卷轴"或"卷轴装"，将无轴书卷称为"卷子"或"卷子装"。中国的书卷是以正文或画为中心的，前镶天头和引首，在天头边际装有天杆，在天杆中部穿带牙签。精致的书卷，主要表现在轴、签、缥带上。

书本是指一种外形为片状或块状的、质地较软的册子，其材料主要为纸及皮革等。历史上著名的羊皮书就是用羊皮作书叶，形成书本的。而纸的发明以及随后发明的印刷术，使中国称为世界上第一个使用纸本书的国家。线装是中国传统的书籍装帧形式之一，它是中国古代书籍装订技术史上最为送步、最为完美的形式。它出现于唐末五代，盛行于明代中期以后。线装在折页方面，与包背装完全相同，即正折，版心外向。所不同的是，包背装是以整张书皮粘裹书背；而线装是采用两张与书页大小相同的书皮，在书册上面一张，下面一张，与书背切割整齐，然后打眼钉线。至今线装本仍为手工制作。

书盒是种将书本容纳于盒子之中的书籍形态。盒是一种由薄型的纸、木板、金属、塑料等材料制成的，具有一定刚性的包装容器。目前的书盒形式主要有函套、木匣、夹板、纸盒和塑料盒等。使用书盒的目的主要是在更大程度上保护书籍，盒装强化了"整套"的概念。事实上，不管是硬皮书（精装）还是软皮书（平装），都将书芯部分地暴露在外，容易受到外部伤害。使用盒装可以进一步加强书本的抗压强度，减少变形的可能性。使用盒装的书多同属一个系列，甚至同属一部书。因而书盒是传统护封形式。

"书盘"也称作光盘存储，俗称光盘，是一种外形为圆盘状的塑料册子，为现代书籍的新形态。"书盘"表面的图文为印刷符号，仅供识别之用。而其主体图文为数字信息，通过激光技术实现写入和读出功能。

"网络书"也称作"网络出版物"，指一种以数据库和网络为基础，显现特定内容的相关网页集合，是数字技术与网络结合的现代书籍形式。最具代表性的"网络书"是国际互联网上的电子报纸和电子杂志。目前国际上著名的杂志和报纸大部分同时在网络上推出电子版。由于出版社普遍采用桌面出版系统（DTP）进行出版物的设计编排，所以网络出版物出版效率更高，成本更低，常常比印刷版更早发行。

7.3.2 传统书籍的结构

随着印刷技术和数字技术先后进入书籍制作领域，书册的结构也随形态的变化而呈现出传统书册结构和数字书册结构两种类型的结构形式。一个传统册子的基本结构是书芯和封面。前者是书籍中"书"的主要承担者，即由正文及其前后的相关图文页面构成。后者是包裹书芯的部分。如图7.8所示。

书籍的封面，亦称"书面"、"书衣"、"封皮"，是书籍的表层部分。书籍的封面不仅具有

图7.8 传统书籍的结构

保护书页、装饰和反映图书内容的作用，而且具有宣传和推销的功能。书籍封面的概念具有狭义和广义之分。狭义的书籍封面是书籍的前封面和前封里（封二）；广义的书籍封面是围绕着书籍表层的所有组成部分，包括护封、封一、封二、封三、封四、勒口和封脊，甚至包括衬页、扉页等。

书芯是"配订成本，没上壳或无封面的半成品"。书芯有两个层面的意义：首先，书芯是一个书籍制作的技术概念，是折好的书帖按序配、订后的半成品，也称毛本书。其次，书芯是一个书籍编排的概念，是书籍内容的核心。它具体包含了正文、正文前、正文后三部分。

7.3.3　数字书籍的结构

在数字技术构成的电子书籍中，文件格式，也称作文件系统，是数字存储媒体（主要指光盘）组织数据的基本方式方法，一般包括文件命名、文件目录、卷和文件检索。

如果将光盘的存储格式看作物理格式的话，那么光盘的文件系统就可称为逻辑格式。由ISO 于 1988 年发布的 ISO 9660 是 CD-ROM 文件系统标准，定义卷描述符（volume descriptor）、目录结构（directory structures）、路径表（table）三种类型的数据结构。

光盘的逻辑结构由卷结构和文件结构构成。卷结构是一套描述整片光盘所含信息的结构。一片光盘为一卷，一卷可以容纳几个甚至数十个小的应用软件，也可以容纳一个中等应用软件。而大型应用软件，如百科全书，往往需要几卷才能容纳。因此，几片光盘被称为卷集。卷结构就是表达这些错综复杂的关系，以便读者有足够的信息了解光盘中的内容。文件结构是一套描述和配置文件的结构，其核心是文件目录结构，为文件级的逻辑格式。光盘的文件目录结构采用分层目录结构，并且有显式说明和隐式说明之分。事实上，不同的逻辑格式会极大地影响文件系统的性能。

7.4　展示设计

7.4.1　展示的基本结构

展示由展品、展示场所、展示设备和观众构成，也称展示结构要素。

7.4.1.1　展品

展品是展示活动的基础和依托，是展示内容的载体，也是展示目的和任务的具体体现。一般来说，在展示场所陈列出来供观众参观的物品，统称为展品。展品的形态差异较大，有自然物品和人工制品、文物和当代物品、原件物品和仿制品等之分。

从经典的意义上讲，并不是所有的物品都能成为展品。展品一般需具备可感性、典型性和公开性 3 个条件。可感性是指展出的物品必须能让人通过五官（视、听、嗅、味、触五觉）直接感知到；典型性是指展出的物品必须能清晰地表达展示的目的；公开性是指展出的物品必须能在公共场合，让公众都能参观。但是现代展示，尤其是展销会已向展品的经典性发起了挑战。

7.4.1.2　展示场所

展示场所是展示生成的物质基础，一般可分为场、馆、园 3 种基本类型，如展览馆、体育场、博物馆、美术馆、植物园等。这种对展示或展览的宽泛性理解，已为许多先进国家所认可，在日本的展示专著中就把剧场、图书馆、水族馆、动物园、野鸟园等都列入展示的范畴之内，成为展示的场所之一。

展示场所一般包括展览馆、博物馆以及商场、商店、其他展示场所。

展览馆是一种专门用于陈列临时的、内容广泛的展示专门场所。展览馆是一个包含了展示中心、商业贸易、文化娱乐、旅游服务和生活服务的多功能载体。因此，展览馆，尤其是特大型展览馆不仅是一个建筑群，而且是城市中主要的公共建筑，是一个城市或地区文化与文明程度的表征，有时甚至成为一个国家、一个时代的象征。如巴黎的大拱门展览馆既是巴黎博览会的展示场馆之一，也是巴黎城市建设的象征。就规模而言，展览馆可分为陈列馆（室）、中型展览馆、大型展览馆（群）以及特大型展览馆（群）。

博物馆是指一种专门用于陈列长期化、内容专门化的展示场所。博物馆除了具有一般展示的功能外，还具有研究、教育、收藏的目的。展览馆和博物馆的区别主要有两个：首先是内容的差异，一般性展览馆的展示内容较为广泛，而博物馆的展示内容往往受到其自身性质的限制，具有明显的专题性或倾向性；其次是展示时间的长短不同，就某一专题性展示来说，展览馆的展示活动是临时性的，而博物馆的展示活动具有长期性，如中国革命历史博物馆中的中国革命史陈列。

商场和商店都是在室内展示商品、出售商品的固定场所，它们具有以销售为主的展销结合性、相对固定性和信息反馈的及时性3个方面的特征。商场和商店中的展品是商品，其最终目的是为了销售商品。商场、商店的展示持续时间比博物馆的展示持续时间短，但比展览馆的展览持续时间要长一些。市场信息能够在这里迅速反馈。

除了以上3种固定的场所外，还有一些用于临时展示活动的场所，如广场马路与街道、建筑物中的厅堂等。如图7.9为博物馆的展示设计。

图7.9 博物馆的展示设计

7.4.1.3 展示设备

展示设备主要是指承载展品的设备，如展台、展墙、展架、展柜、展板、橱窗等。它们既是展品陈列的主要承载物，也是分割和创造展示空间的展示实体。换言之，展示空间的界面主要由它们决定。

展台是置放和展现展品的展示设备。它的造型、色彩和体量对展示空间的"性格"与"表情"具有重要作用。展柜是以木料或金属材料作框架和支架，以玻璃和板材封闭而成的，一般有桌式柜、坡面柜、墙面柜、柱式柜等。展架是作为吊挂、承托展板或拼联组成展台、展柜及其他形式的支撑设备，也可以用作隔断、顶棚及其复杂的立体造型设备，有拆装式、伸缩式两种类型。展板是荷载图片和说明文字的展示设备，其造型以平面为主。虽然展板的大小尺寸可按展示空间而定，但标准化和规格化的趋势也不容忽视。展墙，又称假墙、隔板，主要用于展示空间的垂直分割。在展览中，展墙大多是由展架和展板组合而成的。一般来说，展示设备有标准化、组合化、方便化 3 个基本要素。标准化是指各种展示设备之间具有通用性，尤其是构件可以互相替换。组合化是指各种展示设备可以根据展示场地的具体情况进行适合性的组接，既可以横向组接，也可以纵向组接。方便化是指展示设备的安装与拆卸便捷。

7.4.1.4 观众

观众是展示服务的对象，也是艺术展示之所以产生、存在和发展的社会基础。观众的构成因素较为复杂。依据知识的差异，观众有专业观众和一般观众之分。专业观众是带有专业针对性的参观者，具有明确的目的性和权威性的特点。一般观众的数量较多，其成分复杂，其目的多为求知、求新、欣赏和娱乐。

7.4.2 展示的陈列要素

展示的陈列要素包括空间、尺度和容积 3 个方面。展示空间一般都指用于陈列展品和浏览的区域，而通道是一个容易忽视的展示空间要素。尺度方面的要素包括人体基本尺度和通道尺度。展示容积方面的要素主要为陈列密度和陈列高度。

7.4.2.1 展示空间

展示空间是由长度、宽度、高度表现出来的，是能够容纳展品、观众及相关设施、设备和活动的场所。按照基本布局，展示空间可分为公共空间、展位空间和辅助空间。公共空间一般包括公共活动空间、信息和新闻服务空间、公共交通空间、生活服务空间等。展位空间一般包括展品陈列空间、洽谈空间、演示空间等。辅助空间一般包括展品储藏保管空间、行政管理空间等。总之，根据展示规模的大小，需要相应的展示空间。最大的展示空间可达几平方公里，每天接待观众数十万人次。比如上海世博园区规划用地范围为 5.28 平方千米，围栏区域范围约为 3.28 平方千米。

展示空间的形态多样，分类方式也有多种，比如，按照开合程度，展示空间有闭合空间、开放空间、半闭合或半开放空间之分。其中展位空间和可容空间两个概念不可忽视。

展位空间有岛形、排式、环形 3 种布置形式。岛形展位是一种四周被过道围绕的展位，排式展位是呈现一字排列或一字相对排列的展位组合，环形展位是绕墙体四周排列的展位组合，大多呈回形状：从空间的营造来说，岛形展位需要灵活多变的空间组合和空间造型，以适应多角度观看的需要。在展位的造型方面，排式展位具有容纳不同造型的可能性，环形展位具有更多的空间可塑性。比如，环形展位结合一些岛形展位的某些特点，形成半岛形展位和排式展位的结合。可容空间是一个与尺度关系密切的展示空间，指展示的场地、通道和其他活动场地可满足人们的站立、行走、观看等基本行为要求的程度。它是以身材高大者的人体尺度作为设计基准，同时满足人的健康安全和活动需要。在实际使用过程中，相对宽松的空间，能使观众以最有效、最合理的方式接受信息，减轻观众生理、心理的疲劳度和不适感。

7.4.2.2 陈列密度

陈列密度指展品及道具在其所处环境中多与少的程度。其具体表示值是由展品及道具所占地面面积与展位或展厅面积之间的百分比显示的。一般而言，大型展示活动的陈列密度以 30%～50% 为宜，小型的展示活动最多不宜超过 60%。适当的陈列密度不仅可提高展示的效率，也能使观众在轻松的气氛中观赏展示。而陈列密度过大，容易形成参观人流的拥挤堵塞，造成心情烦躁、视觉疲劳；陈列密度过小，又会使展示空间显得空旷、乏味，空间利用率过低，影响展示组织者和参展者的经济效益。

陈列密度还与场馆的空间跨度、净高有着直接的关系，同时受到展示形式、参观的视距、展品的陈列高度、展品的大小、展示规模以及观众人数等因素的影响。总体来说，展示空间宽敞时，陈列密度可大一些；展示空间低矮时，陈列密度应减小。当展示形式是实物模型时，陈列密度应减小；当展示形式是展板、图片时，陈列密度可增大。当客流量较大时，陈列密度应减少；客流量较小时，陈列密度可增大。

7.4.2.3 陈列高度

陈列高度是展品或版面与参观者视线的相对位置。人类工效学的研究表明，人体的最佳视觉区域是在水平视线高度以上 40cm 与以下 40cm 之间的 60cm 宽的水平区域。按我国成年男子平均身高 167cm 计算，视高为 154.7cm；成年女子平均身高 156cm，视高为 144.3cm。两者平均视高约为 150cm，接近这一尺寸的上下浮动值为 110～170cm。这一数值区域可视为黄金区域，陈列在此区域中较易获得良好的视觉效果。在展示设计中，一般将离地板 60～190cm 的水平区域称为展品的有效陈列区域。这是一个能被观众主动注视的范围。60cm 以下、190cm 以上的区域是观众不易注视接触的区域。

展品的宽窄、大小对人的水平视角也有影响。人们的正常水平视角为 45°。如果展品的高度超过水平视角，在密度大的展厅中，展品的前后、左右、上下都会相互干扰，观众会因为找不到理想的观赏角度，而使自己的颈部左右摇摆及腰部来回扭动，或频繁地前进后退，这样势必增加观众的疲劳感。陈列小件展品的平桌柜的桌面离地约 100cm 左右，总高不超过 150cm。高度相对较高的展品，展柜就相对低一些；高度相对较低的展品，展柜就相对高，这样的设置充分考虑到了观众的最佳视觉位置。

7.4.2.4 通道

通道是出入的走道，具有方便参观、联系场馆、疏散人流的作用。通道通常不计算使用面积，而强调宽度和长度。通道宽度应满足人的通行、展品和展具搬运的需要。通道长度需要考虑防火和安全疏散方面的因素，一般不宜过长。从展厅中心到外间的最大距离为 40m。一般展示空间通道的宽度是按人流数计算的。如果以每股人流 60cm 计算，最窄处应能通过 3～4 股人流，最宽处应能够通行 8～10 股人流。需要环视的展品，其绕行通道宽度至少满足 3 股人流的通行量，否则就会出现拥堵、人体感觉不适，甚至损害展品等现象。残疾人通道的宽度有两种：一种为轮椅单向行走时的通道宽度，至少 130cm；另一种为轮椅双向行走时的通道宽度，至少 200cm。依据相关研究，用于残疾人通道的高度与水平长度之比的最低容许值为 1：6。在残疾人通道的坡道上，每隔 9m 需设置一个休息平台。这个休息平台的宽度不少于 250cm。

7.4.3 展示的类型

由于目的的差异，展示在形态上出现了博物性展示和贸易性展示两种类型。

7.4.3.1 博物性展示

博物性展示，又称专题性展示，一般是指在博物馆（包括陈列馆、纪念馆等）、展览馆等展示场所展出的长期的或临时性的、具有学术价值的专题性展示形式。博物性展示的特征为精品性和广博性。精品性是博物馆或展览馆以其藏品作为展品进行系统展示的特性，而藏品是博物馆或展览馆广泛搜寻、精心鉴别和收藏的自然界和人类社会物质文明、精神文明发展的见证物。广博性是指博物性展示的展品门类众多，收藏品涉及广泛。从地质、天文到当代的航天科学，从古生物到各个自然科学，从各个门类的科学技术到文学、工艺、美术以至国防军事，从一个国家、地区的历史到个别卓越人物和各个民族的风俗，都有不同的博物性展示和相应的博物馆。

博物性展示随着博物馆事业的发展，已形成了一个门类众多、管理体制多样的庞杂群体。它包含着各种各样的展示内容与形式，如历史的、自然的、科技的、艺术的、民族的、民俗的、军事的、纪念性的、遗址性的等。根据我国的博物馆状况，大体分为历史性展示、纪念性展示、艺术性展示、自然科学性展示、综合性展示5种类型的博物性展示形式。

历史性展示是一种从历史的角度陈列藏品的博物性展示形式。它是对自古至今的人类社会、国家、地区、民族乃至个人的历史，作综合的、分期的或分类的研究和表现，提供实物的证明，从而阐述历史发展的过程及其内在联系。历史性展示的形式有通史性展示、地方史性展示、专史性展示、历史遗址性展示、古园林陵墓性展示等。展示手段一般有模型、沙盘、布景箱和适宜的视听设备，创造一定的历史气氛，使观众在身临其境的体验中和捕捉历史气息的过程中受到教育和启迪。

纪念性展示是一种纪念历史上的重要人物和重大事件的专门性博物展示形式。这类展示形式，大多建立在与有关历史事件、历史人物有密切联系的遗址或地点，而且一般是通过精心复原历史原貌的方式，反映隶属事件或人物的真实情景的。因此，复原性陈列成为纪念性展示的一大特色。

艺术性展示是一种以美术、工艺、音乐、戏剧、电影等人类精神文明遗产为展示内容的博物性展示形式。这类展示主要表达和展现其藏品的美学价值，给观众以艺术美的熏陶。它一般不需要过多的辅助性展品，也不需要说教式的陈列方式。对于观众而言，欣赏高于知识的攫取，因而常常是儿童启蒙教育和旅游的重要场所。

自然科学性展示是一种展现自然历史、综合科学、专业科学技术等内容的博物性展示形式。它以自然界和人类知识、改造和保护自然成果为内容，以立体、可感的形式传达科学的精神和思想，引起观众对科学知识的爱好，进而推动自然科学和技术科学的发展。

综合性展示又称地志性展示，是某一地区社会历史、文化艺术、自然科学等方面的集中、多样性展示形式。这些地方性展示不仅表现出很强的综合性，而且具有鲜明的地方特色，如本地的独特自然资源、自然环境、历史发展、建设成就以及民族与社会等。我国的综合性展示主要集中在国家、省（市、自治区）、地（市）、县（市）的博物馆之中。

7.4.3.2　贸易性展示

贸易性展示，又称展销，是一种伴有经济活动的展示形式，如各种展销会、博览会、商场内的商品陈列等。这类展示形式在最近的几十年中得到迅速发展。贸易性展示追求和创造随意参观与参与的空间，以及融洽的销售气氛。自由的空间可以让不同目的、不同倾向的人们随意地走动、参观，进行贸易洽谈。它不重刺激，不搞夸张，以营造一种自由的现场交易氛围。贸易性展示强调用最少的时间、最短的路线以及有限的空间，吸引更多的目标观众。

展览（销）会和博览会一般都具有显著的商业特征。两者相比，博览会在举办时间上具有更大间隔性或机会性；在规模上，博览会比展销会大得多；在内容上，博览会主要是为商人和感兴趣的观众介绍新的技术和工业的发展以及艺术，具有明显的宣传和广告性质。

最早的国际性博览会是1851年在伦敦水晶宫举行的伦敦博览会。事实上，现代的展销会和博览会已没有严格的区分。在19世纪和20世纪期间一些展销会已经称为博览会，而一些博览会则被称为展销会。

20世纪以来，尤其在20世纪50年代以后，洲际间、国家间、地区间、行业间的展览日益频繁，且规模越来越大。举办大型的国际博览会和大型运动会，已经成为一个国家或民族在经济、文化发展水平方面的标志，也是进一步发展经济文化的契机。

现代展销会和博览会往往是展示最新产品和最新成果的机会。其发展趋向为专题化和定期化，如1985年日本筑波国际科技博览会；每年春秋两季在广州举行的中国出口商品交易会，都有很明确的时间和主题。如图7.10为贸易性展示设计。

图 7.10　贸易性展示设计

7.4.4　企业形象展示

企业形象一体化（CI）是一种通过企业形象显示企业个性与身份的视觉传达设计应用形态。企业形象一体化的目的是企业与消费者产生深刻的认同感，以达到良好的经济效益和社会地位。因此，企业形象一体化就是将企业信息完整地向企业内外及社会环境传递，并有效地产生影响企业形象的图像化系统。

企业形象一体化除了具有形象的一般特征，即形象的主观性、客观性和可视性外，还有统一性、系统性等自身特有的性质。所谓统一性，就是企业形象在各个层面上得到有效统一，如企业的经营理念与视觉传达的协调性、产品形象与员工形象及企业整体形象的一致性、企业的经营方针与其精神文化的和谐性等。所谓系统性，就是企业形象的生成、传播、扩展，是一个整体性、结构性、层次性和历史性相结合的有机系统。它涉及市场营销学、管理学、运筹学、公共关系学等一系列学科的理论和实践问题，是一个全面、系统化的规划工程体系。

7.4.4.1　三种看法

概括起来，人们对企业形象一体化的认识存在着 3 种不尽相同的看法。

（1）个性形象说　个性形象说认为，企业形象一体化"就是让社会大众能识别某一固定的企业形象"。大凡成功的企业，为了获得市场，几乎无一不是着意塑造、强化自身的企业形象。它们将企业的各种要素化作一个简单的视觉符号——商标、厂标、公司标志，一种色彩基调，一句口号，一首歌曲，一个美好的形象。它们通过各种媒体向市场反复地宣传自身一贯的形象，给消费者造成冲击，使他们熟悉认识，潜移默化，产生联想，从而在发生购买行动时产生反射作用。这种计划的推行，在当代信息多、节奏快、竞争激烈的市场中，能帮助消费者克服记忆困难，综合产品及服务特性，成为消费者识别、选购的标志，因而具有强大的竞争力。

个性形象说的最突出代表是美国朗涛设计顾问公司，它是世界上历史悠久、享有盛誉的设计专业公司。其最著名的视觉传达设计作品包括美国可口可乐、日本富士胶片公司、新加坡航空公司、英国航空公司、日本航空公司的企业形象一体化设计，以及万宝路香烟、七喜汽水的包装等。

目前中国存在这样一种普遍的看法："这些对 CI 的描述和定义，突出 CI 中的视觉形象识别，但并不完善，反映了我国在导入 CI 初期认识和理解都还停留在表面上。"

（2）企业革新说　企业革新说认为："企业以本身过去、现在、未来所实践的职责和将要达成的职责为基础，对于经济、产业、社会全体、地域社会中被期待或将被期待的事物能尽量明确化，然后以此方针创造企业独特的个性为首要；在这种情况中，广义的 CI 问题便正式登场。"企业形象一体化设计被作为企业形象的革新手段而归于企业的经营战略之中。

曾经着手 50 个企业的企业形象一体化设计改革的日本 PAOS 株式会社社长中西元男先生认为："什么叫做 CI？简单地说，为企业改头换面，换血强身，就是 CI。"其进行的方法与类型有：一是设计视觉识别，提升形象及寻求标准化；二是革新业绩不振的经营理念和方针；三是员工的意识改革及企业体质的改善；四是超越传统的产业分类，自创有独特个性的企业范围。因此，有人认为，"他创造了使商业设计提升到经济设计的理论，使 CI 的 VI 阶段提升成为企业上最根本的意识战略"。总之，这一观点认为企业形象一体化设计是一种企业革新自己的手段，而且这种革新不仅仅是停留于表层形象，而是整体经营上的革新，因而将企业形象一体化设计作为企业的"革命"并不过分。

（3）文化战略说　文化战略说认为"CI 不仅仅是企业标识系统的设计，而是企业整体形象的设计，包括企业的经营目标、社会地位、内部管理等在内的总体形象设计，所以 CI 战略是企业的整体形象战略"。日本索尼公司理事、宣传部长黑木靖夫也认为，导入企业形象一体化设计并不单纯是更换公司名称或标准字以改变公司形象，"对 CI 来说，公司名称或标准字的变更固然是必要条件，但并非充分条件。或许更准确的说法是，即使不变更公司名称或标准字也能实行 CI。我认为所谓 CI 应该译成'企业的差别化战略'，也就是在经营战略之中如何使公司名称、标准字或商标与其他公司有所差别。为了要有所差别而改变公司的名称或标准字，虽然也是一个有效的方法，但若仅仅如此简单地考虑 CI 就是更改公司名称或标准化字的话，公司必然毫无前途可言"。他认为，仅仅为了"企业形象的统一"而采用企业形象一体化设计，往往只停留于形式，治标不治本，仅在表面上改变商标或标准字，往往把企业形象一体化设计变成一种苟且偷安的策略。

因此，这一观点认为企业形象一体化设计不仅是企业形象的战略，而是企业文化的战略。企业形象一体化设计将企业从表层视觉形象直到深层的经营理念都进行系统规划，是一个帮助企业从经营宗旨、组织体系、市场策略、商品政策、公共关系、广告营销乃至人员素质方面，进行全方位综合治理的系统工程。从这个意义上说，企业形象一体化设计是企业的经营战略。它明确企业的发展方向，使企业的整体运营纳入一条充满生机与活力的轨道。如图 7.11 麦当劳企业识别设计。

7.4.4.2　两种构成方式

在不同发展时期、不同的国家和地区，虽然都把企业形象一体化作为一种企业参与市场竞

图 7.11　麦当劳企业识别设计

争的有力工具，但由于情况的不同，实施的方法和目标也有所不同。

（1）两种结构形式　对于企业形象一体化的体系结构，不同国家的设计界中有不同的认识与工作习惯，并没有统一的规定。比如美国式的企业形象一体化基本上以产品品牌的识别创意与荣誉保证为推动力；而在亚洲国家，如日本以企业整体形象的活力带动产品形象的活性化；这一认识体系进入具有我国儒家文化传统的中国台湾地区之后，一个更加结构化的企业形象识别系统体系（CIS）进一步明朗化，而传入我国内地的企业形象识别系统体系基本以这一结构为蓝本。

欧美企业形象一体化结构如下。

① 创造了一个强有力的核心商标形体，用它连接商标名称及表达意念。

② 创造消费者记忆的图案。

③ 按照消费者购物的选择顺序（商标类别——产品视觉特征——产品名称或味道描述）设计的标志，具有刺激消费者购买欲望的作用。

④ 在视觉设计上注意统一中的差别。

⑤ 增强商品陈列的冲击力。

亚洲企业形象一体化结构为理念识别（MI：mind identity）、行为识别（BI：behaviour identity）、视觉识别（VI：visual identity）3 部分。这一结构形式明显受到中国台湾地区 CI 思想的影响。

① 理念识别被称为 CI 的"想法"。它以企业的经营理念为出发点，将其经营方针、经营宗旨、存在价值、外在利益、作为准则及精神标语，以"企业沟通"的方式明确化。它是企业形象定位与传播的原点，也是企业识别系统的中心架构，而其中最重要的关键便是"沟通"。

② 行为识别被称为 CI 的"做法"。它是企业活性化行为的具体化，是企业实践经营理念与创造企业文化的准则。对内而言，它是建立完善的组织制度、管理、教育训练、福利制度与行为规范；对外而言，它则是透过社会公益文化、公共关系、行销活动等方式传达企业理念，获取消费大众认同的形式。而在这个过程中最重要的目的之一是寻找企业"价值"，将停滞或隐藏的资源重新展现出来，并依此优势资源再开发出新的资源，形成最重要的形象概念。

③ 视觉识别被称为 CI 的"看法"。它以视觉传播力作为感染媒介，将企业理念、文化特质、服务内容、企业规范等抽象内容转换为具体形象的符号，用于各种应用形态之中，如基本系统与应用内容的规划等。

因而，这三者的关系就为："想法"（即 MI）就是企业的心，是人的理念共识化；"做法"（即 BI）就是企业的手，是事的活动环境化；"看法"（即 VI），就是企业的脸，是物的设计整体化。

（2）企业形象一体化结构的要素　根据以上的认识，企业形象一体化的基本结构是由企业理念、企业象征、企业行为等因素构成的。

企业理念又称企业经营信念，是企业经营决策者对于企业经营活动本质特征的规定。它是企业形象一体化设计的根本依据和核心，是企业形象象征和企业行为的精神实质和内涵。企业理念是企业最高层的思想系统和战略系统的具体化和集中体现，也是企业文化精神的体现。企业理念一般包含企业精神、企业口号、企业个性定位、企业经营方针等内容。

企业象征是企业形象的静态符号，也是企业形象一体化设计的基本表现要素，是传递企业形象的基础。其作用在于通过简练的、直观的设计图像体现企业理念，丰富和发展企业文化，以形成一个独特的有关企业形象的象征形式；同时，由于视觉的艺术形式所具有的特殊美学价值，又可提升企业形象。企业象征的实质是建立有极强的信息传递功能的，有冲击力、说服力、渗透力的视觉形象的形式。

企业行为是企业形象动态的符号，也是企业象征的运动表现。它规范着企业内部的组织、管理教育，以及企业外部的各种社会活动、营销活动等。因此，企业行为是企业的一种运动模式或运作形态。企业理念通过这种形态动态地展现出来。从受传者的角度说，观众可以从这些行为中获得有关企业的印象。企业行为一般包括企业内部行为和企业外部行为。企业内部行为由管理行为、员工行为、环境构成，企业外部行为由公共关系、促销活动、公益活动、其他等构成。

7.4.4.3 标准系统

企业形象一体化的标准系统是标准和系统的集合。所谓企业形象一体化标准，就是对反复出现的企业图像所做的统一规定和规范，是企业形象在不同时间、不同地点一致性显现的准则和依据。所谓企业形象一体化系统，就是不同结构、不同性质、不同功能的企业图像形成互相协调的整体结构。因此，企业形象一体化标准系统具有目的的复合性、结构的复杂性和功能的整体性3个主要特征。

企业形象一体化的标准系统的目的是强化企业的内外部统一视觉形象：突出企业的影响力或市场形象，方便技术方面的统一管理，降低生产成本。标准系统的设定意味着企业形象设计进入一个更精微、更深入的层次。企业形象一体化标准系统为企业形象的图像化管理提供目标和依据，有利于管理目标的具体化和定量化。

（1）象征形象的标准系统　象征形象的标准系统主要包括标志的标准化、标准字体和标准色三部分内容。

标志的标准化是指企业形象一体化中的标志具备基准、统一和延展的功能。基准指企业形象一体化中的标志不仅是系统设计的基础，也是系统实施的执行标准。统一是标志的造型、风格、色彩、比例、使用细则、构图等的统一。延展是作为基准作用的标志能够方便地用于各种变体形式，并应用于各种场合。

标准字体是一套专门针对企业活动中使用的文字进行设计或选择的规定字体，其目的是为了更好、更确切地体现企业形象一体化象征形象的统一性与完整性。因此，规范性和系统性成为标准字体的主要特征。标准字体一般分为企业名称的标准字体和印刷用标准字体两种。其中，根据不同的应用场合，企业名称的标准字体有多种使用形式。

标准色是经过特别设计和选定的、能代表企业形象的特殊色彩。它包含了单色标准色、复数标准色和标准色与辅助色的组合等内容：随着现代企业品牌化发展与经营规模的扩大，单一色彩或复数色彩的标准色已不能适应需要。一方面，一些企业需要一种灵活性更强的色彩表现方式；另一方面，企业形象表现的媒介物日益多样化，需要设计师对于不同材料上所使用色彩的规范有更加严格的要求。但是，这种丰富化的标准色，在某种程度上也削弱了企业形象一体化的效果。

（2）象征形象标准系统的扩展　象征形象标准系统的扩展主要表现在吉祥物、标准图案和标准组合系统3个方面。

吉祥物，有时也称为"企业造型"。其原意有反映企业独特个性的角色、造型、特定形象等含义；现在的吉祥物是对其原意引申之后的解释。在1984年举行的洛杉矶奥运会上，美国小鹰的形象使得吉祥物声名大振。从此吉祥物很快地在企业形象与公共形象的各种场合活跃起来。吉祥物一般选用形象鲜明，性格活泼可爱，并能代表与体现企业形象特质、易于被人们接受的动物形象或人造形象。就其形式而言，吉祥物一般有人格化吉祥物、故事化吉祥物和多元化吉祥物3种形式。

标准图案，也称为"象征图案"或者"装饰花边"，指为配合标志、标准字体及吉祥物的使用，规定一种具有代表性的标准化装饰纹样形式，使其成为标志性的识别形象之一。这是一种针对企业形象识别系统的适应性、广泛性而特别设置的设计元素。因此，标准图案具有灵活善变、适应性强的特征，使企业象征形象形成了多层次的"主次层次"关系，从而使整个企业形象一体化系统的表现趋向立体化、多层次化，表现效果也更完美更丰富。标准图案一般包含两种成分：一种是表现独特结构的固定成分，另一种是可灵活发展的成分。

标准组合系统是对标志、标准字体、标准色、吉祥物以及标准图案等元素的组合方式予以规范。它一般包括标志与标准字体的组合、吉祥物与标志的组合、标准字体的组合方式、标准图案与标志及标准字体的组合方式 4 个方面的内容，如各种成分之间比例关系的确定、前置或后置关系的确定、平行或角置关系的确定、排版方式（左对齐、右对齐、居中对齐）的确定、间隔关系的确定等。

7.5 包装设计

包装在汉语中有广义和狭义两个层面的概念。广义的包装是物体或产品在流通过程中，为保护产品、方便贮运、促进销售而采用的容器、材料、辅助物及与其相适应的行为。狭义的包装是以满足商品销售要求为主的，考虑储运、保护、宣传等因素，并与内装物（即商品）一起到达消费者手中的包装形式。它具有与商品直接接触、体积与装载量相应较小、保护商品和美化商品等特征。包装设计中的包装概念仅指包装的狭义概念，即中小型包装。

7.5.1 包装的功能

7.5.1.1 保护功能

包装的保护功能是包装所具有的保护内装物不致损坏的能力与效率。包装的保护功能主要体现在保卫和存贮两个方面。首先，保卫功能是指包装具有保持内装物不受外力的侵犯，维持原状的能力，如防震、防冲击、防折裂、防挤压、防辐射、防盗窃等。其次，存贮功能是指包装具有储存、保质的能力，如保温和保冷。

7.5.1.2 方便功能

包装的方便功能是包装具有使内装物在保护、贮存等方面的便利，以提高物品的流通效率。包装的方便功能具体表现在 5 个方面：一是方便运输，适当的包装，如捆扎、装箱包等，以适应运输工具载运，减少运输费用，提高效率；二是方便储存，包装物的尺寸、形状和重量适合堆码和仓库的容积，可以减少仓储的费用，提高仓储效率；三是方便销售，适当的销售包装有利于在橱窗、货架、柜台上的陈列；四是方便使用，携带式、易开式、一次用量等包装便于消费者携带、开启和使用；五是方便处理；包装材料使用后如何处理，已经成为一个重要的社会问题，并被认为是污染环境的一个重要源头，已引起了世界各国的高度重视。

7.5.1.3 促销功能

包装的促销功能是指包装具有吸引消费者、促进销售的能力。它是在商品销售方式日益采取货架式、自选式的趋势中产生的，这已经成为商品与消费者之间的联系纽带。随着市场竞争的日趋激烈，包装的促销功能越来越引起商品生产者和经销商的重视。有些商品包装的促销作用甚至超过了保护和方便的作用。

产品是供人使用或食用的，因此一定要符合人的生理要求。而在产品使用过程中同时也在消费产品的包装，因而包装的设计一定要符合人的生理要求，要了解和研究人体尺寸数据以及人体结构等有关知识。对于销售包装的图形设计还要研究消费者的视觉流程。人在接受外来信息的过程中，不能同时感受所有的物象，必须按照一定的规律顺序来感知外部的刺激，这种规律与顺序称为视觉流程。

7.5.2 包装容器的造型形式

以造型为依据，包装容器可分为管、盆、箱、袋、包 5 种基本造型形式。

7.5.2.1 管状类包装容器

管状类包装容器，一般指细长的圆筒形物品，如《诗经·邶风·静女》："贻我彤管"，这里的管状类包装容器是以圆锥体为基本构造及其变体的小容量密封包装器具，其结构为管盖、管体和管底（有时可取消）。根据管的体积和外形，一般可以分为筒、桶、瓶3个主要造型形式，并有方形及其直角和圆角的异型变化。筒泛指类似竹筒状的容器，即上下口径一样的中空断面，呈直线状延长的包装容器，有时也称罐。也有一些筒在圆柱形基础上发展为直角方管、圆角方管形体，被称为异型筒。依据材质，筒可以分为硬质筒和软质筒。硬质筒是由金属、竹木料等材料制成的，软质筒是由纸张等材料制成的。

桶是管状类包装容器中体积较大的形式。它是筒在体积上的增大形态，通常指容积在20～200L之间的管状容器。圆桶是桶最常见的造型，此外，还有在圆桶基础上发展而来的异型桶，如琵琶桶、方桶等。

瓶是管状类包装容器的一种特殊形式，一般指有颈的管类容器，具有腹大颈长的基本特征。从造型的角度看，瓶有多种分类方法：按颈的形态可分为长颈瓶和短颈瓶；按瓶口的形态可分为广口瓶（jar）和小口瓶（bottle）；按管类包装容器的基本形态可分为标准瓶和异型瓶。

7.5.2.2 盆状类包装容器

盆类造型是一种口面大于底，较筒为浅的容器。盆状类包装容器的功能一般比较单纯，主要是便于盛装物品。它具体表现在利用凹陷如手掌的部分盛装物品、能直观而迅速地将盆内物品移出两个方面，如方便面中的碗具，以及独具民族风味的篮子。

依据口和底的比例以及高度的变化，盆类容器可分为盘、盆、杯等。

盘是一种口与底之间的距离最短的盆状类包装容器。它是一种近乎平面的容器，有时也指扁平如盘的承物器，如棋盘、秤盘、字盘等。从体积的角度说，形体较小的盘被称为碟，尤指盛菜肴或调味品的浅小盘子。从视觉传达的角度看，由于盘具有近乎平面的造型，能够很清晰地把物品凸现出来，所以具有很强的实际说服力，而余白部分则被塑造成吸引人注意的旁白。盘在中国古代是一种盥器，一般为青铜制品和陶制品。

盆是盆状类包装容器中最具典型意义的一种造型形式，是一种比盘较深的敞口盛器。盆的容积比盘大，也比杯大。因为杯也常指体积较小的容器。因此，盆既有盘的功能，也具有杯那样的盛放液体的能力。在餐具中，容积较大的盆被称为碗，常用于盛饭，有时也盛装饮料。

杯是一种口和底之间距离较长的盆状类包装容器，是一种接近于管状类包装容器的造型。杯一般是作为盛放液体用的器皿，尤指盛放饮料的容器，如茶杯、酒杯等。从制作材料看，杯有金属杯、陶瓷杯、玻璃杯、纸杯和塑料杯，其中纸杯和塑料杯在销售包装中运用较广。

7.5.2.3 箱状类包装容器

箱状类包装容器是一种底和盖相合而成的或者抽屉式的，具有一定刚性的包装容器。它一般呈现长方体或方体状。根据容器的大小，它们可分为箱和盒，箱是木板、胶合板、纸板、金属板以及塑料板等材料组合而制成的。它具有较高的力学强度，能抗压、抗冲击力，能较好地保护内装物，便于运输、储存和堆码，大多数可以回收复用。但是，除折叠箱、拆卸箱以外，大多数空箱体积较大，运输、储存占用空间较多，一般用作商品或物品的运输包装容器。

根据制作材料，箱可分为木箱、胶合板箱、柳条箱、竹箱、纸板箱、塑料箱和金属箱。而根据结构，箱也可分为板架（框架）型、折叠型、抽屉型、套合型、全叠盖开槽型和开槽型等。而盒是一种由薄型的纸、木板、金属、塑料等材料制成的，具有一定刚性的包装容器。盒的容积比箱小。对内装物而言，盒比袋或包更具有保护性，一般作为销售包装用，直接面向消费者。因此，盒的造型变化较多，以适应各种装饰和宣传的需要，也便于携带和启用。

7.5.2.4 袋状类包装容器

袋状类包装容器是一种一边开口的、可折叠的挠性包装容器，也是一种使用最为方便的包装形式。其开口部分通常在充填内装物后被封口。这种挠性包装材料大多为纸、塑料、薄膜、金属箔、织物、复合材料等，有时有一层或多层之分。按结构方式，袋可分为开口型、平底型、方底型、书包型、尖底型（信封型）。现代的袋类容器具有便于携带、使用方便、用途广泛、轻巧而美观的特点。现代商店在零售时普遍采用袋作为基本包装容器。

7.5.2.5 包状类包装容器

现今的包是一种扁平的柔软性材料以裹或卷的方式形成的包装容器，俗称包裹。这种包扎方式和方法可以采用自然材料，如植物叶子等。这也是人类使用最早、最简单的包装方式、方法。包裹可根据物品形状而成型，也可创造出与物品原形不同的各种有趣的形态；包裹的物品在数量上、质地上有着很大的通融性，所以在过去很长的一段时间一直被广泛使用。

另一方面，人们加强了对包的包装方法的研究，逐步发展和总结出不同物品的不同包装方法和形式。例如包在商品包装中分为直接性包和间接性包两种基本形式。所谓直接性包，指物品和包装材料直接接触，如奶糖或口香糖之类的食品包装。所谓间接性包，是指在物品原有的包装基础上，为避免损伤而进行的第二次包装。如商品作为礼品时，需要保持包装物在内的整个商品形体，显示出一种体面和传达赠礼的诚意。

7.5.3 包装的视觉效应

视线流动的规律性大致如下：当视觉信息具有较强的刺激度时，人们就容易为视觉所感知，人的视线就会移动到这里，成为有意识注意，这是视觉流程的第一阶段；当人们视觉对信息产生注意后，视觉信息在形态和构成上具有强烈的个性，形成与周围环境的相异性，因而能进一步引起人们的视觉兴趣，在物象内按一定顺序进行流动，并接受其信息。

人们的视线总是最先对准刺激力度最大之处，然后按照视觉物象各构成要素由强到弱地流动，形成一定的顺序。视线的流动是反复多次的，它在视觉物象停留的时间越长，获得的信息也就越多，反之，停留的时间越少，信息获取量就越少。

视线流动的顺序，还要受到人们生理及心理的影响。由于眼睛的水平运动比垂直运动快，因而在视察、视觉物象时，容易先注意水平方向的物象，然后才注意垂直方向的物象。人们的眼睛对于画面左上方的观察力优于右上方，对右下方的观察力又优于左下方，因而，一般包装图形设计均把重要的构成要素安排在左上方或右下方。斜方向有更大的项目性与生动性，如图7.12所示。

由于人的视觉运动是积极主动的，具有很强的自由选择性，往往是选择所感兴趣的视觉物象，而忽略其他要素，从而造成视觉流程的不规则性与不稳定性。组合在一起具有相似性的因素，具有引导视线流动的作用，如形状、大小、色彩、位置的相似等。

消费者在挑选商品时，更多、更主要的还是通过视觉来获得商品的信息，因而包装设计属于视觉传达的范畴。消费者看见商品包装后会对商品产生一定的感觉和知觉，如包装的图形、文字、色彩及其组合等，当然在知觉的过程带有个人意志成分，人的知识、经验、需要、动机、兴趣等因素直接影响认知的过程，其中也有思维和情感的参与，对该产品是否产生好恶，是否有想要拥有的意愿或欲望，从而作出是否购买的决定。

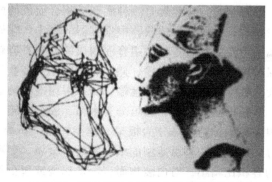

图 7.12　视线运动在素描头像的轮廓轨迹

知觉的基本特性包括了整体性、理解性、恒常性以及选择性。知觉的整体性可使人们在感知自己熟悉的对象时，只根据其主要特征可将其作为一个整体而被知觉。如图7.13所示，可以根据其形状立即将其认知为可口可乐。

图7.13　可口可乐瓶以及包装

理解性是根据已有的知识经验去理解当前的感知对象。由于人们的知识经验不同，所以对知觉对象的理解也会有不同，与知觉对象有关的知识经验越丰富，对知觉对象的理解也就越深刻。例如，在认知包装的商品属性时，可以通过图形和色彩来推断商品的属性。

此外，人的情绪状态也影响人对知觉对象的理解；知觉之所以会有恒常性，主要是经验使然。由于经验，人们对事物的大小、颜色、形状等早已熟知，因而在物体所处环境有所改变时，即使是以生理基础的感觉上获得事实性资料有所改变，而在以心理作用为主的知觉上，仍是重经验轻事实，以保持不变的知觉心理作用来处理。因为人们早已知道某物体的大小，而且在视觉经验上，也早已知道网膜映像的大小与物体远近的关系，因此，当已知物体在网膜上的影像变小时，人们就在无意中做如下的推理：不是物体变小了，而是距离远了。如图7.14为男性香水包装和食品包装

人们总是按照某种需要或目的主动地有意识地选择其中少数事物作为认知对象，对它产生突出清晰的知觉印象，而对同时作用于感官的周围其他事物则呈现隐退模糊的知觉印象，从而成为烘托认知对象的背景，这种特性称为知觉的选择性。影响知觉选择性的因素如下。

① 认知对象与背景之间的差别越大，对象越容易从背景中区分出来。

② 在固定不变或相对静止的背景上，运动着的对象最容易成为认知对象，如在荧光屏上显示的变化着的曲线。

③ 人的主观因素，如任务、目的、知识、兴趣、情绪不同，则选择的认知对象也不同。

④ 刺激物各部分相互关系的组合，如彼此接近的对象比相隔较远的对象、彼此相似的对象比不相似的对象容易组合在一起，而成为认知的对象。在进行销售包装图形、色彩、文字及其编排、构图设计时，必须充分重视知觉的选择性这一特征。只有充分了解和重视这一特性才能设计出具有视觉冲击力和吸引眼球的包装。

7.5.4　包装在购买行为和使用过程中的作用

人机工程学在包装设计中的体现可以从两个方面来解释，一方面为使用者的购买行为分析，另一方面为使用者对产品包装的使用过程分析。

图 7.14　男性香水包装和食品包装

7.5.4.1　购买行为分析

当某种产品及其包装进入市场，摆放在货架上，产品包装就开始行使其无声推销员的职责——向消费者介绍产品、销售产品。它就是产品最忠实的推销员，是产品最优秀的促销广告，要通过其形象（图形、文字、色彩、个性）准确地向消费者传达产品的信息，让消费者作出购买决策，产生购买行为，因而对消费者的购买行为进行了解和分析是非常必要的。

现在看一看消费者购物的视觉流程。消费者进入市场（大部分有需求，少部分人是浏览）用目光扫视货架，在商品的海洋里寻猎，看什么包装引起他（她）们的注意，然后走近细看，通过包装上面的图形、文字等内容了解其里面商品的信息，是否符合自己的需要，这样反复进行，有时还要将同类商品进行比较，购买决心和购买行为多凭借包装的优劣、消费者的直觉、动机以及心情和购买时间等诸多因素。当然，包装是否把消费者所需要了解的一切内容都解答清楚了，一切疑问是否都得到了肯定与满意的回答，这样才能下定决心购买，如果有一点不清楚，大多数消费者是不购买的。这个视觉流程的时间一般数秒或几分钟内完成。

通过消费者的购物视觉流程，可以清楚地知道具有视觉冲击力和吸引力是包装设计成败的关键因素。也就是说在诸多同类商品中要使自己的商品在第一时间里被消费者注意和发现是包装设计时应该考虑和研究的问题。

在消费者的心理活动中，注意是依附和伴随人的认识、情感、意志等心理过程而存在的一种心理现象，人的心理活动均有一定的指向性和集中性，心理学上称为"注意"。当一个人对某一事物发生注意时，他的大脑半球内的有关部分就会形成最优越的兴奋中心，同时这种兴奋中心会对周围的其他部分发生诱导作用，导致对这种事物具有高度的意识性，从而对该事物产生清晰、完整和深刻的反映。当然，购物行为主要分为两种：一种是有目的的购物——这种购物一般都有一定的明确目标，到达目的地迅速寻找有关商品，时间短，变化快；另一种是潜在性的购物或是逛商店——行为状态慢、购物时间长、变化慢。无论是有目的的购物还是潜在性购物，都要求销售包装的设计采取不同的方法来同时吸引两种消费者，使包装成为消费者注意的中心。

7.5.4.2　使用过程分析

当销售包装通过其广告宣传的视觉传达功能完成其促销的使命，让消费者购买了产品后，

包装的使命还没有完全终止和结束。并且消费者购买了产品却还未使用之前，其对产品的印象还会停留在包装给人的印象之中，只有使用者在使用和消费了产品之后才能对产品产生真正的印象和评价。而使用者在使用产品的同时也在使用该产品的包装，包装是为产品服务的，内在的产品质量是第一位的，包装则是从属，是第二位的。但是包装结构、材料使用合理、容易开启，给消费者带来方便，会在很大程度上加深使用者对产品的好感和印象。

7.5.5 包装设计的方法

销售包装作为商品的开路先锋，是促进销售，实现企业目标的得力手段，然而销售包装除了实用功能外，还具有精神领域的美学特征，有丰富的审美内涵，它按照美的规律来造型，以其独特的魅力和不同的形态美化生活与美化环境，成为物质与精神生活的象征。就知识或信息社会化这个意义上来说，销售包装设计本质上影响着人们的消费、趣味、行为和选择，健康的设计陶冶人们的性情，具有精神美育的力量，而包装的传达功能，只有充分揭示其美学价值时才得以实现。

包装平面图像一般可分为色彩型、内容型、解说型、联想型、装饰型 5 种。

7.5.5.1 色彩型包装图形

色彩型包装图形是一种以突出某种特定色彩的平面包装图像形式。色彩不仅具有色相、明度、纯（彩）度等色彩的物理因素，也具有区别性、识别性和象征性 3 个方面的心理特征。色彩的区别性是通过包装的色彩变化，使不同商品、同一类型商品的不同品牌、同一品牌的不同商品之间区分开来。色彩的识别性是通过包装、商品、广告等不断刺激目标对象的视觉，使某一色彩成为某一公司或商品的特定色彩，如有一种黄色成为柯达公司及其产品的专用色，实际结果是这种黄色成了胶卷的替代色，这就从区别的色彩转变为识别的色彩，有人称之为"染色现象"。色彩的象征性是某一色彩具有标志性作用，代表了比区别和识别更深层的意义。在中国的传统包装中，红色和金色象征着喜庆，吉祥如意，是人们在喜庆之时馈赠亲友首选的包装色彩。色彩还可直接作用于人的感觉，引起好恶之情。这种情感因地区、国家、文化圈、民族、个人等的不同而有所差异。

7.5.5.2 内容型包装图形

内容型包装图形是一种直接显示内容物形象的包装图形形式。消费者可以依据直观的形象提示，具体地判断容器内的物品是什么。这种包装图形形式源自于"百闻不如一见"的思想观念。内容物的具体提示一般通过实物形象提示、原料形象提示和成品形象提示 3 个途径实现。

实物形象提示是一种将具体的内容物形象地展示给消费者的内容型包装图形形式。这种展示方式一般采用实物和图示两种方式。展示实物既是最古老的销售方式，也是最具体、最直接的形式之一。图示是展示实物的另一种形式，一般可分为简图、照片和插画等多种形式。

原料形象提示是一种将制造商品的原料展示或告诉消费者，以取得他们的注意和信任的内容型包装图形形式，如液体、果冻、粉末等的包装。原料形象提示体现了原料本身具有的美丽外形，也准确地传达出内装物的品质或品种。但是，因原料形象提示产生误解的情况也时有发生，如果汁包装、营养滋补品包装等。

成品形象提示是一种将商品的组合形式展示给消费者的内容型包装图形形式。有些商品的实物和原料是无法以完整的、准确的提示形式出现的。例如，塑胶组合模型、积木等商品，以实物展示不过是一个个零部件，毫无意义可言；而以原料展示，其形式更与商品相距甚远。这些商品的最大意义在于有机组合，形成一定的形象，从而获得乐趣。一些加工食品包装也多以成品的图像展示。碗中的方便面令人垂涎三尺，而杯中的咖啡使人立即感到咖啡的香味。

7.5.5.3 解说型包装图形

解说型包装图形是一种通过文字和相应的说明性图例的方式，展示商品性能和特点的平面包装图形。它将本商品与其他同类商品相比的差异，以一种易于比较、易于理解的信息符号向消费者提示。所以，大多数这类包装图形是一种根据具体的依据或事实进行说服性诉求，以增强说服力。

7.5.5.4　联想型包装图形

联想型包装图形是一种展现与内装物相联系的事物，以传达商品价值的平面包装图形。这种联系就是开发和传达内装物在意义、品质、功能等方面的隐喻性视觉信息，使内容物的价值和视觉表现图像相等值。因此，意义的共通性和联想的共同性就成为这种包装平面图像形式的基本特征。意义的共通性是内装物的价值和视觉表现之间隐含着互相通用的意义，其作用类似于桥的功能，使两边的事物通过桥面联系在一起。联想的共同性是指包装的平面图像与消费者对内装物的联想一致。这种一致性牵涉地域、民族、习惯、文化、语言等方面的多种因素。如针对中国、日本等的销售对象的包装，其平面图像大多体现出东方民族特有的审美习性。而一些流行的日用品包装平面图像流露出市民阶层的流行文化韵味。

7.5.5.5　装饰型包装图形

装饰型包装图形是一种以突出图案或纹样的平面包装图形。传统产品往往要求与之相适应的包装形式，如具有传统风味的图案、纹样等。现代电脑技术的发展，使人们看到了在功能和装饰之间有机结合的可能性和实现的技术途径。事实上，人们已经看到了一些饰有流行图案的现代产品包装。人们在表达华贵的意义方面，总是和装饰相联系。装饰常常被人们作为一种提高物品身价的手段。这就是为什么人们在馈赠礼品时总是选择装饰性较强的包装的原因。

商品的销售不但依赖于包装的商品性，更依赖于包装的艺术性与吸引力，设计苍白、没有感染力的包装是消费者不屑一顾的。所谓的"货买一张皮"，主要就是指销售包装图形设计，它是销售包装视觉传达与包装吸引力的关键，也是包装广告诉求的根本。它包括图形、文字标记、色彩以及三者的有机组合，它是在进行具体设计时，将包装的各种设计成分，如商标、牌名、商品名、广告语、主体图形、纹样装饰等个体因素精心设计绘制出来，有机组合到容器的相应部位，然后根据包装主题、包装定位的要求，进行视觉的关联与配制，使其相辅相成为最佳组合，以发挥最强烈的诉求效果，传达商品的有关信息，吸引消费者，促进其购买。如图7.15 为食品包装中的图形设计。

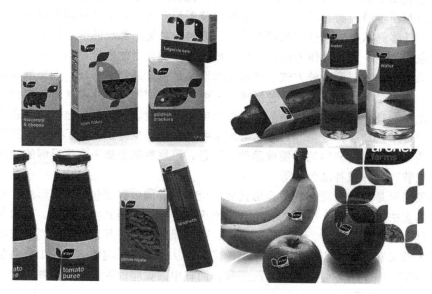

图 7.15　食品包装中的图形设计

销售包装图形设计具有一定艺术性和美感，但是其艺术性还是必须从属于功利性、商品性等，最后还是要归结到适销对路，受到消费者的欢迎上。因此在设计时要把立场放在消费者的身上，考虑消费者的需要、需求以及好恶等，并将之作为设计的动力，从丰富的、自然的、文化的、社会的大千世界汲取营养，通过各种形式因素如线条、色彩、构图、文字、纹样的千变万化，各种表现方法如抽象的、具象的、装饰的、夸张的、卡通的、摄影的、插图的、计算机图形的、中国的、外国的、民族的、民间的、现代的、传统的、古典的、新潮的、超现实的……都对包装的图形设计产生深刻的影响，从而设计创造出一个一个受消费者欢迎的包装图形。

但是包装图形必须具备的一个条件就是——商品信息传达的准确性。如果销售包装的图形仅仅只是美，但却存在信息传达障碍，如存在主体图形与商品属性不合、说明性文字错误或交代不清楚、文字设计识别性较弱、色彩与商品属性不符等方面的传达障碍，让消费者对包装内的商品了解模糊，从而对里面的商品产生质疑，就会直接拒绝购买商品，丧失了促销商品的这一主要基本功能。如图 7.16 果酱的包装和普洱茶的包装会有很明显的区别，不会误导消费者。

图 7.16　果酱包装和普洱茶包装

进行包装图形设计的首要条件就是使包装能够"被看见"、"被注意"。这里的"看见"不是一般的看见，而是要有视觉冲击力。因此，如何能抓住消费者的视线，吸引消费者，除了商品信息的传达外，适应包装定位要求的包装设计成分及组合的总体视觉美及鲜明强烈的程度，对激发消费者的注意和兴趣，刺激购买欲望十分重要。提高包装图形的视觉冲击力是争取包装成功的第一步。图形设计一般力求做到单纯化，简洁明了，条理清晰，一目了然，使其在消费者瞬间的一瞥中，即被吸引，包装图形促使消费者的"回头率"越高，说明包装越优秀。例如，系列化包装是根据相同或近似的视觉印象，在消费者头脑里刺激次数越多，不断重复，不断积累，加深消费者对商品，对生产该商品的企业，对商品品牌的印象，对同一商标品牌不同种类的产品系列，作同一形式感的画面图形设计。这同一形式感就如同一血统的家族一样，有一个共同的特征。但局部的画面图形设计上又有所区别，表现不同的品种，就像同一家族，虽然是同一血统，但又须分出叔叔、兄弟、姐妹等不同的个体一样，一起摆放在货架上能够形成强烈的视觉阵容和震撼效果，具有极强的货架冲击力。

包装图形的各种设计与形式因素，必须根据内容与定位的要求来发挥，准确传达商品的信息和服从整个包装的战略与策略，形式必须很好地为内容服务，如果出现传达错误和定位错误，再漂亮的包装图形也无用，甚至取得相反的效果。突出主题，任何一个包装图形中，在众多的设计成分中，必须根据定位需要突出主题，如采用商标、牌名定位，要突出的主题就是商标和牌号。包装图形没有主题，消费者的视线将会无所适从，突出主题在任何时候都是对的。不出现传达错误，大众化商品设计高档包装不行，相反高档产品包装低档也不行。

保证图形设计的形式美。包装图形的单元个体与设计成分图形的总体组合是千变万化的，不可能规定一个死的规定，但万变不离其宗，必须符合形式美法则，否则就会出现杂乱无章或丑陋、不安定、不舒服、不完整、粗劣、别扭等毛病，这与美是背道而驰的。鲜亮、现代的色彩是为了能够引起消费者的注意，能增加销售而设计的。

适应包装图形的视觉流程规律。视觉流程对于包装图形设计来说是非常重要的。在包装图形设计的构图时，应引导消费者的视线按照设计的意图，以合理的顺序、有效的感知方式，发挥最大的信息传达功能。在考虑图形设计构图时，还必须注意符合人们认识的心理顺序与思维活动的逻辑顺序，如图片与图案比文字更直观，把它作为视觉习惯，比较符合人们在认识过程中先感知后理性的顺序。

综上所述，推销员销售产品、用户使用产品都离不开商品的包装设计，设计师如果能够充分运用人体工程学，分析包装设计中的六个重要视觉流程，了解人们通过产品包装做出的"整体性"、"理解性"、"恒常性"以及"选择性"的知觉特性，掌握包装图形设计的要求，那么就能做出出色的产品包装，提升品牌价值和市场竞争力。

7.6 多媒体界面设计

人机界面（human-machine interface）是人与机器进行交互的操作方式，即用户与机器互相传递信息的媒介，其中包括信息的输入和输出。好的人机界面美观易懂、操作简单并且具有引导功能，使用户感觉愉快、增强兴趣，从而提高使用效率。

软件人机界面学的发展，首先必须归功于计算机技术的迅速发展，从而引起计算机应用领域的迅速膨胀，以至今天，计算机和信息技术的触角已经伸入到现代社会的每一个角落。相应的，计算机用户已经从少数计算机专家发展成为一支由各行各业的专业人员组成的庞大的用户大军。作为专门研究计算机用户的一门学科，人机界面学也随之迅速发展起来。

7.6.1 软件界面设计的发展

任何时期的设计都是面向未来的，面向 21 世纪的设计就显示出它在未来发展的价值与意义。面向未来的设计将有两个方向的趋势。

一方面将继续以人为本，绿色和人性化仍然是设计的主题。

绿色设计：进入 20 世纪 90 年代以后，很多设计师从风格上的花样翻新转变到深层次上探索设计与人类可持续发展的关系，力图通过设计活动，在人—社会—环境之间建立起一种协调发展的机制，从这一角度寻找设计发展的新转变。

绿色设计源于人们对于现代技术文化所引起的环境及生态破坏的反思，是设计伦理的体现和社会责任心的回归，目前已成为当今设计发展的主要趋势之一。

人性化设计：设计是为人服务的，这一终极目标从设计产生的一开始就已经得到了确认。从美化人的生活到"以人为本"，从人机关系到宜人化设计，从产业的发展要素到创造美好的生活形态与环境，近年来，人性化设计又更多地关注某些特殊与特定的人群，如为女性的设计、为青年人的设计、为残疾人的设计等。

另一方面，继续在高新技术领域前进，与计算机紧密联系的设计，与新技术、新环境、新的文化生活、新的社会结构等紧密联系的设计是此种形式的趋势。

20 世纪 80 年代以来，由于计算机技术的快速发展和普及，以及因特网的迅猛发展，这种巨大的变化不仅显著改变了人类社会的技术特征，也对人类的社会、经济、文化等方面产生了深远的影响。作为人类技术与文化融合结晶的设计也经受了这场剧烈变革的冲击和挑战，并正产生着前所未有的重大变化。

计算机技术的发展与设计的联系是非常广泛与深刻的。一是计算机的应用极大地改变了设计的技术手段，改变了设计的程序与方法，设计师的观念和思维方法与此相适应也有了很大的转变。二是以计算机技术为代表的高新技术开辟了设计的崭新领域，先进的技术与优秀的设计结合起来，又对推动高新技术产品的进步起到了不可估量的作用。

图 7.17　百度查询界面

7.6.2　PC 软件界面的现有类型

7.6.2.1　查询界面

查询界面是用户与数据库交互的媒介，是用户定义、检索、修改和控制数据的工具。查询时只需要出要做什么的操作要求，而不必描述应如何做的过程。用户使用查询界面时不需要借助程序设计知识，因而方便了用户的使用。目前，查询界面在因特网中的应用非常广泛，各种搜索引擎也如雨后春笋般地涌现出来，如图 7.17 所示。

7.6.2.2　直接操纵界面

在计算机图形设备和图形技术出现之前，人们广泛使用文本菜单的命令语言界面。在输入方面主要通过键盘输入，而显示则采用文本形式。直接操纵界面的基本思想是放弃早期的输入文字命令，用光触摸屏或数据笔等指点设备，直接从屏幕上获取形象化命令与数据。也就是说，直接操纵的对象是命令、数据或者对数据的某种操作，直接操作的工具是屏幕坐标指点设备。与命令语言和菜单界面一样，直接操纵界面主要用于程序控制界面，但是它们之间还是有很大的区别。命令语言和菜单界面是面向操作的，即先选择操作再确定对象，而直接操纵是面向对象的，即先选定对象然后进行操作；其次，从运行机制上，命令语言和菜单界面都是以命令形式驱动系统，而直接操纵界面是以事件形式驱动系统；命令语言和菜单界面都是要通过某种语言来指定操作、参数和目标，而直接操纵界面则通过操纵图形目标来完成指定的操作。

7.6.2.3　多媒体界面

在多媒体界面出现之前，软件界面经历了从文本界面向图形界面的过渡。当时软件界面中只有两种媒体——文本和图形，它们都是静态的。多媒体技术引入了动画、音频、视频等动态媒体，特别是引入了音频媒体，从而大大丰富了计算机表现信息的形式，拓宽了计算机输出的带宽，提高了用户接受信息的效率。例如，目前在银行中普遍使用的自动存/取款机，具有触摸和键盘两种信息的输入方式，除了有文本和图形两种媒体方式外，还有音频指导用户操作和动画的方式来模拟真人服务，让用户的存/取款不再是简单的操作，同时能体现处处以人为本的思想和用户至上的原则。

7.6.3　多媒体界面图标设计

图标会直接影响到用户对软件的操作使用，形象直观的图标很容易理解，对用户具有导向性，可以帮助用户对软件进行快速无误的操作使用，反之，设计得不好的图标会让人产生疑惑，甚至会导致用户的误操作。因而，要设计出让用户满意、受用户喜爱的图标，图标的设计方法和原则对于设计者是很重要的。

图标设计要尽量简单明了，要做到让用户能"望图生义"，在不引起误解的前提下，图标的构图要尽量简单，尽量地与目标功能模块的外形相似，符合常规的表达习惯。可能的话，使用已有概念以确保真实表达了用户的想法，考虑到图形的文化背景，避免使用抽象的图形，避免在图标中使用字母、单词、手或脸（必须用图标表示人或用户时，请尽可能使其大众化），色彩也不宜过多，使人们可以快速、准确地识别图标的含义和不同的图标。

此外，一个图标里经常包含几个相关的物体，这是为了更清楚地说明图标的含义。图标是方寸之功，如果图标画面中的物体过多，就会显得拥挤混乱，而且它们之间的比例也将更难协调，所以，一个图标画面中的物体最好不要超过多种。一个图标系统中的图标种类也应该有一定的数量控制。用户的学习和记忆能力是有限的，如果一个图标系统中图标过多的话，会引起混淆和加重用户的负担，所以，一个图标系统中的图标种类不宜过多，一般应控制在 20 种以内。

7.6.4 目前流行的软件界面风格

目前界面设计的发展势头和前景都很好，因为这个行业和人们的生活越来越贴近。在软件界面设计中，以下风格值得注意和学习。

7.6.4.1 苹果风格

苹果电脑公司最早在其操作系统中推出了图形界面。这种以玻璃标签和按钮作为主要特征的设计，对小字体不太适合，需要通过设计来保持独特性，如图 7.18 为苹果手机界面。

图 7.18 苹果手机界面

7.6.4.2 微软风格

相比苹果风格，微软不够华丽高贵。它风格简约、清晰但普通，就像是工程师为工程师创建的。微软风格中所有的块级都是以清晰的灰线条分割的，这是从视点的可用性考虑。人们在微软上有很广泛的选择，但有一点是清晰的：微软的设计风格是简约、功能性强、可用性好的。

7.6.4.3 Adobe/Macromedia 风格

这种风格很像苹果风格，一旦看过，会立即识别其他模仿者。这种设计花销很大，追求图形效果，并且追求整体上的平衡。它是 Macromedia 在几年前原创的风格，但现在仍然是最好的软件界面设计之一。对于软件界面的未来发展方向，学术界有着很多设想，其中有些研究对软件界面的发展具有重要的启发意义，如关于多通道用户界面与虚拟现实技术的设想。

传统多媒体用户界面的人机交互形式迫使用户使用常规的输入设备（键盘、鼠标器和触摸屏）进行输入，即输入仍是单通道的，输入输出表现出极大的不平衡；而未来的多媒体用户界面使操作用户可以交替或同时利用多个感觉通道，它丰富了信息表现形式，发挥了用户感知信息的效率。20 世纪 80 年代后期以来，多通道用户界面（multimodal user interface）成为人机交互技术研究的崭新领域，在国际上受到高度重视。多通道用户界面的研究正是为了消除当前

WIMP/GUI、多媒体用户界面通信带宽不平衡的瓶颈，综合采用视线、语音、手势等新的交互通道、设备和交互技术，使用户利用多个通道以自然、并行、协作的方式进行人机对话，通过整合来自多个通道的精确的和不精确的输入来捕捉用户的交互意图，提高人机交互的自然性和高效性。研究涉及键盘、鼠标器之外的输入通道，主要是语音和自然语言、手势、书写和眼动方面，并以具体系统研究为主。

虚拟现实（virtual reality）又称虚拟环境（virtual environment）。虚拟现实系统向用户提供临境（immerse）和多感觉通道（multi-sensory）体验，它的三个重要特点，即临境感（immersion）、交互性（interaction）、构想性（imagination）决定了它与以往人机交互技术的不同特点，反映了人机关系的演化过程：在传统的人机系统中，人是操作者，机器只是被动的反应；在一般的计算机系统中，人是用户，人与计算机之间以一种对话方式工作；在虚拟现实中，人是主动参与者，复杂系统中可能有许多参与者共同在以计算机网络系统为基础的虚拟环境中协同工作，虚拟现实系统的应用十分广泛，几乎可用于支持任何人类活动和任何应用领域。

7.6.5 网页设计

7.6.5.1 静态网页制作技术——多媒体内容处理语言

为了使文档内容便于访问、传输、管理并使其灵活多样，数十年来无数的科技工作者一直在孜孜不倦地开发内容和形式既分离又结合的语言，使文档内容的交换不受软件和硬件的约束，而标记语言就是具有这种特性的语言。

用来描述文档结构、文档内容和内容样式的第一个标记语言是由 IBM 公司在 20 世纪 60 年代创造的通用标记语言（GML），它将内容和内容表现形式分开处理，并于 1986 年称为国际上的标准标记语言——标准通用标记语言（SGML）。最近十多年来，人们在 SGML 基础上，成功开发了许多针对不同应用的标记语言，并得到广泛应用。

网页制作中设计的多媒体内容处理语言主要涉及 HTML 标记（编程）语言、XML 标记（编程）语言等。

（1）HTML 标记（编程）语言　HTML 标记（编程）语言，又称超文本标记语言，它使用标签标记文档中的文本、图形或图像等元素，并告诉 Web 浏览器该如何向用户显示这些元素，以及如何响应用户的行为。

万维网采用 HTML 语言组织文档。HTML 文档由统一资源定位符（uniform resource locator，URL）指定它所在的服务机和路径，即网页地址。所有 HTML 文档都包含如何显示文档的指令，最普通的指令叫做 HTML 标签（tag），如<p>…</p>在 HTML 文档中，使用超级链接技术可将文档中特定的单词或图像与相应的 URL 相链接。因此，用户通过 Web 浏览器阅读网页时，只需按键盘或鼠标上的按钮就可以访问遥远的文件。

用 HTML 语言编写的文档是不带格式的普通文档，也称为 ASCⅡ文件，可用普通的文字编辑器编辑，如 Windows 的"记事本"，或 FrontPage、Dreamweaver 等专门的 HTML 文件编辑器。

文档元素包括文档头（head）、文件名称（title）、表格（table）、段落（paragraph）和列表（list）。而 HTML 标签由左尖括号"<"、"标签名称"和右尖括号">"3 个部分组成。文档元素是文本文档的基本构件，标签是表示这些元素的符号。

标签包含"属性（attribute）"，用来提供网页上的 HTML 元素的附加信息。属性是指图文的颜色、字体的属性（大小、颜色正体、斜体等）、对齐的方式等。有时属性还需要赋值——属性值（attribute value），并用双引号表示。

有关超链接的基本概念前已有论述，HTML 文档的链接有相对路径和绝对路径之分。相对路径是相对于当前的工作路径，而绝对路径是一个完整的路径。相对路径可链接同一路径下的文档，绝对路径链接不同路径下的文档。

（2）XML 标记（编程）语言　XML（extensible markup language）标记（编程）语言是一种可扩展的标记语言，是万维网协会（W3C）推荐的开放标准，是从 SGML（ISO 8879）派生出的标记语言。它的核心思想是将内容和内容的表达形式分开处理，目的是便于内容的使用。因此，XML 标记（编程）语言也称为内容管理语言。

XML 标记（编程）语言定义了各种标签之间的相互关系，用来描述数据、定义数据，因此，XML 标记（编程）语言名为标记语言，其实它本身不是标记语言，而是用来定义另一种语言的元语言（meta-markup language），是一种构造语言和分析语言的语言，犹如用名词、动词、副词和形容词等描述自然语言中的句子。

XML 标记（编程）语言使用与 HTML 语言类似的结构。XML 与 HTML 之间的主要差别是：HTML 定义如何显示文档元素，而 XML 定义如何管理文档元素；HTML 使用预先定义好的固定标签，而 XML 允许开发人员定义自己的标签，并且使用 XML Schema 等规范描述"数据是什么数据"。

XML 文档是由 XML 声明（第 1 行）、文档注释（第 2 行）和文档元素（第 3～8 行）组成的。XML 声明说明使用 XML 版本号和字符编码；文档注释说明该文档是什么样的文档，如简单的 XML 文档；文档元素是 XML 文档的基本构造块。

XML 文档元素是由一对标签（tag）界定的一个数据单位。它由开始标签、结束标签和元素内容组成。元素内容位于开始标签和结束标签之间，开始标签和结束标签用于描述它们之间的内容是什么。例如<doctor>Jinming Li</doctor>或者<医生>李金明</医生>。其中"doctor"是文档元素的名称，<doctor>是开始标签，</doctor>是结束标签，"Jinming Li"是文档元素"doctor"的内容，也称"doctor"元素的值。

XML1.0 规范定义了结构完整的 XML 文档和有效 XML 文档两种类型的文档。结构完整的 XML 文档是一种严格遵照 XML 语法规则构造的文档。而有效 XML 文档是遵照文档类型定义（DTD）规则和 XML 语法规则构造的文档。其有效性是指结构、数据类型和完整性等。

7.6.5.2　动态网页技术

HTML 只能用于静态的网页，而个性化的搜索、e-mail 的收发、网上销售、电子商务等实际需求需要能随时更新的动态性网页。所谓动态，就是 Web 按照访问者的不同需要，对访问者输入的信息做出不同的响应，并提供相应的信息。这里的"动态"并不是指那几个放在网页上的 GIF 图片，而是指服务端的因时因人的个性化设置以及自动化的及时响应。从技术的角度说，动态网页技术就是服务端的脚本语言运行环境或程序。

目前主流的动态网页技术有 JSP、ASP 和 ASP.NET、PHP、Javascript 等。除 Javascript 属客户端语言外，其余的都是服务端语言。服务端语言主要是用于生成 html＋javascript 的客户端页面的，它们不会被实际发送到客户端，而是先在服务器端的计算机上执行，然后生成客户端代码，再将这些代码发送给浏览网页的客户端。

概括地说，动态网页技术主要有交互性、自动更新和因时因人而变 3 个特点。交互性是指网页会根据用户的要求和选择而动态改变和响应，将浏览器作为客户端界面。自动更新是指无须手动地更新 HTML 文档，便会自动生成新的页面。因时因人而变是指当不同的时间、不同的人访问同一网址时会产生不同的页面。

（1）ASP 编程语言和 ASP.NET 编程语言　ASP 是"active server pages"的缩写，意为动态服务器网页，是服务器端的脚本语言运行环境，是微软公司推出的一种用于取代通用网关接口（common gateway interface，CGI）的技术。这是一种类似 HTML、Script（脚本）与

CGI 的结合体。它自身没有专门的编程语言，而是允许用户使用包括 VBScript、Java Script 等在内的许多已有的脚本语言编写程序，成为运行动态性交互式 Web 服务器应用程序，如 HTML 表单收集和处理信息、上传与下载等。就客户端而言，ASP 就是一份标准的 HTML 文档，它可以在任何操作平台上使用任何站点浏览器查看。

ASP 吸收了当今许多流行的技术，如 IIS、ActiveX、VBScript、ODBC 等，是一种较为成熟的网络应用程序开发技术，其核心技术是对组件和对象技术的充分支持。通过使用 ASP 的组件和对象技术，用户可以直接使用 ActiveX 控件，调用对象方法和属性，以简单的方式实现强大的动态交互功能。一方面，使用 ActiveX 技术的 ASP 具有开放性的设计环境。用户可以自己定义和制作组件，使自己的动态网页几乎具有无限的扩充能力。ASP 还可以利用 ADO（active data object，微软的一种新的数据访问模型）方便地访问数据库，从而开发基于万维网的应用系统。另一方面，ASP 属于 ActiveX 技术中的服务器端技术，与常见的在客户端实现动态主页的技术（如 VBScript、Java Script、Java Applet）不同。客户端技术的 Script 语句是由浏览器解释执行的，而 ASP 中的 Script 语句是由服务器解释执行的，执行的结果是产生动态的 Web 页面并送到浏览器，从而减轻了客户端浏览器的负担，提高了网站浏览的效率和安全性。这就是 ASP 网页的高效性。

ASP 技术有 4 个明显的缺陷。第一，ASP 无法实现跨操作系统的应用。ASP 主要工作环境是微软的 IIS 应用程序结构，不能很容易地实现在跨平台的 Web 服务器中工作。第二，ASP 只要在 COM 组件或是操作中略有疏忽，那么外部攻击就可取得相当高的权限，进而导致网站瘫痪或者数据丢失。第三，很难提高其工作效率，因为 ASP 还是一种 Script 语言，必须面对即时编译的时间要求。第四，ASP 无法完全实现一些企业级的功能，如完全的集群、负载均衡等。

ASP. net 是 ASP 的革新性升级版本。它借鉴了 Java 技术的优点，使用 C Sharp（C♯）语言作为 ASP. net 的推荐语言，同时改进了以前 ASP 的安全性差等缺点。不像 ASP、PHP 那样靠解释执行，也不像 JSP 那样执行中间代码，而是编译为二进制数，以 DLL 文件的形式存储于硬盘。显然，它的安全性和执行效率都要远远高于 ASP 以及以往任何一种动态网页技术。

（2）PHP 编程语言　PHP（hypertext preprocessor）为超文本预处理器，是一种嵌入 HTML 文件的服务器端脚本语言，类似于 Windows 上的 ASP，是当今因特网（Intenet）上最为火热的脚本语言。它能够管理动态内容、支持数据库、处理会话跟踪，甚至构建整个电子商务站点。PHP 语法是在大量借用 C、Java、Perl 语言的基础上，耦合了 PHP 自己的特性，使 Web 开发者能快速地生成动态页面。维基百科、百度、雅虎、Facebook 等著名网站都使用了 PHP 技术（也有参考别的技术）。

PHP 的优点主要有 5 个：一是一个小开放源码，人们可以免费地、不受限制地获得源码，并可加入自己的特色；二是实现跨操作系统的应用，PHP 可以在 Unix、GUN/Linux 和 Windows 主要操作平台上运行；三是更好地控制页面，丰富功能，与 ASP、JSP 一样，PHP 也可以结合 HTML 语言共同使用，如直接在脚本代码中加入 HTML 标签或在 HTML 标签中加入脚本代码；四是 PHP 也能够支持构造器、提取类等，具有面向对象的编程能力；五是具有公认的安全性能。由于 PHP 本身的代码开放，所以它的代码在许多工程师手中进行了检测，同时它与 apache 编译在一起的方式也可以让它具有灵活的安全设定。

PHP 的缺点主要表现在 5 个方面。

① 数据库支持的程序工作量极大。因为 PHP 的所有扩展接口都是由独立团队各自开发的，导致数据库升级后需要开发人员进行几乎全部的代码更改工作。开发人员常常要将同样的数据库操作使用不同的代码写出若干种代码库。

② 安装复杂。由于 PHP 的每一种扩充模块并不是完全由 PHP 本身完成的，需要许多外部的应用库，如图形需要 gd 库、LDAP 需要 LDAP 库等，才能方便地编译对应的扩展库。

③ 缺少大型站点或企业级的支持。没有组件的支持，所有的扩充只能依靠 PHP 开发组给出的接口。但这样的接口不够多，难以加入集群、应用服务器的特性。

④ 缺少正规的商业支持，这也是自由软件一向的缺点。

⑤ 无法实现商品化应用的开发。由于 PHP 的开发是基于脚本技术完成的，没有任何编译性的开发工作，导致所有的源代码都无法编译，完成的应用只能是自己或是内部使用。

7.6.5.3 JSP 编程语言

JSP（java server pages）是一种在 HTML 网页中包含动态内容的应用程序代码。它是由 Sun Microsystems 公司倡导、许多公司参与建立的一种动态网页技术标准，并得到 BM、Oracle、Bea 等众多大公司的技术。

为了创建显示动态生成内容的、支持跨平台及跨 Web 服务器的页面，JSP 技术提供了一个简捷而快速的 Web 应用程序构造——这些应用程序能够与各种 Web 服务器、应用服务器、浏览器和开发工具共同工作。JSP 规范是 Web 服务器、应用服务器、交易系统以及开发工具供应商间广泛合作的结果。

与 ASP 一样，JSP 本身也是脚本语言。如它在传统的 HTML 文件中插入 Java 程序段（Scriptlet）和 JSP 标记（tag），形成 JSP 文件（∗.jsp）。但是，JSP 与 PHP、ASP 有本质的区别。PHP 和 ASP 都是由语言引擎解释执行程序代码，而 JSP 代码被编译成 Servlet 并由 Java 虚拟机执行，这种编译操作仅在对 JSP 页面的第一次请求时发生。因此，Java Servlet 是 JSP 的技术基础，一个大型的 Web 应用程序的开发需要 Java Servlet 和 JSP 配合才能完成。JSP 具备了 Java 技术的简单易用，完全地面向对象，具有平台无关性且安全可靠，主要面向 Internet 的所有特点。JSP 技术主要在将内容的生成和显示进行分离、强调可重用的组件和采用标识简化页面开发 3 个方面推进了动态 Web 页面的发展。JSP 技术很容易整合到多种应用体系结构中，以利用现存的工具和技巧，并且扩展到能够支持企业级的分布式应用。

概括地说，JSP 技术优点有 4 个：一是一次编写，到处运行。比 PHP 更出色，Java 的代码不用做任何更改。二是系统的多平台支持。JSP 基本上可在所有平台上的任意环境中开发、进行系统部署和扩展。三是强大的可伸缩性。既可用一个小的"Jar"文件运行 Servlet/JSP，也能由多台服务器进行集群和负载均衡，甚至多台 Application 进行事务处理和消息处理。四是多样化和功能强大的开发工具支持。Java 已经有了许多非常优秀的开发工具，且许多是免费的。JSP 技术的弱点主要是过于复杂和较大的存储空间要求。为了跨平台和伸缩能力，Java 的操作较为复杂。而基于 class 常驻内存的 Java 的运行速度需要一定的内存，具有"最低性能价格比"，但它需要硬盘储存一系列的 .java 文件和 .class 文件以及对应的版本文件。

7.7 广告设计

现代广告受到艺术、经济、心理等多方面的影响。这种影响的程度和范围是极其深刻和广泛的，以至于人们对广告基本属性的认识产生激烈的争论，形成了不同的广告设计观念。随着图像制作技术的不断革新，传统广告的表现力得到进一步增强，特别是网络、电脑、激光、数字电视等新型传播技术的出现，使传统广告获得了三维和四维状态的新形式。而传播观念的革新以及心理研究的深入，广告信息的传达方式也得到扩展。按照形态的空间维度，广告分为平面型广告、立体型广告、动态型广告 3 种类型。

7.7.1 广告的属性与功能

7.7.1.1 广告的综合属性

广告是一种具有市场营销或类似特征的，目的在于有计划地控制目标对象认知的信息传播活动。因此，广告具有传播、商业、艺术互相交织的属性。广告业界为广告定义的争论恰好说明这一点。

广告已经成为现代社会信息传播活动的主要形式之一，是生产和流通不可缺少的辅助形式。最近 100 年的发展历史表明，商业特性是广告信息传播活动中最活跃的，也是最具魅力的组成部分。而激烈的市场竞争要求广告不再是简单的信息传递，必须通过艺术的途径"诱导"消费者，实现消费者对广告信息的"共鸣"，最终发生消费行为。以广告最发达的美国为例，有关统计资料表明，商业性广告占全部投入的 90% 左右，而社会性广告只有 10% 左右。大部分现代广告理论来源于商业性广告的研究成果，而商业性广告理论在许多情况下，也适用于社会性广告。如有关定位理论不仅在经济性广告中使用，也用于社会性广告，甚至推广到总统竞选、竞技体育等其他社会领域。

7.7.1.2 广告的功能

广告的功能主要有信息传递、强迫接受、诱导和说服。信息传递是广告的本质特征，是视觉传达设计的属性体现。广告信息有表层信息和深层信息两种。广告的表层信息一般为广告文字和图像直接表达出来的内容，如商品信息以及政治、教育、社会等信息。广告的深层信息为隐含在广告文字和图像以及诉求方式方法中的内容，如不同阶层的消费心理、社会文化倾向、时代特征等。

广告的强迫接受功能是指传达者在一定程度上强迫受传者接受广告信息。一方面，传达者通过各种不同的通道大量地、反复地、多时段地传递信息；另一方面，受传者（消费者）不得不被动地、被迫地接受广告信息。

广告的诱导功能是触发消费者潜伏的欲望，引发消费者购买的广告信息传播行为。它往往通过暗示的方式提醒、诱发消费者，因此，广告是一种社会性的心理反应。

广告的说服功能是广告信息改变消费者头脑中已形成的某种认知，促使形成新的认知并由此改变人们的行为。这是一种以某种刺激使消费者产生需要动机，用正确的诉求使之改变态度或方法，并按照说服者的预定意图，采取购买行为的视觉说服活动。日本广告心理学家川胜久指出了广告说服的 5 种情况：①接受者对说服者的诉求内容产生关心和共鸣；②接受者按照说服者的指示采取行动；③接受者和说服者采取同一步骤；④接受者服从说服者的意志或行动；⑤接受者重视说服者的立场或信念。

7.7.2 广告的类型

从广告功能的角度看，广告的类型可以分为说理式、灌输式、暗示式和说服式等 4 种类型。这 4 种广告类型在现实中并存、相互补充。因为广告中没有单面式或一维式的传播。

7.7.2.1 说理式广告

说理式广告是一种向消费者传输并强调能满足其需要的视觉信息广告类型。其传达公式是吸引注意＋刺激兴趣＋挑逗欲望＋购买冲动。说理式广告揭示了人的理想需要，但这种需要又不便在社会中以理性的、逻辑的和功能式的方式表现出来，而应该表现得有说服力。所以，这类广告是以实用功能为基础的。这类广告是广告中最早出现的类型，其实验心理的成分较大。它认为消费者的购买行为是理性的，是基于对产品优势的客观认识。因此，这类广告假定消费者具有逻辑思维能力，只需展现商品或服务的功能、质量，就可以劝说消费者购买了。广告中的产品也能证明这一点。实际上，消费者的购买行为存在一个心理发展过程，有时表现为感性的冲动，而理性的评判往往是事后的证实。如果考虑到现代社会的技术模仿能力以及同类同质商品的数量，仅停留在一个客观介绍程度的广告是难有竞争优势的。

7.7.2.2　灌输式广告

灌输式广告是一种通过不同渠道反复地、不厌其烦地向消费者传输视觉信息的广告类型。这类广告盛行于20世纪20～30年代的欧美，至今仍在使用。它往往采用易于上口的口号和有震撼力的画面，经过无数次重复，使消费者产生一种无意识的强迫观念。

灌输式广告给人在无意识状态下做出的购买行为一个相对简单的机械论解释，并隐约地看见一种有效干预的可能性。这类广告的理论基础是20世纪初的巴甫洛夫条件反射理论、美国心理学家华生（Watson）的行为主义和霍尔（Hall）的学习论。在不同程度和不同形式上，这些理论允许产生一种力量，冲破消费者的抵抗意识，并给他们造成自由选择的幻觉。这种幻觉是指人的心理中无意识或下意识的东西，它是静态的、不透明的。也就是说在表面感知水平上，消费者似乎抵抗了广告的进攻，但在不知不觉中，通过其他中介，广告留在无意识中。

7.7.2.3　暗示式广告

暗示式广告是一种通过巧妙的间接方式刺激消费者的潜力、欲望，引发消费者想象，达到传输视觉信息的广告类型。这类广告意在对消费者没有满足的需要提供心理补偿，释放了消费者被禁止的欲望和冲动。因此，这类广告往往直接应用了精神分析方法的催眠技术。其实，暗示式广告的目的并不是直接促成购买行为，而是培育和强化消费者的购买品行。购买品行是一种消费口味，如精致、优雅、与众不同、超凡脱俗等。购买品行与购买行为不同，后者只是一种浅层次的自动反应，弥补眼前的消费需要；而前者更多地显示出消费者的文化个性，是消费者自身置身于社会情境的生理和心理适应能力的反映。因此，暗示式广告就是将消费者潜意识层面的追求通过广告的提示得以复苏，并通过想象向往自己与消费品融为一体的完美。这类广告应验了格式塔心理学中的"场"理论。个人和有刺激性的情境构成"场"的两级，两级之间不断地相互作用。因此，这类广告一般有一个理想化的生活环境，广告物在这个环境中的出现具有画龙点睛的作用，也是消费者自身与环境和谐的关键。因为环境中的不平衡（从而产生某种欲望）和结论完全被广告暗示的消费行为所说明。所以，暗示式广告的本质是表现欲望或制造欲望，其缺陷是过分针对个人，而忘记消费者是个社会主体，群体中的一员。

7.7.2.4　说服式广告

说服式广告是一种通过视觉信息方式，改变消费者态度的广告类型。如果说暗示式广告是把商业语言和消费者的深层动机相结合的话，那么说服式广告是把商业话语放进社会话语当中，是一种价值观或一种生活模式的模仿，把消费者个人放到社会文化环境中形成一种文化主义广告。

说服式广告强调个人的适应能力和社会文化潮流的刺激相合拍。这类广告不再叙述一个绝对的个人，而是一个偶然的个人在某一个情境中。同时，这类广告不再向个人提供如何用自恋的影像或短暂的梦境满足深层动机，而是提出一种思考模式或有价值的生活模式。因此，说服式广告是提出或强加一种规范和模式，一种参与和文化适应能力的规则，一种个人的社会价值的提升。

7.7.3　广告图像类型

依据广告图像形态，广告分为平面型、立体型、动态型3种广告图像类型。

7.7.3.1　平面型广告

平面型广告是一种在长和宽两个维度上展现图形形象的广告，包括招贴广告、报纸广告、杂志广告、直邮广告4种主要类型，还有挂历广告、传单广告、广告旗等。由于这些广告多用印刷手段制作，也称印刷广告。平面型广告具有以下4个方面的主要特征。

（1）信息容量大　以报纸广告为例，其面积在国内一般从3cm×5.5cm到49.5cm×35cm（整版）大小不等，在国外，一张广告的面积可以大至横跨两个整版，即全张。其容量较广播、电视、路牌等的广告容量大。

（2）可存性强　与广播、电视等广告不同，印刷广告可以长期保存，供多人多次阅读。

（3）快速有效且极为经济　通过印刷广告将商品信息传递给几千甚至几万受传者，仅需几天或几个小时，而其中大部分读者又是该商品的潜在客户。

（4）传播范围广　平面型广告的发行量（如报纸）或发送量（如直邮广告、传单广告）较大，覆盖面较宽。《人民日报》等全国性报纸的发行量都在100万份以上，并且具有相对稳定的读者群。如果考虑到传阅率的因素，其传播范围就更为广阔。据中国一些城市的调查，中国报纸的传阅率一般为每份4~5人，也就是说，真正阅读报纸的人数是发行量的4~5倍。

招贴广告，俗称"海报"，许多中国内地人称其为"宣传画"，是张贴在街头墙上的大幅宣传画。招贴的幅面比报纸广告和杂志广告大许多，具有"远看"的要求，其图形形象简洁明了，强调瞬间视觉感受的艺术特征。由于其视觉表现手段和形式丰富、细腻，适宜广告设计师充分发挥个人的设计才能。

报纸广告是刊登在报纸上的平面形态广告形式。报纸广告的特点主要有广泛性、快速性、经济性、可读性、制作快速方便、幅面灵活和版面多样7个方面。比如报纸的传播范围非常广，广泛适用于各种内容的宣传；许多报纸广告以文稿为主，比其他广告形式具有更强的阅读功能；广告画面的尺寸幅度变化较大，小至几厘米，大至整版以上。而其局限性主要为生命力短暂、印刷质量较差、内容复杂多样干扰读者的注意力、缺乏相对明确的目标对象而导致广告效果测定的准确性受到影响等。

杂志广告是刊登在杂志上的平面形态广告形式。一般出现在杂志的封面（封一）、封二、封三、封底（封四）、插页的版面上。杂志广告的特征主要表现在针对性强、重复性强、干扰少、印刷质量精美、适宜理性诉求5个方面。其局限性主要体现在其出版周期长、覆盖率低等。

直邮广告（DM）是一种通过邮政部门投递给消费者的平面形态广告。严格地说，这是一种商业函件。直邮广告的特征主要有可控性、目标对象明确、发布灵活和隐蔽性等。其中，可控性是指广告主能够控制直邮广告的传播范围，发布灵活是指直邮广告的尺寸、形式、时间、发布数量等方面可根据商品特点、销售意图、文化习惯的不同而变化，隐蔽性是指直邮广告的传播不易为竞争对手知悉，是一种静悄悄的、深入潜行的广告形式。

7.7.3.2　立体型广告

立体型广告是一种在长、宽、高或深三个维度上展现图形形象的广告，主要包括路牌广告、灯光广告和立体广告。立体型广告一般被固定在公共场所，特别是城市繁华、热闹的商业中心地段之中。当人们接近它时，它才能向人们传递广告信息。因此，立体型广告面临着与环境相协调的关系问题。

路牌广告是一种专门设置在马路边、公共场所、风景区等处，以平面造型为主，兼顾立体造型的，传达公共信息的广告类型。路牌广告在20世纪20年代已很盛行。路牌广告主要有油漆广告牌、印刷拼贴广告牌和转体广告牌三种形式。其特征为特别强烈的视觉刺激、高频率的反复显示和成本低廉。其局限性主要表现为信息含量有限和干扰因素多两个方面。

灯光广告又称发光体广告，是一种利用灯光照明作为广告媒体，传达广告信息的广告类型。它一般以金属作为框架，通过灯光闪烁展开信息传递（用开关控制）。有不少灯光广告已成为城市的景点，如纽约市中心的大型灯光广告和上海南京路上的霓虹灯广告。灯光广告包括灯箱广告、霓虹灯广告等。

立体广告是利用石料、玻璃钢、石膏、水泥等材料，塑造出人物、动物等造型物，并刻写上广告文字，然后设置在人流较多的场所，以吸引人们的注意，借以传递广告信息的立体形态广告。它具有商业和审美的价值，把广告宣传与城市美化紧密地结合起来，为人们的活动提供良好的场所。如图7.19为洗发水户外墙贴广告。

人体工程学

图 7.19　洗发水户外墙贴广告

7.7.3.3　动态型广告

　　动态型广告，简称动态广告，是一种以活动形态或时间形态出现的广告形式。它一般包括广播广告、影视广告、音乐广告、专题广告、示范广告（活广告）、活动广告（活动体广告）。鉴于视觉传达设计的范围和实际情况，以影视广告作为讨论的主要对象。

　　影视广告是一种以连续画面播放方式进行的动态广告形式。由于影像的动态性，影视广告具有情节和讲故事的作用，能够吸引各个年龄段观众的注意力，其传播的信息容易成为人们的共识并得到强化、环境暗示、接受频率高。因此，影视广告是覆盖面最大的大众广告形式。

　　与二维、三维广告相比，影视广告具有画面的流动性、接受信息的同时性、接受信息的强制性、声画结合和视听结合4个方面的特征。但是，影视广告存在着信息量小、不可重复、干扰大、费用大4个主要缺点。

　　按照载体的差异，影视广告分为电影广告、电视广告和网络视频广告。这里所说的电影广告是泛指以电影片或幻灯片为广告制作手段并在影院放映的广告，包含了狭义电影广告所指的宣传新影片的广告。电视广告是一种在电视节目中和两个节目之间编入的信息高度集中、高度浓缩的商业性或服务性影视广告。网络视频广告是一种在网络页面中显示的商业性或服务性影视广告。

　　按照播放方式的不同，影视广告分为借题性影视广告和专题性影视广告两种类型。借题性影视广告是一种与电视或网络节目结合在一起的，借助节目的影响力达到传播信息目的的影视广告形式，如冠名广告、特约（赞助）播出广告、栏目结尾鸣谢广告、演播室内广告、节目内广告、实物赞助广告、电视剧下集预告广告等。专题性影视广告是一种在专门时段（栏目内外），以直接推广广告内容为主题的影视广告类型。这一类型的广告能够独立、完整地传递广告内容，允许采用多种艺术手段表现广告内容，具有较高的设计制作水准，被认为是影视广告的代表。如图7.20为影视广告。

图 7.20　影视广告

7.7.4 广告媒体

广告媒体指一切能够实现广告主与广告对象（消费者）之间联系的物体或工具，主要为充当媒介的大众传播工具。没有广告媒体，就意味着广告公司和广告设计师失去向目标对象展示商品、服务、观念的舞台。广告媒体主要具有范围广、形态多样、高费用和决定广告图像的基本形式等特征。其中，形态多样是指广告媒体几乎可触及世界上任何一种东西。有人甚至说，总有一天，一切能被看到的、听到的东西，只要允许、只要需要、只要可能都将成为广告媒体。而不同媒体决定了广告图像的类型、技术条件和制作方式。

7.7.4.1 广告媒体的类型

现代广告媒体繁杂，数量更为惊人，许多人从不同的角度对广告媒体进行各种各样的分类，有助于全面认识广告媒体。

从技术的角度看，广告媒体可以分为印刷媒体、显示媒体、实物媒体。印刷媒体是指以印刷技术为手段的信息载体形式，如报纸、杂志、招贴等。显示媒体是指以电子显示技术为手段的信息载体形式，如电子显示屏、电视等。实物媒体是以实物形式承载信息的媒体，如旗帜、招牌等。

7.7.4.2 广告媒体的基本素质

广告媒体的基本素质主要包括传播范围与对象、收视（听）率、威信、传真程度和适用性等。广告媒体的传播范围与相应的传播对象是广告媒体最基本的素质。泛泛的传播范围是无意义的、虚假的，真正的媒体传播范围及其主要对象对广告效应具有重大影响。

收视（听）率是在一定时段内收看某一节目的人数（或家户数）占观众总人数（或总家户数）的百分比，是反映媒体传播效果的重要素质。其中注意率、反复性是影响收视（听）率的重要因素，目前获取收视（听）率数据的常用方法是抽样调查法。

广告媒体的威信是观众对广告媒体的信任度，有人称之为"光环效应"。广告媒体的威信对广告效应的传播效果影响很大，而对广告媒体威信的研究主要包括大众对广告媒体的评价与信任度、广告媒体威信的范围两个方面。

广告媒体的传真程度是广告媒体在技术上对广告中的实物、照片、绘画等图像进行还原的水平。这种技术一般表现为制作、印刷、传播质量的好坏。杂志、直邮等广告的图片质量往往高于报纸的图片质量，其传真程度也就相对较高。

广告媒体的适用性是指广告媒体适合哪一类型的广告诉求。一般来说，这是由广告媒体的个性所决定的。电视媒体，尤其是像中央电视台之类的全国性媒体，适用于观念、企业形象等广告，而与具体推销行为相结合的促销广告更适合于地方性的广告媒体。

思考练习题

1. 字体设计的方法有哪些？如何符合人体工程学的要求？
2. 标志设计的方法有哪些？人体工程学要求标志如何适应受众的需求？
3. 图形创意的方法有哪些？什么是标识设计？
4. 书籍设计如何体现作者的风格？
5. 近年来获得"中国最美的书"的设计师有哪些？
6. 企业形象展示设计有哪些？
7. 能体现中国传统文化的 CI 设计有哪些？试举出案例。
8. 包装设计如何运用人体工程学？试举例。
9. 多媒体设计如何运用人体工程学？试举例。
10. 广告设计包含哪些内容？其中海报设计如何既体现商家利益又符合审美要求？

8 无障碍化设计

8.1 无障碍化设计概述

8.1.1 无障碍化设计的定义

无障碍化设计是指在最大限度的可能范围内，不分性别、年龄和能力，适合所有人使用方便的环境或产品设计。

无障碍化设计从 1974 年由联合国组织提出以来，一直受到设计师的重视，无障碍化设计强调在科学技术高度发展的现代社会，一切有关人类衣食住行的公共空间环境以及各类建筑设施（设备）的规划设计，都必须充分考虑具有不同程度生理伤残缺陷者和正常活动能力衰退者（如残疾人和老年人）的使用需求，配备能够应答、满足这些需求的服务功能与装置，营造一个充满爱与关怀，切实保障人类安全、方便、舒适的现代生活环境。随着这个概念的深入，无障碍化已经渗透到更宽广的领域中，产品设计乃其中之一。

无障碍化设计概念发展至今，人们从很多角度对其进行研究，对"人"的研究是其中一个重要部分。残障者中很重要的一部分是感官功能障碍者，而老年人因年龄的原因也会导致感官的退化，那么针对这样一类特殊人群，应该怎样实现产品的无障碍呢？无障碍化设计立足于人道主义而产生的一种新的设计思想，旨在创造一个平等的社会环境。设计思想需要方法的支持，感官代偿从人的感官的生理机能出发，利用医学上相关的研究成果，将人类普遍存在的生理规律充分地应用到无障碍化设计中，把人们的感觉信息纳入整个产品信息系统中，针对人群的特殊性，选择和强调某一种或几种感官代偿方式，实现表达方式和信息量之间的最优化，最终达到为所有人提供无障碍产品的目的。

无障碍化设计的设计理念就是"无障碍"，基于对人类行为、意识与动作反应的细致研究，致力于优化一切为人所用的物与环境的设计，在使用操作界面上清除那些让使用者感到困惑、困难的"障碍"，为使用者提供最大可能的方便，这就是无障碍化设计的基本思想。无障碍化设计提出伊始主要考虑的是由于自身的生理能力受限而导致诸多不便的残障人群和老年人，这是一个庞大的群体。

近年来，设计师提出了几种设计概念与无障碍化设计类似，如辅助型设计、适应性设计、跨代设计和生命阶段设计等。这些概念与无障碍化设计存在区别，又有相同点，理解它们有助于更好地理解无障碍化设计。

8.1.1.1 辅助型设计

辅助型设计指的是针对用来改善残疾人能力的专用产品的设计，辅助型产品的功能是帮助残疾人获得独立性，如助行架（见图 8.1）、轮椅（见图 8.2）和拐杖等，都属于辅助型产品的范畴。

辅助型设计和无障碍化设计的相同点在于它们所面向的人群有一定的重合，都是为了给残疾人和老年人等有障碍人群提供方便。不同点体现在两个方面，首先，两者的产品表现不同。辅助型产品是有障碍者的专用产品，它的功能就是为了帮助有障碍者获得独立性；而无障碍化设计是让普通产品能够适应有障碍者的使用。其次，两者的使用人群不同。辅助型产品的使用人群是有障碍者，而无障碍产品的使用人群是所有人。如轮椅，它让下肢障碍者能够"行走"，

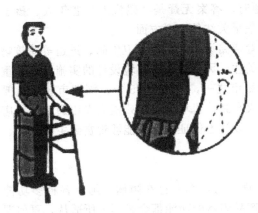

图 8.1　助行架

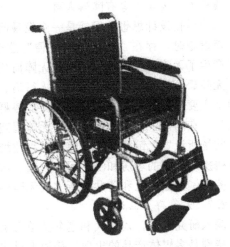

图 8.2　轮椅

它的使用人群仅局限于下肢障碍者，正常人不会去用；而如图 8.3 所示的图中安装扶手的马桶，它的主要功能不变，只是为了方便有障碍者使用而安装了扶手，它适用于下肢障碍者，也适合所有人使用。

8.1.1.2　适应性设计

适应性设计是使普通产品能够适应残疾人使用的设计。例如在餐具上加上把手，与辅助型设计一样，适应性设计的任务是设计满足残疾人特殊需要的专用设施，加大门的宽度、房子的高度、柜台下膝盖空间、卫浴设备等都是在建筑环境中提供易用性的设计实例。

适应性设计是对一般产品进行改进，让普通产品能够适应残疾人的使用，这是与辅助型设计的不同之处。可以说适应性设计是实现无障碍化设计的一种方法，在建筑和环境设施的无障碍化设计中经常使用。如图 8.3 所示的安装有辅助设备的马桶，为了适应残障者的使用，加上了扶手或搭手这样的辅助设备，就是让普通的产品适合障碍者的使用。

8.1.1.3　跨代设计和生命阶段设计

跨代设计和生命阶段设计的目标是解决由年龄造成的局限性。跨代设计多见于工业产品设计范畴，而生命阶段设计多见于建筑设计和室内外环境设计。两者都是为了改进产品或环境中与年龄有关的因素。它们关注的是年龄产生的变化，因此安全因素是两者最为关心的问题，特别是对没有判断力的未成年人或痴呆症患者来说，安全是产品设计中的重要因素，安全也是无障碍化设计标准中的重要部分。因此，跨代设计和生命阶段设计也是无障碍化设计的重要方法之一。

8.1.2　无障碍化设计的发展

8.1.2.1　无障碍化设计理念的提出

物质环境无障碍的研究可以追溯到 20 世纪 30 年代初，当时瑞典、丹麦等国家就建有专供残疾人使用的设施。1961 年，美国制定了世界上第一个《无障碍标准》。此后，英国、日本、加拿大等几十个国家和地区相继制定了法规。

无障碍化设计概念是在 1974 年由联合国组织正式提出，主要针对的是建筑和公共设施，面向人

图 8.3　方便残疾人使用的马桶

群是残疾人、老年人等有障碍人群。

无障碍化设计思想的发展是一个发现问题和解决问题的过程。当设计师发现，在使用建筑及环境设施时，存在"是谁最不方便"这个问题时，答案无疑是"残疾人、老年人、孩子"，从而产生了无障碍设施设计，这是无障碍化设计最早关注的主要方面。

无障碍设施设计研究行车道、人行道、天桥等道路设施和扶手、卫生间、过道等建筑物设计两个主要方面的内容。随着社会对弱势群体的关注，无障碍物质环境设计的实施取得了重大的进步。在国内，深圳是最早开展无障碍建设的城市之一，早在 1985 年，深圳市政府就要求在公共场所设置无障碍设施，道路上兴建坡道，火车站、机场等设置残疾人专用通道，酒店有方便残疾人使用的客房和洗手间，公园、旅游区在设计上保证残疾人能够观赏到主要景点、设置轮椅等，在住宅区和公共场所实现无障碍化。

8.1.2.2　无障碍产品设计

深入研究发现，残疾人和老年人在使用各种物品时，都会存在障碍。随着各种多功能产品，特别是多媒体产品的出现，普通人对多媒体产品丰富的功能都会感到无所适从，更何况有障碍者。研究范畴的扩大是无障碍化设计发展的又一重要阶段。无障碍化设计思想从无障碍设施设计和建筑设计扩展到无障碍产品设计。这里说的无障碍产品设计也包括了无障碍设施设计和建筑设计，是"产品"涵义上的扩充。设计者针对各种特定的产品，研究具体的无障碍化设计技术与方法，特别是在信息技术领域取得了众多的成果。

8.1.2.3　广义的无障碍化设计

更进一步的探索发现，所有人（而不仅仅是残疾人和老年人）在不同的场合会感到各种障碍的存在。每个人只能在有限的活动范围中做有限的事情，例如，人在驾驶的时候打手机就很不方便。因此，从"人"的角度，无障碍化设计思想能更进一步推广到面向所有人的无障碍化设计，这是广义的无障碍化设计。

8.1.3　无障碍化设计的现状分析

无障碍化设计是一个长期且不断深入的设计思想，囊括了社会生活的方方面面。目前，无障碍设施设计和无障碍信息设计两个方面已经取得了重要的发展，形成了一定的理论体系和技术支持。

8.1.3.1　无障碍设施设计

经过长期的研究，无障碍设施设计已经形成了较为完整的设计理论和数据库。国际标准机构于 1979 年将残疾人的问题纳入了 ISO 一般规格的标准系列中，包括两方面内容：一是残疾人的类别和基本要求；二是残疾者要求的无障碍建筑物。目前，已有 100 多个国家和地区定制了有关残疾人的法律和无障碍技术法规与技术标准，我国于 1985 年开始研究无障碍技术，制定无障碍法规，建设无障碍环境，并于 1989 年颁布了《方便残疾人使用的城市道路和建筑物设计规范》，由此可见社会对无障碍设施设计的重视。无障碍设施设计内容包括城市道路无障碍设施设计和建筑物无障碍设施设计两个方面。

（1）城市道路无障碍设施设计　城市道路无障碍设施设计是为了方便残疾人以手摇三轮车为主要交通工具使用和通行的道路设施，同时也考虑到坐轮椅者、拄拐杖者、视力残疾者的不同要求。主要设计对象为：非机动车行车道、人行道、人行天桥和人行过道、音响交通信号设置。

① 非机动车行车道。主要考虑要满足手摇三轮车的通行，因此对车道的坡度、坡长和宽度做出了严格的规定。上海体育馆周围的几条交通干道去掉了非机动车行车道，严重地违背了无障碍化设计标准，残疾人的手摇三轮车和自行车只能和机动车公用机动车道或和行人共用人行道，这都是很危险的。

② 人行道。主要考虑满足手摇三轮车、坐轮椅者、拄拐杖者、视力残疾者通行。因此除

了在坡度、坡长和宽度上有相同要求外，还要求设置缘石坡道，对于缘石坡道的设置原则以及材料都有相应的标准。盲道在任何情况下都不能被占用。但现实却不尽如人意，下水道井盖铺在盲道中间，树木种在盲道上（见图8.4），商店巨大的广告牌和自行车甚至连杂物胡乱地堆在盲道上（见图8.5），这些情况屡见不鲜。

图 8.4　树木中断盲道图

图 8.5　杂物占用盲道

③ 人行天桥和人行过道。繁华地段车流量大，禁止非机动车和行人穿越马路，因此要设置人行天桥和过道。人行天桥和过道的无障碍化设计，主要是针对拄拐杖者和坐轮椅者，对于阶梯的高度、宽度、休息平台、抓杆等都有相关的规定。如图8.6所示为北京的无障碍天桥，它由坡道和梯道共同组成，坡道主要是方便坐轮椅者的通行。当然，如果能够在入口、转弯、出口等处标上盲文标识，就能更方便盲人的通行。

④ 音响交通信号设置。主要针对视力残疾者和部分老年人，因红绿灯不能被感知，因此采用音响交通信号。如图8.7所示的交通信号灯，在行人较多的路口，只要按交通信号灯上的按钮，几秒钟后就变成绿灯，并伴有轻声的警报声，这种交通信号灯方为视力障碍者的通行提供方便，只是在国内现在没有被广泛应用。

图 8.6　人行坡道天桥

图 8.7　音响交通信号灯

（2）建筑物无障碍设施设计　建筑物无障碍设施设计对象包括公共建筑物设计和居住建筑物设计两大方面。公共建筑物设计包括政府及纪念性建筑、文化娱乐体育建筑、商业服务建筑、宿舍及旅馆建筑、医疗建筑、交通建筑等；居住建筑物设计如高层及中高层、多层低层住宅和公寓、职工和学生宿舍，还包括城市广场、公园、游览地等公共设施设计，学习、工作场所以及建筑物的设计。主要对建筑物的出入口、坡道、走道、门、窗户周围及楼梯台阶、电梯、扶手、地面、卫生间、浴室、厨房、开水房、家具器具设备、轮椅席、停车场及停车车位，对其中的长宽高、坡度、材料、转弯等方面的无障碍化设计做出了相应的规定。

8.1.3.2　无障碍信息设计

随着现代网络信息技术的发展，越来越多的人享受了网络和各种信息技术带来的便利，然而对于残障者，特别是视力残障者和听力残障者，他们被现代计算机和网络技术隔绝，从而产生了"如何让残障者也能平等地享用信息"这个问题，随着计算机和网络技术的进一步发展，人们找到了这个问题的解决方法，这就是无障碍信息设计。

信息无障碍是指任何人（无论健全人还是残疾人，无论年轻人还是老年人）在任何情况下都能平等地、方便地、无障碍地获取信息、利用信息进行交流。主要包括两个范畴：一是电子和信息技术无障碍；二是网络无障碍。前者是指电子和信息技术相关软硬件本身的无障碍化设计以及辅助产品和技术；后者则包括网页内容无障碍化设计、网络应用无障碍化设计以及它们与辅助产品和技术的兼容。推动无障碍信息设计的目的是使电子、信息技术和网络对尽可能多的人更加可用和易用。

国外对于无障碍信息设计的研究，已经达到较高的水平。欧美发达国家对于弱势群体获取信息的问题给予相当的关注，可以说已经渗透到日常各项工作中。美国、瑞士、意大利、英国、日本等国都制定了法案、标准，来推动信息无障碍工作，规范信息无障碍的设备、市场。现有的主要无障碍信息技术有 HPR（home page reader）、EWB（easy web browsing）、Web Adapt2Me 和 aDesigner 等，主要为了方便视觉残障者有效地利用互联网获取信息。

（1）HPR　HPR 是多次获奖的"会说话"的网络浏览器，可以借助于语音帮助盲人和弱视人士浏览互联网。HPR 可以朗读网页上的内容，帮助弱视人士改变网页字体、字号、颜色、使用特殊功能，还有利用键盘操作的 Desktop Reader 以及 Adobe Reader 和 Maeromedia Flash 的语音输出功能。此外，HPR 的可视化用户界面和简单易学的键盘操作功能深受网页开发人员的欢迎，被用于测试网页的无障碍性。

（2）EWB　EWB 向初学者或弱视人士提供了友好的网页界面，可放大字体，朗读网页内容，通过改变字体和背景色等方式对网页进行优化。EWB 可安装在网站上，初学者和弱视人士可以通过网站上的链接，下载必要的组件，经简便的安装操作即可使用。借助于 EWB，可以向无法舒适地阅读网站内容的用户提供更多的阅读选择。

（3）Web Adapt2Me　该技术可以帮助有视力、智力或手部活动障碍的人对网页展示的方式进行定制。用户可以放大网页字体，改变显示格式和对比度以突出字体和链接，增加行距，去除繁杂的动画等。对于有行动障碍的用户，Web Adapt2Me 可以根据他们的个人需要调整系统设置。

（4）aDesigner　aDesigner 是残障者上网体验模拟器，可帮助网页设计人员设计出视力障碍者也可以浏览的网页。该软件可以评估网页对比色的程度、用户改变字体设置的能力、图形所对应的文字的正确性以及网页上链接的有效性，以确保网页的可浏览性，确保网页符合现有的无障碍规范。aDesigner 还将为所测试网页进行评分，并列出网页对于视力障碍者可能存在的可用性和易用性方面的问题。

无障碍设施设计和无障碍信息设计是目前发展较为成熟的两个方面。环境设施与人们的日常生活最为密切，因此最先受到设计师的关注；无障碍信息设计的发展是基于计算机技术的发展的。残疾人的观点也体现了他们对技术的信赖，"我们或许有障碍，我们行动自由处于需治疗的状况，但有些根本不需要药物治疗，人类的知识、技术和集体力量会使我们有办法改变自身"。因此，无障碍化设计的发展要以科学技术的发展作为支持。与无障碍设施设计和无障碍信息设计相比，无障碍产品设计还没有形成系统的研究。

8.1.4　无障碍化设计的效益分析

无障碍化设计思想是基于对弱势群体的人文关怀而提出的。无障碍化设计思想的不断深入、无障碍化设计技术的不断发展以及无障碍化设计实践的推广证明，无障碍化设计不仅仅是关怀，也有其经济效益和社会效益。

8.1.4.1　无障碍化设计的经济效益

在无障碍化设计思想提出之前，环境设计和产品设计没有考虑弱势群体的使用。对现有的建筑和环境设施进行无障碍化设计改造，就会消耗很大的人力财力，也会造成资源的浪费。如果在设计阶段就考虑无障碍化设计，那么所用的成本相对就要少得多，这就是无障碍化设计的经济效益。

对于企业来说，研发无障碍产品可以扩大消费者群体，而新增功能如果能够很好地迎合一般人的需求，从而树立企业和产品的良好形象，在前期对于无障碍化设计的投入成本可以收到成倍的回报。

8.1.4.2　无障碍化设计的社会效益

我国残疾人和老年人总数超过 2 亿。但是在许多城市，这些人是"隐匿"的，很少在公共场所见到，原因就在城市的许多建筑和设施设计都不符合他们的生理特征，他们对于许多为大多数正常人设计的产品感到无所适从。无障碍化设计将环境和产品平等地展示给弱势群体，残疾人和老年人能够享有和正常人相同的使用方式，无障碍化设计能够让使用者拥有平等的心理，这是建设平等社会的重要步骤。

此外，无障碍化设计提高了弱势群体的自理能力，在一定程度上减轻了弱势群体及其家庭成员的负担，因此无障碍化设计满足了弱势群体健康和发展的需要，体现了人性的关爱，营造了和谐的社会环境。

8.1.5　无障碍化设计的原则

经无障碍化设计思想的长期研究和实践，总结出公平性原则、使用可变性原则、简单直观原则、信息可觉察性原则、容错性原则、低体力消耗原则和尺度空间可接近原则六条主要原则。在本书第 5 章研究感官代偿指导无障碍产品设计中，也要遵循这些原则。

8.1.5.1　公平性原则

设计物对于不同能力的人们来说都是有用而适合的。如图 8.8 所示的两种常见的感应门，虽然许多的大型商场和酒店更偏向使用旋转门，但从无障碍的角度说，平滑感应门比旋转门更适合残疾人和普通人的通行。

① 尽可能为所有的使用者提供相同的使用方式，如不能，则尽可能采用类似的使用方式。

② 避免隔离或歧视使用者。

③ 所有使用者应该拥有相同的隐私权和安全感。

④ 能引起所有使用者的兴趣。

8.1.5.2　使用可变性原则

设计物要同时适应不同的个体意愿和能力。如图 8.9 所示，左图的手表，适合绝大部分的使用者用右手操作；而右图是专门为左利手开发的手表，却不适合右手使用；中图的电流仪，左右手都能进行相同的操作。

图 8.8 两种常见的感应门

图 8.9 使用可变性实例

① 提供多种使用方式以供使用者选择。

② 同时考虑左撇子和右撇子的使用。

③ 能增进用户的准确性和精确性。

④ 适应不同用户的不同使用节奏。

8.1.5.3 简单直观原则

无论使用者的经验、文化水平、语言技能、使用时的注意力集中程度如何，都能容易地理解设计物的使用方式。如图 8.10 所示为三款手机，左图按键多、功能复杂。中图手机设计初衷是专为老年人，操作简单，整个手机只有七个键，包括五个数字键。该款手机的按键设计不符合人们对按键的传统观念，特别是老年人，对于新事物的接受很谨慎。此外，外观上的简单不代表操作的简洁，该手机要拨其余数字就要进行额外设置，无形增加了操作，所以不是一款好的老年人手机设计。而右图手机一切功能简单明了，数字的设置既符合传统手机设置，又考虑到了老年人的使用。

① 去掉不必要的复杂细节。

② 与用户的期望和直觉保持一致。

③ 适应不同读写和语言水平的使用者。

④ 根据信息重要程度进行编排。

⑤ 在任务执行期间和完成之时提供有效的提示和反馈。

8.1.5.4 信息可觉察性原则

无论环境状况和使用者的感知水平如何，设计物都能有效地将必要的信息传达给使用者。

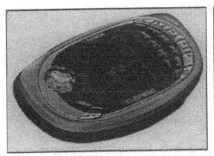

图 8.10　几种手机的产品

① 为重要的信息提供不同的表达模式（图像的、语言的、触觉的），确保信息冗余度。

② 重要信息和周边要有足够的对比。

③ 强化重要信息的可识读性。

④ 以可描述的方式区分不同的元素（例如，要便于发出指示和指令）。

⑤ 与感知能力障碍者所使用的技术装备兼容。

8.1.5.5　容错性原则

产品应该降低由于偶然动作和失误而产生的危害及负面后果。

① 对不同元素进行精心安排，以降低危害和错误；最常用的元素应该是最容易触及的；危害性的元素可采用消除、单独设置和加上保护罩等处理方式。

② 提供危害和错误的警示信息。

③ 失效时能提供安全模式。

④ 在执行需要高度警觉的任务中，不鼓励分散注意力的无意识行为。

8.1.5.6　低体力消耗原则

设计物应当能被有效而舒适地使用，同时降低疲劳。

① 允许使用者保持一种省力的肢体位置。

② 使用合适的操作力（手、足操作等）。

③ 减少重复动作的次数。

④ 减少持续性体力负荷。

8.1.5.7　尺度空间可接近原则

无论使用者的生理尺寸、体态和动态，都能提供合适的尺度和空间以便于接近、到达、操控和使用。如图 8.11 所示为两种开关，左图开关的操作单一，只能用手指尖操作，因此不适合手指残疾者的使用；右图是大开关，操作的部位和方式就要自由很多，更加符合尺度空间可接近原则。

图 8.11　两种开关

① 为坐姿和立姿的使用者提供观察重要元素的清晰视线。

② 坐姿或立姿的使用者都能舒适地触及所有元素。

③ 兼容各种手部和抓握尺寸。

④ 为辅助设备和个人助理装置提供充足的空间。

8.2 无障碍化设计中"人"的研究

产品设计的核心是以"人"为中心，设计的目的就是要充分适应和满足人的需求。首先无障碍化设计面向的是残疾人和老年人这样的弱势群体，所以设计从研究"人"入手。

8.2.1 弱势群体研究

研究无障碍化设计，首先必须了解无障碍化设计主要面向的对象——弱势群体。弱势群体（social vulnerable groups），也叫社会脆弱群体、社会弱者群体，它是一个用来分析现代社会经济利益和社会权力分配不公平、社会结构不协调、不合理的概念，是社会学、政治学、社会政策研究等领域的一个核心概念。社会学关于社会问题的研究、社会学的分支学科社会工作和社会福利的发展和普及，是推动弱势群体概念成为社会科学主流话题之一的重要因素。在国内，弱势群体是在 2002 年 3 月的九届全国人大五次会议上所作的《政府工作报告》中提出，从而弱势群体概念备受关注。设计在经历了一个从贵族、精英到平民的过渡之后，弱势群体的提出进一步拓展了它的研究领域，无障碍化设计主要面向的正是弱势群体中的一个重要分支——残疾人、老年人等生理功能上存在障碍的群体。

8.2.1.1 无障碍化设计中弱势群体的概念研究

无障碍化设计中的弱势群体主要指的是由于损伤造成残疾，从而在认知事物时存在各种障碍的人群，主要包括的就是残疾人和老年人。

（1）损伤 任何心理、生理、组织结构或功能的缺失或不正常叫做损伤。

（2）残疾 任何以人类正常的方式或在正常范围内进行某种活动的能力受限或缺乏称为残疾。

（3）障碍 一个人由于损伤或残疾造成的不利条件，限制或妨碍个人正常（取决于年龄、性别及社会和文化因素）完成某项任务。

（4）残疾人 在心理、生理、人体结构上，某种组织、功能丧失或者不正常，全部或者部分丧失以正常方式从事某种活动能力的人。

（5）老年人 根据世界卫生组织对年龄的划分，65 岁以前算中年人，65 岁以上到 74 岁是青老年人，75～90 岁才算正式老年人，90～120 岁是高龄老年人。人进入老年期之后，从生理上说，视听嗅味觉都会退化，行动变得迟缓；心理上，也出现了老年人特有的问题，这在后面有详细阐述。

8.2.1.2 残疾等级分析

根据 1987 年对残疾人的抽样调查，根据残疾类型，中国残疾分类标准分为视力残疾标准、听力语言残疾标准、智力残疾标准、肢体残疾标准和精神病残疾标准五大类。

（1）视力残疾标准 视力残疾，是指由于各种原因导致双眼视力障碍或视野缩小，而难能做到一般人所能从事的工作、学习或其他活动。视力残疾的分级见表 8.1。

（2）听力语言残疾标准 听力残疾是指由于各种原因导致双耳听力丧失或听觉障碍，而听不到或听不真周围环境的声音；语言残疾是指由于各种原因导致不能说话或语言障碍，从而很难同一般人进行正常的语言交往活动。听力语言残疾的分级见表 8.2，单纯的语言残疾，不分等级。

表 8.1　视力残疾分级表

类别	级别	最佳矫正视力
盲	一级盲	＜0.02～无光感；或视野半径＜5°
	二级盲	＜0.05～0.02；或视野半径＜10°
低视力	一级低视力	＜0.1～0.05
	二级低视力	＜0.3～0.1

表 8.2　听力残疾分级

类别	级别	听力损失程度
聋	一级聋	＞91dB
	二级聋	90～71dB
重听	一级重听	70～56dB
	二级重听	55～41dB

（3）智力残疾标准　智力残疾是指人的智力活动能力明显低于一般人的水平，并显示出适应行为的障碍。为便于与国际资料相比较，参照世界卫生组织（WHO）和美国智能迟缓协会（AAMD）的智力残疾分级标准，按其智力商数（IQ）及社会适应行为来划分智力残疾的等级，见表8.3。

表 8.3　智力残疾分级

级别	分度	与平均水平差距(SD)	IQ 值	适应能力
一级智力残疾	极重度	≥5.01	20 或 25 以下	极重适应缺陷
二级智力残疾	重度	4.01～5	20～35 或 25～40	重度适应缺陷
三级智力残疾	中度	3.01～4	30～50 或 40～55	中度适应缺陷
四级智力残疾	轻度	2.01～3	50～70 或 55～75	轻度适应缺陷

（4）肢体残疾标准　肢体残疾是指人的肢体残缺、畸形、麻痹所致人体运动功能障碍。以残疾者在无辅助器具帮助下，对日常生活活动的能力进行评价计分。日常生活活动分为八项，即端坐、站立、行走、穿衣、洗漱、进餐、如厕、写字。能实现一项算1分，实现困难算0.5分，不能实现的算0分，据此划分三个等级，见表8.4。

表 8.4　肢体残疾分级

级别	程度	计分
一级(重度)	完全不能或基本上不能完成日常生活活动	0～4
二级(中度)	能够部分完成日常生活活动	4.5～6
三级(轻度)	基本上能够完成日常生活活动	6.5～7.5

（5）精神病残疾标准　精神病残疾，是指精神病人病情持续1年以上未痊愈，从而影响基本能力和在家庭、社会应尽职能上出现不同程度的紊乱和障碍。为便于与国际资料相比较，按照世界卫生组织（WHO）提供的《社会功能缺陷筛选表》所列10个问题的评分，来划分精神病残疾的等级，见表8.5。

表 8.5　精神病残疾分级

级别	分级	计分
一级精神病残疾	极重度	《社会功能缺陷筛选表》10个问题中，有3个或3个以上问题评为"2分"的
二级精神病残疾	重度	《社会功能缺陷筛选表》10个问题中，有2个问题被评为"2分"的
三级精神病残疾	中度	《社会功能缺陷筛选表》10个问题中，只有1个被评为"2分"的
四级精神病残疾	轻度	《社会功能缺陷筛选表》10个问题中，有2个或2个以上被评为"1分"的

残疾的等级和分类对残疾人的生理特征做出了详细的阐述，同时也对无障碍化设计提出了新的问题。无障碍产品的最终目标是满足所有人的使用需求，但从残疾分类中可以看出，一件产品要满足所有人的需求是很不现实的，迄今为止对无障碍化设计的研究还没有解决这个问题。许多设计师以具体的残疾类型作为切入点，得出了具有针对性的无障碍化设计方法。笔者提出了一种面向感官存在障碍的群体使用的产品设计的无障碍化设计方法——感官代偿，可以部分地解决上述问题。

从残疾的概念可以看出，对残疾的理解不能局限于一般意义上的残疾人，而是包括了所有在正常范围内能力受限或缺失的人，老年人感官功能退化可以概括到残疾的分类中。本文对感官代偿的研究，从生理上说，针对的是残疾的类型，不再具体区分残疾人和老年人。从心理上说，两者的心理问题和消费心理与一般人都存在很大的差别。

8.2.1.3 弱势群体心理分析

心理学是研究人和动物心理活动和行为表现的一门科学，来源于希腊文，意思是关于灵魂的科学。

人在生活实践中与周围事物相互作用，必然有这样或那样的主观活动和行为表现，这就是人的心理活动，简称心理。心理活动是人们在生活实践中由客观事物引起、在头脑中产生的主观活动。心理学有许多分支，普通心理学研究心理学基本原理和心理现象一般规律；生理心理学研究心理现象和行为产生的生理过程；社会心理学研究个体和群体的社会心理现象；消费心理学研究消费者在消费活动中的心理现象及其行为规律；此外，还有教育心理学、发展心理学和医学心理学等。心理活动是人类所特有的现象，它指导着人类的各种行为，如犯罪行为、选择行为、购买行为等。

无障碍产品设计相关的心理研究主要从两个方面入手：一是无障碍产品消费者的心理问题研究，从社会心理学的角度研究残疾人和老年人作为特殊的社会角色的心理问题，而无障碍产品设计必须能够解决这些问题；二是无障碍产品消费者的消费心理研究，主要预测和引导残疾人和老年人的购买行为，从而指导无障碍产品设计的市场导向。

（1）心理问题研究　随着社会竞争日益激烈，残疾人面临的现实更加严峻，而社会对残疾人的关注不够，社会上对残疾人有同情怜悯和歧视漠视两种不同的态度，对残疾人的自尊与特点重视不够。而残疾人自身对自己的缺陷不正确的认识，从而导致很多心理问题。如孤独感、自卑感、敏感、自尊心强、情绪反应强且不稳定、富有同情心、矛盾感等。

老年期是人生历程中的最后一个转折。这一时期，不仅机体衰老加快，疾病增多，面临着死亡的考验和挑战，而且，老年人的职业状况、家庭结构、婚姻状况、经济境遇等方面都在发生变化，这些变化对老年人的感觉、知觉、记忆、智力、情绪、情感、性格、兴趣等不同层次的心理都将产生影响。

（2）消费心理研究　产品的目的在于引起消费。无障碍化设计是一种社会关怀，更重要的是，无障碍产品也是以消费为目的。消费者是一个受他们需求欲望驱动的群体，产品受众的需要是产品存在和产生作用的根本原因，研究产品受众的心理，就必须了解产品受众的需要。

在心理学中，需要的含义是指有机体感受到的某种缺乏或者不平衡。这个含义从两个方面理解：首先，有机体存在某种"缺乏"，比如当你的身体缺乏水分的时候，你才会有喝水的需要；其次，有机体必须能感受到这种缺乏。单单有缺乏的存在不是需要，只有感受到这种缺乏，需要才成为现实，所以说需要其实是一种主观状态。缺乏包括生理和心理上的缺乏。残障人和老年人由于生理上与普通人不同，因此就会产生不同的缺乏和需要。残障者，他们感官的缺陷和肢体的不便让他们感到更多的缺乏，手残疾者在用餐时不能用筷子和普通的勺子，因此他们就有了对适合他们使用的餐具的需要。心理上的缺乏，决定了他们选择产品的心理和满意度，对最终做出购买行为起了至关重要的作用。这种缺乏和需要，体现在生活的方方面面。

此外，消费也是人们表达自我形象的方式，购买商品的目的是为了保持自己的某种形象或是改变自己的形象，对于残疾人和老年人来说，对自身形象的不满意，更要求无障碍产品能够做到这一点。

根据马斯洛的需求层次理论，人们的需求由低向高分为生理需求、安全需求、社交需求、尊重需求、自我实现需求，如图 8.12 所示。

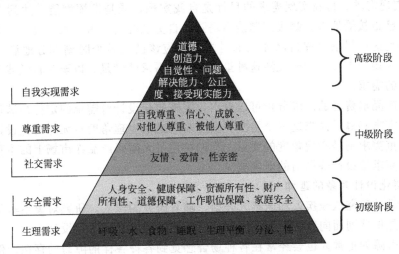

图 8.12　马斯洛的需求层次理论

① 生理需求。在消费者消费能力低下的时候，只求满足基本的生理需求，人们在转向较高层次的需求之前，总是尽力满足这类需求。一个人在饥饿时不会对其他任何事物感兴趣，他的主要动力是得到食物。

② 安全需求。安全需求包括对人身安全、生活稳定以及免遭痛苦、威胁或疾病等的需求。和生理需求一样，在安全需求没有得到满足之前，人们唯一关心的就是这种需求。在无障碍设施设计中，设计师的目光就是定位在这样一个需求层次。目前很多环境设施只考虑到正常人的安全要求，而对于肢体残疾者或者视听觉缺失者，有些设施是危险的，甚至根本没有可用性。例如电梯，很多商场中都会配备人行楼梯和电梯，但是其中很多都是"有障碍的"，人行楼梯只有阶梯却没有配备相应的平坡，阶梯式的电梯容不下轮椅，所以人们把无障碍的通道设置在升降电梯，但是，目前许多高层建筑的升降电梯的按钮设计并不合理，坐轮椅者并不能触摸到所有的按键。

③ 社交需求。社交需求包括对友谊、爱情以及隶属关系的需求。当生理需求和安全需求得到满足后，社交需求就会突显出来，进而产生激励作用。在马斯洛需求层次中，这一层次是与前两层次截然不同的层次。产品的消费者对产品的需求转向"情感满足"的因素，希望在使用产品的过程中能够感受到更多的"人情味"。无障碍化设计理念提出的初衷就是让更多的人体会到具有人情味的环境、产品和各种服务，因此设计中应体现对人们社交需求的满足。

④ 尊重需求。尊重需求既包括对成就或自我价值的个人感觉，也包括他人对自己的认可与尊重。有尊重需求的人希望别人按照他们的实际形象来接受他们，并认为他们有能力，能胜任工作。他们关心的是成就、名声、地位和晋升机会。这是由于别人认识到他们的才能而得到的。当他们得到这些时，不仅赢得了人们的尊重，同时就其内心因对自己价值的满足而充满自信。不能满足这类需求，就会使他们感到沮丧。如果别人给予的荣誉不是根据其真才实学，而是徒有虚名，也会对他们的心理构成威胁。因此，无障碍产品要给他人以实现自我价值的感觉，就

要求设计师将产品要求的无障碍因素自然地融入产品中，让无障碍产品适应所有人对该类产品的要求，包括功能要求和审美要求。对无障碍产品的理解绝对不是仅仅停留在面向残疾人和老年人的产品，而是把能与生活相关的各种环境设施、产品和服务都加以无障碍化，而在购买这类产品时，残疾人和老年人感到能够满足他们的要求，而普通人购买时能够感觉到，它能满足他们很多不同情况下的使用。社会心理学家的研究表明，差异可产生歧视。无障碍产品的最终目标是能够缩小普通人和残障人之间的差异性，让人们在感受平等的时候，感到被尊重的满足感。

⑤ 自我实现需求。自我实现需求的目标是自我实现，或是发挥潜能。达到自我实现境界的人，接受自己也接受他人。解决问题能力增强，自觉性提高，善于独立处事，要求不受打扰地独处。要满足这种尽量发挥自己才能的需求，他应该已在某个时刻部分地满足了其他的需求。当然自我实现的人可能过分关注这种最高层次的需求的满足，以至于自觉或不自觉地放弃满足较低层次的需求。

从无障碍产品消费者的需求分析可以看出，无障碍化设计对需求的定位是满足消费者的安全需求、社交需求和尊重需求这三个层次，安全需求是从生理角度对无障碍化设计的要求，而社交需求和尊重需求则是心理角度的要求。它们决定了无障碍产品在市场上的生存，也是消费者日益增长的需求给设计师提出的新挑战。

8.2.2 无障碍化设计对象的延伸

无障碍化设计研究从残疾人和老年人开始，随着研究的深入，研究对象不再仅仅局限于这两大群体，而是扩展到面向所有人的设计，从而实现广义的无障碍化设计。

没有生理残障的正常人也会经常在各种场合感觉到各种各样的障碍的存在。例如驾驶，驾驶者把绝大部分的精力放在车的方向、油门和路况的时候，要用手机打电话就会感到障碍的存在，如果强行执行，就会导致危险的发生。可以说，正常人也是在某种特殊环境中的"残障者"。这种残疾是由于某个操作动作的进行而导致不能正常地执行其他操作的情况。因此在设计时应该考虑到，产品的使用环境所造成的人的某些功能的暂时性缺失。

因此，有人提出"人人都是残疾"的概念，就是期望用无障碍化设计解决日常生活中出现的问题，从而无障碍化设计不仅能够满足残疾人和老年人的要求，也能够满足普通人在暂时性"残疾"的情况下的要求，这就是广义无障碍化设计的目标。

同样，感官代偿的研究主要面向的是感官障碍者，其中不仅包括生理上的感官残障者和感官功能衰退的老年人，还包括在某种特殊情况下变成感官"残障者"的正常人，实际上，这种特殊情况是普遍存在的，这也证明了感官代偿具有普遍意义。

8.3 无障碍产品研究

无障碍产品对于正常人和弱势群体来说，都应该可以自由方便地使用，而不存在任何不方便的障碍，这是无障碍产品设计的目标，也是区别于普通产品的关键。

8.3.1 无障碍产品的功能分析

进行无障碍产品设计，首先要对产品进行功能分析，分析产品的功能级别，从而确定无障碍化设计要求的功能方式。

8.3.1.1 产品功能概述

产品可以看作具有某种结构和功能的个体，是一个由各种要素构成的功能系统。功能是指产品所具有的效用，并被接受的能力，产品只有具备某种特定的功能才有可能进行生产和销售。因此，产品实质上是功能的载体，实现功能是产品设计的最终目的，而功能的承载者是产品实体结构，产品的设计与制造过程中的一切手段和方法，实际上是针对依附于产品实体的功能而进行的，功能是产品的实质，而用户所购买的是依附于产品实体之上的功能。在构成产品系统的诸要素中，功能要素是首要的，它决定着产品的意义。

无障碍化设计不仅仅是一种慈善事业，更是能创造更多价值的设计思想和方法。无障碍产品的功能分析是从技术和经济的角度对无障碍产品具有的功能进行分析，明确无障碍产品消费者对功能的要求，以及无障碍产品应具备的功能内容和功能水平，提高产品竞争力。通过功能分析可以从无障碍产品设计摆脱结构分析的局限性，而转向从功能分析入手，进行功能设计，而后设计出新的结构。从结构分析上升到功能分析，才可能更准确更深入地发现原有产品中与无障碍化设计相违背的问题，更可靠地实现产品的必要功能，排除过剩功能，完善欠缺功能，也更了解无障碍产品要实现"为弱势群体设计"乃至"为所有人设计"应具备的条件。

8.3.1.2 无障碍产品的功能研究

产品及其零部件或构成要素，往往具有若干个功能，由于他们所承担的角度不同，使用性质也不尽相同，因此需要研究分类。

（1）按需求性质分类 产品的功能按需求性质可分为使用功能和精神功能。

使用功能是指产品所具有的特定用途，体现出产品使用目的功能。包括与技术、经济用途直接相关的功能。无障碍产品应当体现出高度的使用性和实用性，通过新的科技、匠心的设计，将能为一般人可用，却不能为残疾人和老年人可用的使用功能转化为所有人可用的使用功能，这是无障碍产品所必备的。

精神功能是指能影响使用者心理感受和主观意识的功能，也可以称为心理功能。产品的样式、造型、质感、色彩等会给使用者不同的感觉，如豪华感、现代感、技术感、美感等，这些都是消费者选择产品的必要刺激。对弱势群体的心理研究表明，他们对产品的精神功能有更高的要求。无障碍产品起到改善弱势群体的心理问题，以及和残疾人、老年人乃至所有的消费者达成良好精神交流的作用。

（2）按功能的重要性分类 产品的功能按功能的重要性可分主要功能和附属功能。

主要功能是指与设计生产产品的主要目的直接相关的功能，这是产品存在的理由，对于使用者来说，这是必要的基本功能，否则，产品也就失去了存在的意义。

附属功能是辅助主要功能更好地实现其目的的功能，有时也是不可缺少的功能。如图8.13所示的口嚼式鼠标，是由日本人庆应大学教授针对肢体残疾者的设计发明。该产品作为鼠标这种电脑输入设备的主要功能没有变，而在主要功能的实现方式上从手操作变成口操作。

产品的主要功能是产品存在的基础，所以它相对稳定，不会出现大幅度的变化，否则产品的性质就要发生变化。而附属功能往往是多变的。一件产品的附属功能是可以无限增加的，有时其成本甚至会高于主要功能。附属功能对于提高产品价值无疑是重要的，但如果处理不当，其作用会是负面的。无障碍产品的附属功能的设置更应当小心谨慎，在无障碍化设计原则中就有从简的原则，增加附属功能就会增加产品的体积和重量、操作界面的复杂度和误操作的概率，从而增大残疾人和老年人的操作难度。此外，过多的附加功能会降低产品的价格竞争力，难以吸引许多经济状况较差的残疾人购买。但另一方面，产品如果只有主要功能而剔除所有的附属功能，也很难引起消费者的购买欲望。因此，附属功能

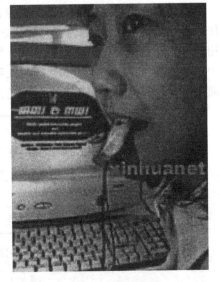

图 8.13 口嚼式鼠标

的适当应用是无障碍产品设计的重要研究课题。

（3）按照需求分类　产品的功能按照需求可分为必要功能和不必要功能。

产品功能的必要性是相对而言的，必要功能与不必要功能、主要功能与附属功能等，都是动态的概念。使用者的需求发生了变化，必然会影响到功能必要性。主要功能与附属功能也会在某种情况下发生转换。无障碍产品设计除要明确功能的主次关系，剔除不必要的功能十分重要。当然，使用者的需求变化会使必要功能与不必要功能相互转换，因此要求设计师尽量多考虑转换的可能性，从而达到最优化的功能选择。

（4）按需求满意度分类　产品的功能按需求满意度可分为不足功能、过剩功能和适度功能。

不足功能是指必要功能没有达到预定目标。功能不足的原因是多方面的，如因结构和选材不合理而造成强度不足，可靠性、安全性、耐用性不够等。无障碍产品应该高度关注功能不足的情况，特别是安全度，这对于残疾人和老年人的产品是至关重要的。

过剩功能是指超出使用需求的必要功能，过剩功能又可分为功能内容过剩和功能水平过剩。功能内容过剩——附属功能多余或使用率不高而成为不必要的功能。如手机的主要功能是打电话和发短信，而广播、MP3、照相机等附属功能越来越多，对于老年人来说，这些附属功能是不必要的，既要花很多钱来购买这些功能，又造成使用上的麻烦。功能水平过剩——为实现必要功能的目的，在安全性、可靠性、耐用性等方面采用了过高的指标。这主要导致产品价格竞争力不够，难以吸引消费者。通过对无障碍产品的功能分析研究，有助于理解无障碍产品设计的关键问题，以及和普通产品设计的联系和区别。

8.3.2　无障碍产品的特征

通过无障碍化设计的原则和无障碍产品的功能分析看出，人们对于无障碍产品的特征有了更深的理解，总体来说，可以从使用功能和精神功能两大方面分析无障碍产品的特征。

8.3.2.1　与使用功能相关的特征

（1）无障碍产品必要功能明确，操作量最小；附属功能的选择遵从功能、操作量和价格之间的最优化原则。以老年人手机设计为例。手机打电话和发短信两个主要功能不能变。虽然发短信比打电话需要更多的操作和更高的注意力集中度，但如果没有这个主要功能，目前就没有人愿意购买。因此，如何简化打字过程是无障碍手机设计的重要内容。在保证主要功能操作的最简化之后，对于一些附属功能，如拍摄、MP3、广播等，可以选择性设置。

（2）无障碍产品的标识设计要符合国际或国家的通用标准。图形标识适合于文化程度低的使用者。如图8.14所示为在无障碍设施设计中应用到的国际通用符号，分别指示为残疾人可用的电梯、坡道、电话、停车车位、服务设施标志和指引方向标志。这些符号在各种环境设施中已经得到了广泛的应用和认同。无障碍产品设计还没有形成系统，没有产品设计方面的国际通用符号，因此可以借用大众认可的图形。

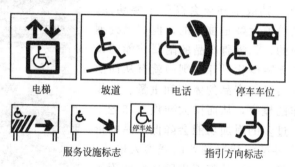

电梯　　坡道　　电话　　停车车位

服务设施标志　　　指引方向标志

图8.14　国际通用无障碍化设计符号

（3）无障碍产品要为重要的信息提供不同的表达渠道，如视觉的、听觉的和触觉的，确保不同使用者可以从多种渠道认知产品。电脑键盘就是一个最简单的例子，在"F"键和"J"键上分别有一个小凸起，如果按键字母被磨掉，或是盲打的时候，视觉无法获取信息，可以通过触觉对手指进行定位。

（4）无障碍产品的使用应当感到舒适和省力，采用合理的肢体位置、减少达到操作需要的动作次数。

（5）从人机工程学的角度，无障碍产品应当能够适应不同生理尺寸、体态和动态的使用者，为他们提供合适的尺度和空间以便于接近、到达、操控和使用。如图 8.15 所

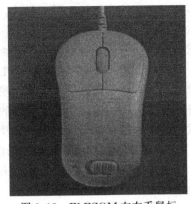

图 8.15　ELECOM 左右手鼠标

示的 ELECOM 左右手鼠标，左右手都可以用，而转换操作非常简单，只用将鼠标尾部的转换键拨到另外一边就可以了。

8.3.2.2　与精神功能相关的特征

（1）无障碍产品一方面能为残疾人和老年人提供方便的使用，也能为所有的使用者提供相同的使用，设计时考虑尽可能采用完全相同的使用方式或类似的使用方式，避免隔离或歧视使用者。

（2）无障碍产品可以为不同经验、文化水平、语言技能的使用者提供容易理解的产品使用方式；产品的易理解性可以消除人的自卑感，特别是对智力障碍者，也可让许多学习能力下降的老年人能够感受到自信。

（3）从安全角度说，无障碍产品应该尽量减少危险或错误因素，或是将安全因素和危险因素分开处理，并对危险因素加上合适的警示信息，并降低由于偶然动作和失误而产生的危害及负面后果。无障碍产品一定要让人们在使用时有安全感。

8.4　设计中的感官代偿研究

通过以上分析可以看出，无障碍化设计面对对象广，要解决的问题多。许多设计师从不同的切入点研究，提出了不同的见解和设计方法，促进了无障碍化设计思想的发展。笔者从感官障碍者入手，进行了大量调查，通过感官代偿研究，实现产品的无障碍化设计。

8.4.1　感官代偿的概念

感官代偿是指在人的某些感官受到损害的时候，其他感官的功能会相应增强的现象，如盲人的听觉和触觉比普通人更灵敏。在产品设计中应用感官代偿，使产品不仅能够容易被感官障碍者理解，又能进一步锻炼他们的感官代偿功能。

人对事物的认识开始于感觉。人的感觉，包括视觉、听觉、肤觉（温度觉、触觉、痛觉）、味觉和嗅觉，是人脑对直接作用于它的客观事物的个别属性的反映。人们要认识外界事物，就要对各种感觉信息进行组织和解释，形成对实物的整体反映，并确认它是什么，也就是给予解释，将其纳入一定的概念范畴，这就是知觉。因此，使用者要了解产品，对产品最初的感觉是非常重要的。

视觉在从外界获得信息时，是占主导地位的感觉形式。据研究表明，83.5％的信息来自视觉；其次是听觉，占信息量的 11％，通过听觉感知声波的强度、频率、音色等，再经听知觉整合，可以知觉言语，进行言语交流，可以分辨环境中的各种声音（如风声、雨声、雷声、枪声、炮声），以及欣赏音乐、听广播等；触觉信息占 1.5％，触觉对人具有特殊重要性，它不

但能感知客体表面的光滑、粗糙，还能感知物体的长短、大小，以及物体的形状等；嗅觉信息占 3%，嗅觉可以通过识别气味来识别事物的类别、警示危险等；味觉可以通过分辨事物的味道（酸、甜、咸、苦）来识别事物的种类。

人的五官是认识事物最初的工具，而感觉是基于感觉器官而产生的，视觉源于眼睛，听觉源于耳朵，触觉通过皮肤感受，嗅觉通过鼻子来感受，而味觉则来源于舌头。人们认识到，随着年龄的老化，或者偶然性灾难的发生，感觉器官的功能会退化，甚至完全丧失。本文研究的就是这样的感官障碍者群体，以及如何利用感官代偿来设计该群体能够认知的产品。

8.4.2 认知过程对感官代偿的影响

感官代偿机理来源于人类的感觉、知觉、联想想象以及记忆等一系列认知过程，以及它们的作用与相互之间的联系。

人们获得知识或应用知识的过程，或信息加工的过程叫做认知。这是人最基本的心理过程，它包括感觉、知觉、记忆、想象、思维和语言等。人脑接受外界输入的信息，经过头脑的加工处理，转换成内在的心理活动，进而支配人的行为，这个信息加工的过程，就是认知过程。

8.4.2.1 感觉障碍

感觉是指客观事物的个别属性在人头脑中引起的反应。眼睛、耳朵、鼻子、舌头、皮肤是人类的感觉器官，使人能够看得见、听得到、嗅得清、尝得到、摸得准。感官作为客观世界信息与刺激的接收器官，是认知的开端，是最直接、最初始的心理现象。任何事物都有多种感觉属性，而每一种感官只能感觉到其中的一种，大脑对各种感觉信息进行整合，从而形成对事物的整体了解。

（1）视觉障碍　在眼睛的结构和功能完全正常的情况下，才能接收完整的视觉信息，然而由于年龄增大、用眼过度、眼球功能不全等原因，就会产生视觉障碍。随着年龄的增大，眼角膜吸收的光线增多，到达瞳孔的光线减少；另一方面老年眼疾的发生，如老花眼、白内障、青光眼等都是导致视觉障碍的重要因素。老花眼是由于晶体老化失去弹性，调适能力降低，导致看近物时模糊；白内障是晶体老化浑浊而导致的；青光眼则由于泪水出口阻塞，眼球内水分无法顺利排出，造成眼内压升高，进而压迫视神经，导致视野、视力受损。

随着现代生活工作方式的改变，特别是计算机的普及，越来越多的人感到眼睛越来越差，本来在老年人中才会发现的老花眼等疾病的发病年龄也大大提前了。如今出现了一个新名词"视频终端综合征"，正是指由于长期注视电脑屏幕，眼瞬目动作减少，泪液不能很好地均匀分布在眼表，导致眼干、眼涩、疲劳、慢性结膜炎等眼部不适症状，由于电脑荧光屏由小荧光点组成，眼睛必须不断地调整焦距，以保证视物清晰，时间过长，眼肌就会过于疲劳。同时在注视荧光屏时，眨眼的次数会降低 10%，减少了泪液的产出；而眼球长时间暴露在空气中，使水分蒸发过快，造成眼睛干涩不适，严重的甚至会损伤角膜。办公楼环境中空调的频繁使用导致泪液加速蒸发。此外，由于人们越来越依赖近距离的视觉功能，远视力的功能用的时间相对较少，近视眼的发病率还在逐渐增高。目前虽然我们的眼球结构没有发生太大的变化，但视功能却发生了一定的变化，人类的运动视觉亦可能有不同程度的退化，没有像长期生活在具有宽阔视野的环境中的人们有那么灵敏的扫视功能。

视觉障碍有很多种，包括视力下降、视功能障碍（如双眼单视功能障碍、视野缺损、光觉与色觉异常）等。

所以说到视觉障碍，已经不能只是想到视觉残疾人和老年人，而是也包括了许多的年轻人。无障碍产品中要考虑的视觉因素不能仅针对一些较为常见的视觉障碍，也要考虑到现代生活方式导致的各种潜在的视觉功能异常。此外，色盲是一种特殊的视觉障碍，不能正常识别颜

色，因此产品色彩的运用就要考虑到这个问题。

（2）听觉障碍　老年性听力退化甚至丧失的主要原因是由于脑的听觉系统老化的结果，表现为耳蜗基底膜、听觉细胞和听神经老化，其次是由于内耳动脉硬化，使内耳得不到充分的血液供应。老年人的大脑听觉中枢也有退行性改变以及不同程度的脑皮质萎缩，致使听觉和分辨能力下降，这也是其中的一个原因。如果长期暴露在强噪声的情况下，听神经细胞在噪声的刺激下，发生病理性损害及退行性变，导致永久性听力下降。

听觉障碍者通常伴随着语言障碍，与人说话时，有明显的沟通困难，先天的听觉障碍者的语音发音不准确，尤其是声母方面常有省略、替代或缺鼻音的现象。听觉障碍者说话语调缺乏高低、抑扬顿挫，单调而没有变化。听别人说话时特别注意对方的脸部、口形或表情，经常会比手画脚，想用手势或动作协助表达意思，头部常向前倾或转向说话者，努力想听懂别人说话的内容。

对环境的声音（如电铃声、电话声、脚步声、汽车喇叭声等）或人的说话声没有反应，不能专心，左顾右盼，期待别人提供信息线索。因此，针对听觉障碍者的无障碍产品设计，产品的语音系统除了要考虑频率、响度之外，也要注意关键信息的合理分布。

（3）触觉障碍　触觉障碍者没有视觉和听觉障碍者那么普遍。触觉障碍的第一个原因就是随着年龄的增长，皮肤中的触觉小体数量会减少，因此，老年人的触觉敏感度不如年轻人那么敏感，因此在产品设计中，有关触觉信息的因素要进行放大。触觉障碍的第二个原因是病态。一方面表现为触觉敏感，害怕触摸，注意力不能集中，因此产品中的触觉信息他们是不愿去感受的。另一方面表现为触觉迟钝，无法正确地获得各种触觉信息，因此在产品选材时尽量考虑到材料的表面触摸感。

（4）嗅觉障碍　嗅觉是由物体发散于空气中的物质微粒作用于鼻腔上的感受细胞而引起的，它的作用就是让人感觉到各种不同的气味。鼻子是人的嗅觉器官，由左右两个鼻腔组成，两个鼻腔借鼻孔与外界相通，中间有鼻中隔，鼻中隔表面的黏膜与覆盖在整个鼻腔内壁的黏膜相连，在鼻腔上鼻道内有嗅上皮，嗅上皮中的嗅细胞，是嗅觉器官的外周感受器。嗅细胞的黏膜表面带有纤毛，可以同有气味的物质相接触。

人的嗅觉过程是发生在一刹那间的。气味是具有挥发性的物质，进入鼻腔接触嗅区黏膜后，这些物质的微粒很快溶于嗅区分泌物中并发生化学反应，刺激了嗅神经末梢感受器，并经过嗅神经传到大脑皮质产生感觉功能。这个过程既有化学作用也有神经作用，其发生过程是很精细的，也是高度敏感的。嗅觉器官是身体内部与外界环境沟通的出入口，因此，它担负着一定的警戒任务。人类敏锐的嗅觉，可以避免有害气体进入体内。

除了对气味的感知之外，嗅觉器官对味道也会有所感觉。当鼻黏膜因感冒而暂时失去嗅觉时，人体对食物味道的感知就比平时弱；而人们在满桌菜肴中挑选自己喜欢的菜时，菜肴散发出的气味，常是左右人们选择的基本要素之一。

在嗅觉过程中，鼻子分辨气味，而感觉气味的则是大脑。当这个系统过程中某一部位发生障碍时，就无法发挥正常的嗅觉功能，导致嗅觉异常。嗅觉异常的症状，主要有无嗅觉、嗅觉过敏和嗅觉偏差三种情况。但引起这些症状的原因，则多种多样。在嗅觉异常中，最常见的是无嗅觉，其原因大致有如下 3 个方面：气味无法到达嗅区黏膜；感觉气味的嗅神经本身异常；接收气味资讯的大脑神经有障碍。

（5）味觉障碍　味觉是指食物在人的口腔内对味觉器官化学感受系统的刺激并产生的一种感觉。不同地域的人对味觉的分类不一样。例如，日本的分类是酸、甜、苦、辣、咸；欧美的分类是酸、甜、苦、辣、咸、金属味；印度的分类是酸、甜、苦、辣、咸、涩味、淡味、不正常味；中国的分类是酸、甜、苦、辣、咸、鲜、涩等。

从味觉的生理角度分类，只有四种基本味觉（酸、甜、苦、咸）是食物直接刺激味蕾产生的。其中对咸味的感觉最快，对苦味的感觉最慢。口腔味觉感受体主要是味蕾，婴儿约有10000个味蕾，成年人有几千个，味蕾数量随年龄的增大而减少，对物质味觉的敏感度也会降低。

随着年龄增长，味蕾约有2/3逐渐萎缩，造成角化增加，进而出现味觉功能下降。除此之外，糖尿病、萎缩性胃炎、维生素缺乏症等病症也会导致味蕾退化、味觉下降、食而无味。

视觉、听觉、触觉、嗅觉和味觉作为人们认知事物的开端，发挥着重要的作用。认知不同的事物各种感觉的作用也不同，如购买手机时，首先通过视觉进行观察和对比，挑选喜欢的造型；其次从触觉上，体会一下手感，包括材料的感觉、按键使用的舒适度；最后是听觉，听听音响效果。根据不同人的喜好，这三者之间的主次关系可以转换。而对嗅觉和味觉几乎不做考虑。因此，针对具体产品的无障碍化设计，应该适当选择合适的感觉渠道。

8.4.2.2 感觉阈限对感知的影响

由于感觉器官对其接收的信息刺激都存在一个物理量上的限度。太小或太弱的刺激无法觉察；而太强的刺激，则有可能因超出感觉器官的接受极限，会导致器官受损，或对刺激主动回避。前者叫做下阈限，后者叫做上阈限。低于下阈限的刺激不能被人的感觉器官感知，而高于上阈限的刺激会让人产生不舒服的感觉。差别阈限指的是最小可觉察的刺激差异量，简称最小可觉差。从无障碍化设计原则可以看出，要做到信息的可觉察性，可以从绝对阈限和相对阈限出发，合理地选择刺激的强度。

产品中包含大量的感觉信息，对人们的知觉选择都会产生不同程度的影响，如产品的包装设计、色彩、形状、肌理等。一般说来，在相同的主观条件下，外界刺激的强度越大，就越容易被消费者所感知，反之，外界刺激的强度越小，就越不容易被感知。外界事物的刺激强度与刺激源的大小、色彩、声音等特性有关。

（1）大小　体积大的物体比体积小的物体对人视觉的刺激更强一些，因而也较容易引起人们的感知。无障碍产品更要注重产品及其包含的元素的大小和比例。如视力缺陷者和许多双手不灵活的老年人无法操控太小的按钮，因此在设计中要注意开关按钮或旋钮的大小。产品中的文字标识也要注意字体的大小和笔画的粗细。

（2）色彩　要在认知产品过程实现无障碍，易感知的色彩十分重要。色彩易感知性是由色彩与背景的对比度而定的，对比越强烈，越容易感知，甚至可以被视力残障者感知。事实上每个人都不喜欢难以辨认的东西，因而，色彩因素在无障碍产品上的合理运用，使得无障碍产品符合所有人对色彩的要求，这是毋庸置疑的。

（3）声音　视觉残障者对声音比普通人更敏感。一般说来，声音的响度越高，就越容易被人感知，但是超过一定的值就会让人产生不舒服的感觉，甚至伤害到听觉器官。对于普通人来说，声音音量控制在60～70dB，既可以正确感知，又不会觉得吵闹。而针对听力衰退的老年人，如果在产品中设置语音系统，最好能够能实现音量的调节。

此外，刺激的强度还与刺激的位置、刺激重复的次数和方式有关，也可以利用色彩、体积等因素之间的对比增强刺激的强度。无障碍产品设计研究的一个重要内容就是如何恰当地增强产品的感官刺激，使产品适用于感官障碍者。

8.4.2.3 知觉的特征及对感官代偿的影响

知觉是人对作用于感觉器官的客观事物的各种属性和各个部分的整体反映，是感觉的升华。如认识产品时，首先要看产品的外观形态、颜色，有了对产品的视觉感受；然后触摸产品的表面质感并操作，有了舒适与否的触觉感受；然后从听觉上感知产品的语音系统、运行噪声等，将产品的各种感觉信息加以整合，形成了人对产品的整体认识。而这个信息整合加工的过程就是知觉的过程。知觉是感官代偿过程中的重要环节。知觉有选择性、整体性、理解性和恒常性四个主要特征。

（1）知觉的选择性　客观世界丰富多彩，作用于人的感觉器官的刺激也非常多，但人不可能对同时作用于自己的刺激全部清楚地感受到，也不可能对所有的刺激都做出相应的反应。人们习惯于把某些事物作为知觉的对象，其他事物作为知觉的背景，这就是知觉的选择性，即人们选择某些事物或事物的某些特性作为知觉的对象。知觉的对象能被清晰地感知，而背景只是被模糊地感知。例如上课时，当注意看黑板上的字时，黑板上的字成为知觉的对象，而黑板、墙壁、老师的讲解、周围同学的翻书声等便成为知觉的背景；当注意听教师的讲解时，教师的声音便成为知觉的对象，而其他声音、进入视野的一切便成为知觉的背景。

知觉的对象和背景之间的关系是相对的，可以互相转换。如图 8.16 左图所示，当我们把图中白色部分作为知觉的对象，黑色部分作为知觉的背景时，看到的是一个杯子；当把图中黑色部分作为知觉的对象，白色部分作为知觉的背景时，看到的是两个侧面人头。如图 8.16 右图所示，如果以白色为背景，则被知觉为男人，如果以黑色为背景，则知觉为一个少女。

图 8.16　知觉的对象和背景的相对关系

在大多数情况下，从知觉的背景中分出对象来并不困难，但在某些情况下，要迅速地知觉却不是一件容易的事。把对象从背影中区别出来，一般要取决于三种条件。

① 当对象与背景的差别越大、对比越大时，对象越容易被感知，如万绿丛中一点红、用白粉笔在黑板上写的字、夜深人静时隔壁的电话铃声；反之则不容易被感知，如冰天雪地中的白熊、穿着迷彩服藏在草地中的士兵、喧闹集市中的手机铃声。

② 当对象是相对活动的而背景是相对不动的，如夜空中的流星，或对象是相对不动的而背景是相对活动的，对象也容易被感知，如大合唱时不张嘴的人。

③ 当对象是自己熟悉的、感兴趣的内容时，或与人的需要、愿望、任务相联系时，也容易被感知，如在嘈杂的环境中听见有人喊自己的名字、在书店对所需要书籍的迅速发现等。

（2）知觉的整体性　客观事物是由不同部分、不同属性组成的，但人们总是把客观事物作为整体来感知，即把客观事物的个别特性综合为整体来反映，这就是知觉的整体性。知觉的整体性往往取决于四种因素。

① 知觉对象的特点。如接近（时间或空间上接近的刺激物容易被知觉为一个整体）、相似（彼此相似的刺激物容易被知觉为一个整体）、闭合、连续等因素。

② 对象各组成部分的强度关系。知觉对象虽然作为一个统一的、整体的复合刺激物所起的作用，但强度大的部分具有重要的意义，它往往决定对知觉对象的整体认识。例如，人的面部特征是人们感知人体外貌的强的刺激部分。只要认得人的面部特征，不管他的发型、服饰等如何变化，只要面部没有变化，就不会认错人。无障碍产品中实现主要功能的操作键应作为强刺激。

人体工程学

③ 知觉对象各部分之间的结构关系也会影响知觉的整体性。同样的部分处于不同的结构关系中就会成为不同的知觉整体。例如，把相同的音符置于不同的排列顺序、不同的节拍和旋律之中就构成不同的曲调；如果曲调的各成分关系不变，只是个别刺激成分发生变化，或用不同的乐器演奏或不同人来演唱，就不会改变人们对其歌曲整体性的知觉。

④ 知觉的整体性主要依赖于知觉者本身的主观状态，其中最主要的是知识与经验。当知觉对象提供的信息不足时，知觉者总是以过去的知识经验来补充当前的知觉，而这正是感官代偿的重要组成部分。例如，给动物学家一块动物身上的骨头，他就可以塑造出完整的动物形象来。这对于缺乏动物解剖学知识的人来说，是不能办到的。

无障碍产品的操作键设计可以借鉴知觉整体性四方面的特征，从以下四方面入手：首先，相似功能的操作键应感知为一个整体；其次，实现主要功能的操作键应作为强刺激；再次，不同的功能操作键区应从键的形状、排列上加以区分；最后，操作键的形态应符合大众的理解。如图 8.17 所示为游戏杆的操作键设计实例，游戏过程中，游戏杆的操作完全凭手的感觉，可以作为面向视觉障碍者的产品操作键设计的参考。整体上说，所有操作键分为四大区，相近功能键位置相近，形态相似；两个主要操作键的体积最大，作为强刺激；四个不同的功能区内部操作键的形态和排列各不相同，易于区分；在上下左右键、开始键的形态符合人们的一般理解。

（3）知觉的理解性　在知觉过程中，人们总是根据已有的知识经验来解释当前知觉的对象，并用语言来描述它，使它具有一定的意义，这就是知觉的理解性。如图 8.18 所示，人们看到这张图时，不会只把它看成一些斑点的随意组合，会努力寻找图中斑斑点点之间的联系，努力做出合理解释，不断地提出假设并检验假设，最后会给出合理的解释：画的是一条狗。

图 8.17　游戏杆的操作键设计

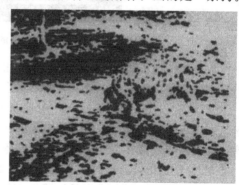

图 8.18　隐匿图形

在对知觉对象理解的过程中，经验是最重要的。比如一首歌，如果是人们熟悉的，只要听一个片段就知道是哪首歌，并知道后面的旋律是什么。由于不同的人对歌曲的熟悉程度不同，因而决定了人们在识别歌曲之前所需要听到的那首歌的片段的长短也不同，不是很熟悉那首歌的人比熟悉那首歌的人需要听到的歌曲片段要长一些。有经验的心理学家可以通过一个人的表情、行为方式、言语、作文、绘画作品等，推断这个人的性格特点，知道他心里想的是什么。

另外，言语的指导对知觉的理解性也有较大的作用。在较为复杂、对象的外部标志不很明显的情况下，言语指导作用，能唤起人们过去的经验，有助于对知觉对象的理解。图 8.18 初看时只觉得是一些黑色的斑点，很难知觉出是什么，但有人告诉你"这是一只行进中的狗"时，言语的指导就会唤起你过去的经验，补充了当前知觉的内容，会立刻看出图中的狗。再者，知觉对象本身的特点也影响知觉的理解性。如图 8.19 所示，如果遮住左右的 12、14，会把中间的看成是英文字母"B"；如果遮住上下的 A、C，会把中间的看成是阿拉伯数字"13"。

为什么对同一个符号有不同的理解呢？那是因为这个符号所处的环境不同，因而人们的理解也就不同。此外，知觉的理解性还受人的情绪、动机、态度以及实践活动的任务等因素的影响。

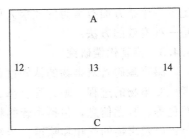

图 8.19　中间是什么

（4）知觉的恒常性　在知觉过程中，当知觉的条件（距离、角度、照明等）在一定范围内发生变化时，知觉映像却保持相对不变，这就是知觉的恒常性。构成视知觉恒常性的主要成分有四种，即亮度恒常性、颜色恒常性、形状恒常性、大小恒常性。亮度恒常性指的是，在照明条件改变时，物体的相对明度或视亮度保持不变。例如，白衬衣不管是在屋里看还是在屋外看，人们总是把它知觉为相同的白色。形状恒常性指的是，当人们从不同的角度看物体时，物体在人们眼中的成像会发生变化，但实际知觉到的物体形状不会改变。例如，一个圆盘，无论如何倾斜旋转，而事实上所看到的可能是椭圆，甚至线段，但人们都会当它是圆盘；一辆公共汽车，不论从正面看，还是侧面看，人们知觉到的公共汽车的形状不会改变。大小恒常性指的是，物体离人体近时在视网膜上的成像要大于物体离人体远时在视网膜上的成像，但人们实际知觉到的物体大小不会因此而改变。例如，当在行驶的车上看两边的树木时，树木成像越来越大，但实际知觉的树的大小不变。

知觉的恒常性依赖于人们的经验。客观事物具有相对稳定的结构和特征，经过感知后，其关键特征会储存在大脑中，当它们再次出现时，虽然外界条件发生了变化，但无数次的经验矫正了来自每个感受器的不完全的甚至歪曲的信息，大脑会将当前事物与大脑中已有的事物形象进行匹配，从而确认为感知过的事物。

知觉的这四个特征决定它在感官代偿中发挥重要作用。以上对知觉的研究主要集中在视觉信息上，听觉信息和触觉信息的知觉特征与视觉相似，在感官代偿指导产品设计时，产品的各种感觉信息的整合要充分利用知觉的各种特征。

8.4.2.4　记忆的特征

记忆是过去的经验在人头脑中的反映。人类的记忆力相当惊人，根据数学家冯·诺依曼在《计算机和人脑》一书中的研究表明，人有 150 亿个脑细胞，一个人一生总的信息存储量相当于 3～4 个美国国会图书馆 2000 万册藏书量的信息量；前苏联学者伊尹尔菲莫夫指出，一个人可以学习记忆 40 种语言，记忆一大套大百科全书的全部资料，还可以有充分的能力去完成 10 种不同的大学课程的教研活动。

记忆是一个复杂的心理过程，由识记、保持、回忆和再认三个基本环节构成。

（1）识记　识别和记住事物，积累知识和经验的过程。

（2）保持　巩固已获得的知识和经验的过程。

（3）回忆和再认　经验过的事物不在面前，能把它重新回想起来称为回忆，而经验过的事物再度出现时，能把它确认出来称为再认。

感官代偿中记忆的作用是各种感觉信息的储存场所。对于某种新的感觉信息，如果与记忆中储存的同种感觉信息相匹配，就能调出记忆中的整个感觉信息系统，从而联想到产品。

8.4.2.5　想象与联想

想象指的是在原有感性形象的基础上创造出新形象的过程；联想指的是人们根据事物之间的某种联系，由一件事物想到另一事物的心理过程。特别是对于感官障碍者来说，如果障碍是先天的，比如说从小就是盲的，那么感知事物都是要依靠自己的想象去创造出"视觉"上的新形象；如果障碍是后天造成的，那么就会自然地把事物联想成为以前见过的事物了。

感觉、知觉、记忆以及想象和联想，构成了研究感官代偿的基本依据，正是它们的特性决定了一个某方面有障碍的残疾人可以认识周围的事物，用一种感觉去代替和补偿另外一种感觉是一种有效的方法。

8.4.3 感官代偿研究

感官障碍者对事物的认知过程与感官健全者存在着一定区别，如图 8.20 所示为感官健全者认知事物的过程。眼、耳、鼻、舌、皮肤获得五种感觉信息：视觉信息，包括事物的形态、颜色等；听觉信息，包括声音的频率、响度；触觉信息，包括事物的表面质感、冷暖感、重量等；以及事物的气味和味道。当然，如果事物不能挥发或是没有气味，嗅觉就不能发挥作用；而许多事物特别是工业产品，味觉也是不能发挥作用的。人脑对这些感觉信息进行深加工，形成知觉，将知觉存入记忆中，完成了整个认知过程。

现代社会已经在大步地向多媒体方向发展，对外界事物的认识越来越复杂，对于很多老年人和感官障碍者来说，他们要和健康人群同等认识事物，已经是非常困难了。

医学研究表明，当一个人某些感官受到损害甚至缺失时，其他的感官功能则会相应增强，这就是感官代偿。例如有视觉障碍的人，他们的听觉和触觉功能就比一般人强大得多，他们通常能够听过一次声音就能记住一个人，通过触摸盲文来学习知识。

以视觉障碍者为例，他们无法如正常人那样通过眼睛觉察到事物的形态、颜色等，但这并不代表他们就束手无策。感官代偿表明，人们可以通过听觉、触觉、嗅觉、味觉来代偿无法获得的视觉信息。如图 8.21 所示，视觉障碍者首先通过自己的其他感官来获得产品的除视觉之外的感觉信息，这些信息进入大脑之后，与记忆中储存的各种感觉信息进行综合、比较、分析，如果记忆中储存了相同或相似的信息，那么大脑就会通过联想调出产生这些信息的事物的视觉信息；如果记忆中没有储存相同或相似的信息，就会通过想象创造出事物的视觉信息。将联想和想象的视觉信息和其他感觉信息进行综合，从而认知该事物，存入记忆，完成对该事物的一个完整的视觉信息的代偿过程。

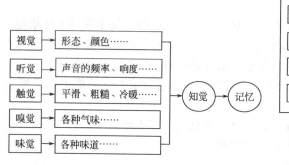

图 8.20 感官健全者对事物认知的过程

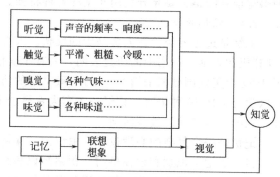

图 8.21 视觉障碍者的感官代偿过程

其他感官障碍者的感官代偿与视觉障碍者类似。本书重点研究视觉障碍者如何利用听觉和触觉代偿以及听觉障碍者如何利用视觉和触觉代偿。对于嗅觉和味觉，由于在工业产品设计中的应用有限，因此不作详细的讨论。

8.4.3.1 视觉和听觉的代偿

视觉是最直观形象，也是最有效的感知方式。可以说，视觉障碍者失去了对事物的绝大部分信息的感知。听觉对视觉的感官代偿，一方面可以用语音信息，通过语言的描述把事物以视觉重现的方式，在听者的脑中重新组成形象，例如，在很多博物馆对藏品的介绍中，会对藏品的尺寸、材料、纹饰等特征进行详细描述，这就是用语言描述再现事物的视觉信息。另一方面，用不同的语音信号来表征发出该语音信号的事物，从而人们可以联想出事物的视觉形象。

例如，人们听到"呜……呜……"的长鸣警报声，面前就自然浮现出闪烁的红灯，并做出"这是警车"的判断。

公交车刷卡机的语音信号设置值得借鉴。不同种类的公交卡对应不同的提示音，售票员或司机通过不同的刷卡声音和持卡者的比较来判断公交卡是否被混用，弥补了公交车混乱的场合下视觉信息的局限性。

类似的，听觉障碍者可以通过视觉进行代偿。虽然视觉能够感知绝大部分的信息，但在视觉必须要在要感知的事物进入视野的情况下才能被感知，而听觉由于可以感知来自各个方向的声音，因此，听觉具有更高的敏感度，在许多场合下听觉的作用是不可替代的。例如，行人从发动机的嗡嗡声就可以判断后面开来的汽车与自己的距离，从而准确避让。听觉障碍者，只能通过眼睛感知前方的事物，完全无法感知背后的事物。因此，在视觉对听觉的感官代偿中，应重点注意安全问题。

此外，听觉障碍者由于缺乏正常肌肉动觉反馈的监控作用而不能随意支配自己的唇舌发出所要发的声音，语言能力随之衰退，语言的交流成为最大的障碍。他们可以通过眼睛观察口型，不同的口型所代表的其实就是不同的声音，如果能够不断地锻炼发音能力，就能发出准确的声音。

8.4.3.2 视听觉和触觉的代偿

触觉可以接受机械性、热、电及化学性刺激，手及身体其他部分能够从推、抓、摩擦、举起等动作获得外界信息，手指指腹可以提供非常精细的感觉，其准确程度甚至超过视觉。

视觉障碍者的知觉能力和形象思维能力比较差，而听觉障碍者的抽象思维能力比较差，但他们的记忆力和触觉功能比一般人要发达得多。事物的外在表现主要以形态为主，形态从某种程度上可以通过触觉触摸得到，因此，视觉障碍者通过锻炼提高自身触觉的敏感度，从而达到弥补视觉障碍的作用。触觉能够精细地分辨出事物的形态、质感、纹理、材料，可以较为准确地重现产品的视觉信息，在面向视觉障碍者对产品的形象感知的障碍时，触觉信息是其主要代偿方式。

触觉也可以对听觉进行感官代偿。著名音乐家贝多芬在失聪之后，利用木棍连接钢琴和自己，通过振动来"聆听"琴声。语言障碍者如果同时也是视觉障碍者，可以通过触觉感知发音时的口型以及通过触摸发音部位的颤抖来锻炼自己的发音。

8.4.3.3 其他感觉代偿初探

在听觉、视觉损伤的情况下，嗅觉作为一种距离分析器具有重大意义。盲人、聋哑人对嗅觉的利用就如正常人利用视力和听力一样有效果，他们常常根据气味来认识事物，了解周围环境，确定自己的行动方向。

不同的事物有不同的感官信息，对于产品而言，视觉和触觉信息任何产品都具有，而听觉、嗅觉和味觉信息根据产品的不同而不同，每种感觉信息在认知事物时所发挥的作用大小不同。例如汽车，主要从视觉、触觉和听觉上来评价；而食品，则主要从味觉、嗅觉、视觉来评价。在这里主要讨论产品中的感官代偿研究，其中主要研究的是视觉、听觉和触觉三个方面的代偿作用，对于嗅觉和味觉考虑较少。当然，在整个感官代偿系统中，两者也是其中的重要部分，如图8.22所示就是"听觉-视觉-触觉-味觉-嗅觉"之间的相互代偿系统。任何一种感官障碍都可以用其他四种感觉进行代偿，而针对不同的产品进行适当选择。

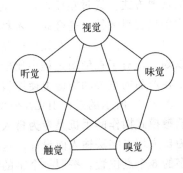

图 8.22　五种感觉之间的感官代偿系统

8.4.4 感官代偿对无障碍产品设计的指导

通过以上分析可以看出，感官代偿是一种能够很好地解决残疾人和老年人中的感官障碍者以及在各种场合下存在感官障碍的正常人如何更好地认知事物的方法。在无障碍产品设计中合理地设计产品的各种感觉信息，既可以帮助感官障碍者认知产品，又可以不断锻炼他们的感官功能，这就是感官代偿对无障碍产品设计方法的指导意义。

8.4.4.1 视觉和听觉的代偿对无障碍产品设计的指导

视觉障碍者对产品的感知不受产品的形状、色彩等视觉因素所主导，利用听觉对视觉代偿进行无障碍产品设计时，为了用听觉来指导使用者对产品进行认识，应该把更大的精力放在对产品的语音语义的研究上。视觉能够更好地抓住产品的重点信息，因此能更快地学会产品的使用。在产品中设置语音系统，就不能仅仅是平铺性地介绍产品功能，要强调重要的操作信息以及其他感觉无法感知的信息。值得强调的就是告警信息。产品中如果要设置告警信息，而视觉障碍者不能从操作键或警示灯的颜色来感知危险情况的存在，就只能通过告警音来警示，如果产品中需要设置多种告警音，那么告警音的设计要保证知觉的可识别性。

听觉障碍者可以通过外观造型符号语言，而完全不必借助于语音来理解产品。其中仍然要强调产品的音响告警信息的显示。如果是重要的告警，就要采用警示灯和告警音相结合的方式，达到100％的警示率。如果产品的使用者中包括听觉障碍者，那么警示灯的位置应该设置在显眼处，闪烁的方式以及灯的亮度也要更醒目。

图8.23所示的是告警系统设计。视觉信息设计主要考虑告警灯的颜色、亮度和闪烁方式三方面。颜色设置上，人们习惯红色表示停止、错误，绿色表示正常、通过，黄色表示等待、暂停；告警灯的亮度值应有较大差别，主要考虑到色盲和色弱患者虽不能辨别颜色，但能辨别亮度；在闪烁方式上，急闪表示危险、错误，无闪烁表示正常、安全。听觉信息设计主要考虑告警音的频率、响度和重复方式。在不损伤听觉的情况下，高频率声音一般被感知为"危险"，响度大的声音更容易听到，人耳可以辨别不同重复方式的告警音，从而区别告警的不同类型。

图8.23 告警系统设计

8.4.4.2 视听觉和触觉的代偿对无障碍产品设计的指导

对于视觉和听觉中某个存在障碍，或者两者都存在障碍的使用者来说，触觉是他们了解产品的重要方式。通过触摸，可以感受到产品的体积、重量、材料的温度、不同的纹理质感，可以辨别出材料大体上是金属、木材或者玻璃。

对于视觉障碍者，在设计产品时，尽量把不同的功能区域通过不同材料和一些凸凹的线条加以划分，对于在使用过程中比较重要的按钮，尽可能符合行业标准，并用上凸凹的效果；亦可以在产品的重要功能键上使用盲文标识，让盲人"一摸了然"。

图8.24所示的是在IDEA2006上获得"概念单元"金奖的三星TOUCH MESSENGER。这款触摸式操作的手机是专为盲人设计的触摸式多话手机、点字手机。手机上的按键和屏幕专门为盲人用点字法输入而设计，这样他们只需用手来触摸按键便可进行短信的发送。它改变了点字的6个点位置，按照一个字的结构原理，在上面设置2个能够输入"点"字的输入部，在下面设置了能够确认其他人发来的点字信息的输出部。这样便可如键盘盲打一样无需看见也可

"盲发短信"。本研究用触觉来代偿视觉和听觉信息，与盲人手机的设计思想不同，并不是研究专为盲人或聋哑人而设计，产品信息的表达也不会全用盲文。然而该产品的设计方法，特别是触觉信息的运用，是值得我们借鉴的。

8.4.4.3　其他的感觉代偿对无障碍产品设计的指导

以上研究主要针对视觉、听觉和触觉之间的代偿对无障碍产品的指导，由于嗅觉和味觉在许多产品的应用很少，而且人们对于嗅觉和味觉的主观性更强，极少人愿意把两者用到对工业产品的认知中去。因此，对于这方面的研究没有深入进行。然而随着科学的进步，现在也有人提出要让计算机的多媒体功能扩大到让人能够闻到气味，可以相信有一天，嗅觉和味觉应用到工业产品中，那就可以研究用嗅觉和味觉如何来代偿其他感觉，而感官障碍者有更多的途径可以认知产品。

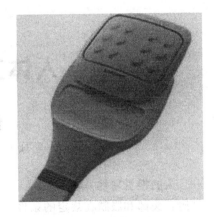

图 8.24　盲人手机 TOUCH MESSENGER

思考练习题

1. 什么是无障碍化设计？
2. 无障碍化设计的原则是什么？
3. 简述无障碍产品的功能分析。
4. 无障碍产品的特征是什么？
5. 简述设计中的感官代偿研究。

附录　人体工程学课程设计作品

计时器设计

姓名：周城凤　　　　　　指导教师：殷陈君

一、人的视觉特性

视野：头部和眼睛在规定的条件下，人眼可观察达到水平面与铅垂面内的空间范围。在铅垂面内，水平线下的视野大于水平面上的视野值。

正常视线：头部和两眼都处于放松状态，头部与眼睛轴线之夹角约为 $105°\sim110°$ 时的视线，该视线在水平视线之下 $25°\sim35°$。

色觉视野：不同颜色对人眼的刺激不同，所以视野也不同。白色最大，接着依次是黄色、蓝色，红色视野较小，绿色视野最小。

视区：常按对物体的辨认效果，即辨认的清晰程度和辨认速度，分为 4 个视区。其中，中心视区，即人的瞬时注视，瞬时能清晰辨别形体的范围是很小的。人眼要看清被视对象更大范围，需要靠目光的移动进行"巡视"，范围越大，巡视速度越慢，所需时间越长。

视角与视距：视角指被视对象上两端点到眼球瞳孔中心的两条视线间的夹角。视距是眼睛到被视对象之间的距离。能否看清物体，并不取决于物体的尺寸本身，而取决于它对应的视角 [公式：$D=(\alpha/3438)\ L$]。

二、显示装置的类型、设计与布置

目光巡视特性习惯方向：左→右；铅垂方向：上→下；旋转巡视时：顺时针。目光巡视运动时是点点跳跃而非连续运动的。

三、显示仪表设计的人机学因素

仪表刻度盘形式：形式多样，但各有优缺点。相较之下，圆形或非整圆具有扫描路径不长、认读方便、起点和终点不会混淆的特点。

仪表刻度盘尺寸：在能清晰分辨刻度的条件下，选取较小直径。

刻度标值：递增方向与视线运动方向一致，即做→右，上→下，顺时针。

刻度线：一般分为短、中、长。刻度线宽度逐渐加粗一些，有利于快速正确认读。

指针与盘面：指针色彩与盘面底色应形成较鲜明的对比。指针头部的宽窄宜与刻度线的宽窄一致。长指针长度在与刻度线保留间隙的前提下，尽量长些；短指针长度兼具可视性并与长指针有明显区别。而且，指针的旋转面高于盘面的刻度线，会造成读数误差。在结构设计中应使两者在同一或贴近的平面。

附：显示装置的显示有以下两种类型。

第一种是刻度指针式仪表，它的信息特点是：①读数不够快捷准确；②显示形象化、直观，能反映显示值在全量程范围内所处的位置；③能形象显示动态信息的变化趋势。跟踪调节的特点为：①难以完成很精确的调节；②跟踪调节较为得心应手。其他特点：①易受冲击和振动的影响；②占用面积较大，要求必要照明条件。

第二种是数字式仪表，它的信息特点是：①认读简单、迅速、准确；②不能反映显示值在全量程范围内所处的位置；③反映动态信息的变化趋势不直观。跟踪调节的特点是：①能进行精确的调节控制；②跟踪调节困难。其他特点：一般占用面积小，常不需另设照明。

设计说明：

此款计时器专门针对教师设计。外形类似手表，携带方便。可以避免教师因远离讲台而忽略时间，随时提醒教师所剩时间。刻度盘一周为45min，每隔5min为一大间隔，指针走向为顺时针。符合人目光巡视的特点。当剩余时间为15min、10min、5min时，会以振动方式提醒。表带材质为黑色橡胶，摩擦力较大，不易滑落。表带断开一节，有未来感。中间有一个小红点，体现"一点之美"，增添设计感。整体造型简洁、时尚。这件产品并不仅仅是一款计时器，同时还可作为饰品，符合未来发展趋势——可穿戴式设计。

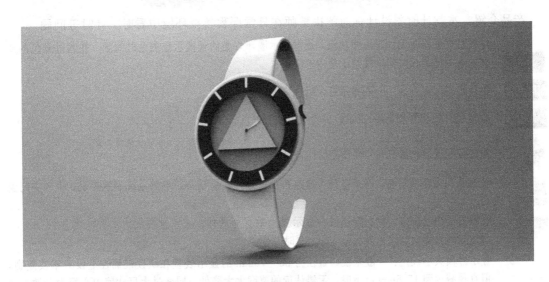

三视图

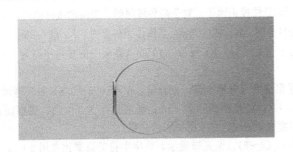

教师专用计时器设计

作者：梁文婧　　　　指导老师：殷陈君

产品介绍：本款计时器设计针对解决教师在日常课程教授环境中看时、计时等问题。

本款计时器具有倒计时追踪功能，通过显示圆环灯光的长度示意剩余时间量，并通过颜色的变化，在不同剩余时间阶段给予使用者提醒。

距指定时间点剩余 15min 指示灯由绿色变为黄色。

距指定时间点剩余 5min 指示灯由黄底色变为红色。

通过按钮控制投影灯显示距指定时间点的剩余时间量。

USB 接口可连接充电，连接电脑，通过系统设置，剩余 5min，电脑系统显示提示，手动关闭窗口。

显示界面角度设定：要达到视线与显示界面垂直为最佳，人正常视线为水平视线下 25°~35°，所以当显示界面与水平界面呈 55°~65°时最佳。

显示界面大小设定：一般来说，直径为 35~70mm 的显示装置在认读准确性上没有本质差别，但直径减少到 17.5mm 以下时，无错认读的速度大大降低，同样过大尺寸使中心视力分散，扫描路线变长，视敏感度降低，影响认读速度与准确性。影响认读效率的是视角大小，据有关实验结果，仪表最优视角为 2.5°~5°。观察视距小于等于 1m，计算的显示界面半径为 43~86mm。（所设计产品为近似长方体造型，所以长设定为 160mm，高为 100mm，椭圆显示区长轴为 140mm，短轴为 80mm）。

当前时间：①精确调控；②迅速精确认读；③无需跟踪调节。（所以采用数字式）剩余时间：①动态变化趋势，在全程范围内所处位置；②剩余时间量，数字精准表达（所以采用数字式与模拟式结合表达）。

电子数字显示设计：数字的适宜尺寸与观察距离、对比度、照明以及显示时间等因素有关。研究的数字与字母适宜尺寸的计算公式：$H=0.0022D+K_1+K_2$　式中，H 为字的适宜尺寸，in；D 为视距，in；K_1 为照明和阅读条件校正因子，对于高环境照明，当阅读条件差时，K_1 取 0.16in，对于低环境照明，当阅读条件好时，K_1 取 0.16in，当阅读条件差时，K_1 取 0.26in；K_2 为重要性校正系数，通常 $K_2=0$，对于重要项目，K_2 可取 0.075in（界面中的常用字高为 10mm，重要字高为 20mm）。

实验表明狭长的字母比扁平形的字母分辨率高，推荐值：$W=(0.6-0.8)H$。笔画宽度与字高的最佳比值，白底黑字为 1:8，观察距离达到 33m；黑底白字为 1:13，观察距离达到 36m（常用字宽为 7mm，重要字宽为 14mm，并采用黑底白光字）。

字体的笔画宽与字高比为 1:（8~6）。荧光屏显示，数字字符的高宽比常用 2:1，其笔画宽与字高之比为 1:10（所以正常字符笔画宽为 1mm，重点字符笔画宽为 2mm，字距为 1.5mm）。

吹风机手柄设计

姓名：李星　　　　指导教师：殷陈君

人机工程学资料显示

1. 人体手足尺寸

操纵装置和器物设计中，手脚的操纵特性包括手足尺寸、肢体的施力与运动特性等，是人的因素的重要方面。

人体手足尺寸是操纵器尺寸设计的依据。根据国标给出的中国成年人手部尺寸 5 项，男子 95 百分位数的手长为 196mm，女子 5 百分位数的手长为 159mm。男子 95 百分位数的手宽为 89mm，女子 5 百分位数的手宽为 70mm。男子 95 百分位数的食指长为 76mm，女子 5 百分位数的食指长为 60mm。男子 95 百分位数的食指近位指关节宽为 21mm，女子 5 百分位数的食指近位指关节宽为 16mm。男子 95 百分位数的食指远位指关节宽为 18mm，女子 5 百分位数的食指远位指关节宽为 14mm。

2. 操纵器的人机原则

操纵器按运动轨迹可分旋转式（旋钮、摇柄、十字把手、手轮）、移动式（操纵杆、手柄、推扳开关）、按压式操纵器（按钮、按键等）。

（1）常用操纵器的使用功能　按钮：启动，按钮开关：启动、不连续调节，旋钮选择开关：不连续调节，旋钮：不连续调节、定量调节、连续调节。

按钮使用情况：开关控制适合，需要空间小，需要操纵力小，编码有效性好，视觉辨别位置可以，触觉辨别位置差，一排类似操纵器的检查差，一排类似操纵器的操作好，在组合式操纵器中的有效性好。

旋钮使用情况：粗调节细调节适合，需要空间小-中，需要操作力小，编码的有效性好，视觉辨别位置好，触觉辨别位置可以，一排类似操纵器的检查好，一排类似操纵器的操作差，在组合式操纵器中的有效性好。

旋钮开关：分级控制适合，需要空间中，需要操纵力小-中，编码的有效性好，视觉辨别位置好，触觉辨别位置好，一排类似操纵器的检查好，一排类似操纵器的操作差，在组合式操纵器中的有效性中。

扳钮开关：开关控制适合，分级控制最多 3 挡，快调节适合，需要空间小，需要操纵力小，编码的有效性中，视觉辨别位置好，触觉辨别位置好，一排类似操纵器的检查好，一排类似操纵器的操作好，在组合式操纵器中的有效性好。

操纵器设计的一般人机学原则如下：①操纵器的尺寸、形状、应适合人的手足尺寸及生理学解剖学条件；②操纵器的操纵力、操纵方向、操作速度、操作行程、操作准确度要求，都应与人的施力和运动输出特性相适应；③有多个操纵器的情况下，它们的形状、尺寸、色彩、质感，以及安全位置等方面有明显区别，使它们易于识别，避免互相混淆。

（2）操纵器的形状和样式

①操纵器的样式应便于使用，便于施力。操纵阻力较大的旋钮，其周边应制成棱形波纹或压制滚花。②有定位或保险装置的操纵器，终点位置应有制动限位机构。分级调节的操纵器应有各挡位置标记，以及各挡位置的定位、自锁机构。③操纵器的形状最好能对其有所隐喻、暗示，以利于辨认和记忆。

　　转动式操纵器：人类手掌肌肉的形态、掌心处下凹成一个小窝，是进化的结果，作用是避免掌心受压。可见让手柄与掌心吻合的设计师聪明反被聪明误了。另外，握着手柄每转动手轮一圈，手掌与手柄的吻合反而使摩擦面积加大，操作不灵活，而握着 A 那样的手柄，掌心空着，操作更灵便。

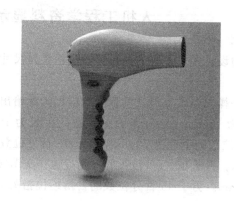

　　设计说明：此吹风机手柄设计，在手柄捏握处设置凹槽，便于手指捏握。将旋钮设置在凹槽上方，防止误操作。旋钮为分挡控制，手柄的曲线不与手掌紧密贴合，留有缝隙，减小手掌压力。将开关按钮远离手掌捏握处，减少误操作。手柄为塑料材质，凹槽处附有软橡胶材质，更舒适，更加符合人体工程学。

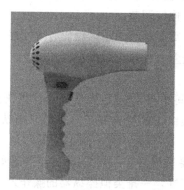

主视图

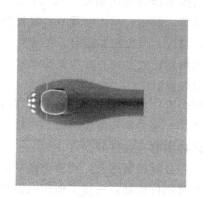

俯视图

右视图

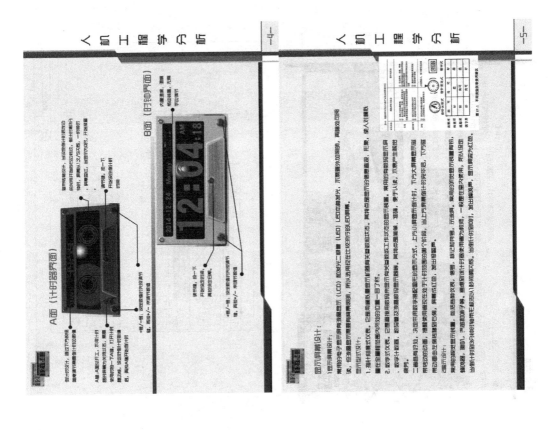

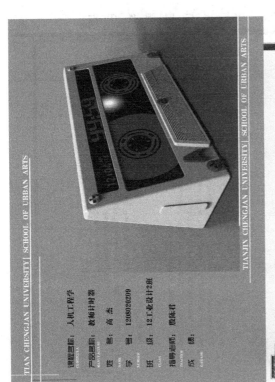

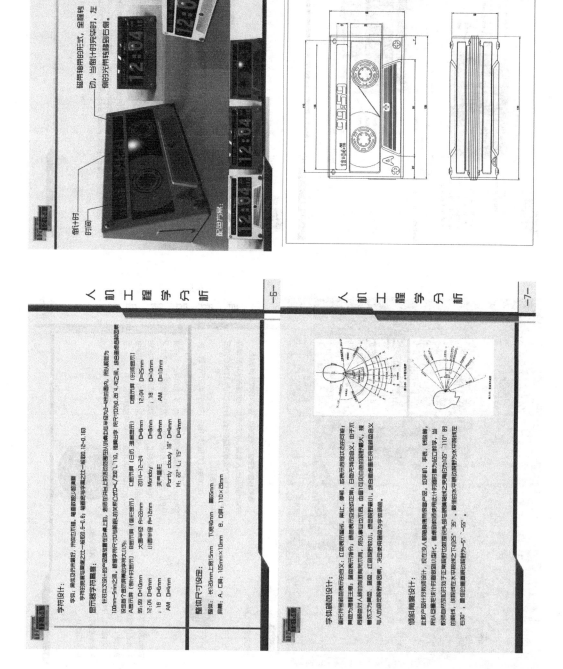

天津城建大学城市艺术学院
TIANJIN CHENGJIAN UNIVERSITY

天津城市旅游地理信息系统终端机测量

Tianjin city tourism geographic information system terminal measurement

高杰 张琛琪 毕生峰 吴静 熊倩倩

天津城建大学城市艺术学院
TIANJIN CHENGJIAN UNIVERSITY

天津城市旅游地理信息系统终端机测量
Tianjin city tourism geographic information system terminal measurement

不同年龄人群使用终端机

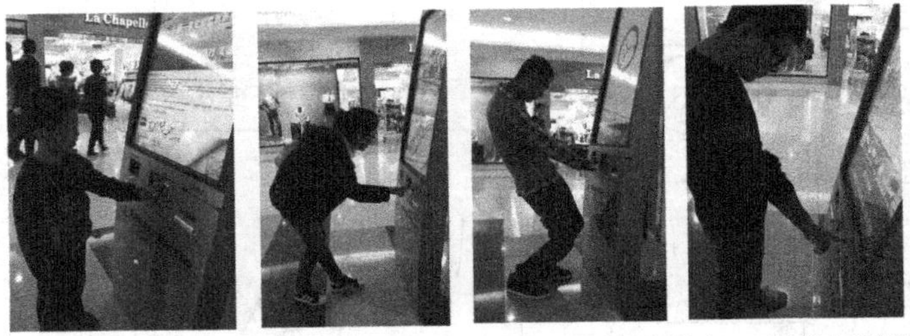

不难发现不同年龄人群使用终端机都相对会有不舒服的地方，可以看出终端机的数字按键偏低，可供儿童正常使用而相对成年人就要弯下腰操作，而且成年人的视角看不到上两排的按键，给人们的操作带来许多麻烦。

天津城建大学城市艺术学院
TIANJIN CHENGJIAN UNIVERSITY

天津城市旅游地理信息系统终端机测量
Tianjin city tourism geographic information system terminal measurement

终端机三视图

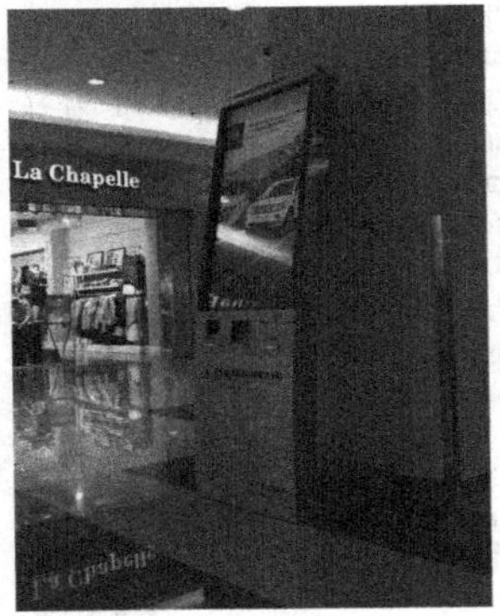

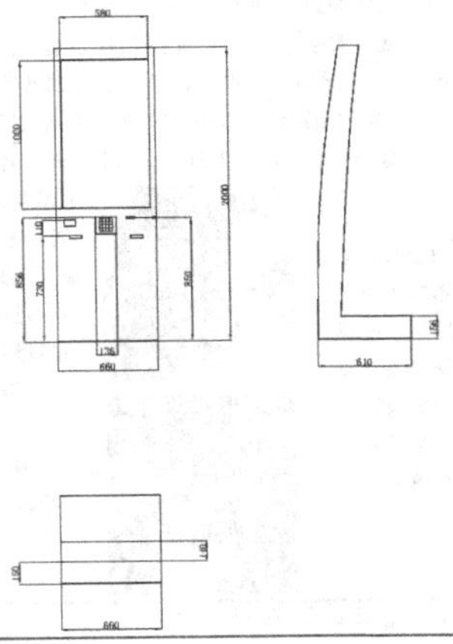

天津城建大学城市艺术学院
TIANJIN CHENGJIAN UNIVERSITY

天津城市旅游地理信息系统终端机测量
Tianjin city tourism geographic information system terminal measurement

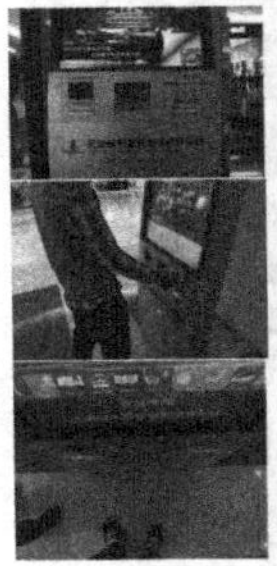

终端机的不足及不符合人机工程学的细节：

①终端机数字按键偏低；

②刷卡口设计不足，不符合力学原理；

③数字按键向内的倾斜角度。

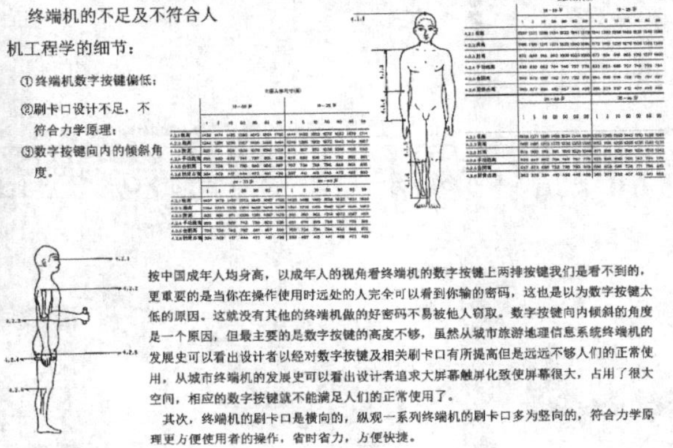

按中国成年人均身高，以成年人的视角看终端机的数字按键上两排按键我们是看不到的，更重要的是当你在操作使用时远处的人完全可以看到你输的密码，这也是以为数字按键太低的原因。这就没有其他的终端机做的好密码不易被他人窃取。数字按键向内倾斜的角度是一个原因，但最主要的是数字按键的高度不够，虽然从城市旅游地理信息系统终端机的发展史可以看出设计者以经对数字按键及相关刷卡口有所提高但是远远不够人们的正常使用，从城市终端机的发展史可以看出设计者追求大屏幕触屏化致使屏幕很大，占用了很大空间，相应的数字按键就不能满足人们的正常使用了。

其次，终端机的刷卡口是横向的，纵观一系列终端机的刷卡口多为竖向的，符合力学原理更方便使用者的操作，省时省力，方便快捷。

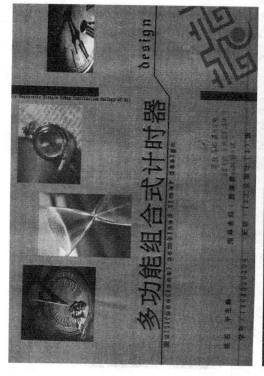

多功能组合式计时器
design

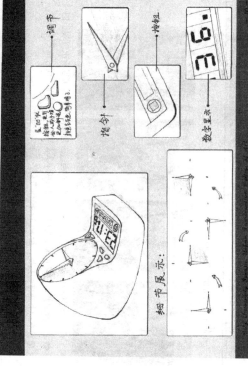

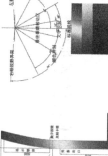

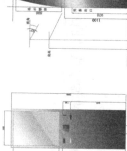

天津城建大学 城市艺术学院
TIANJIN CHENGJIAN UNIVERSITY

优化与改进

1. 终端机数字按键位置优化

2. 终端机刷卡口走向优化

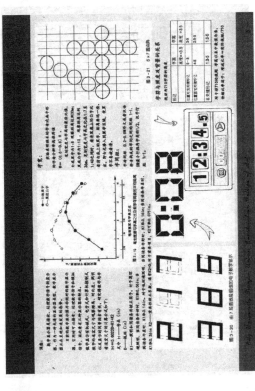

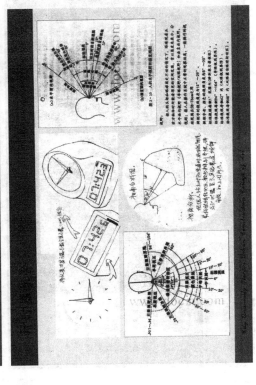

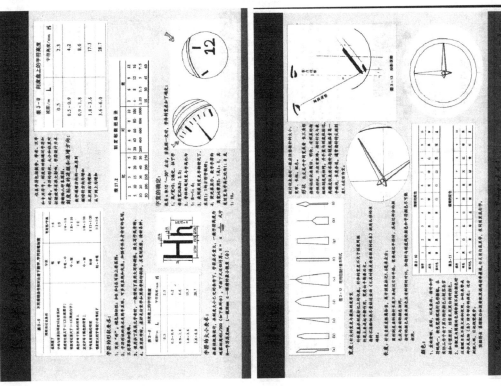

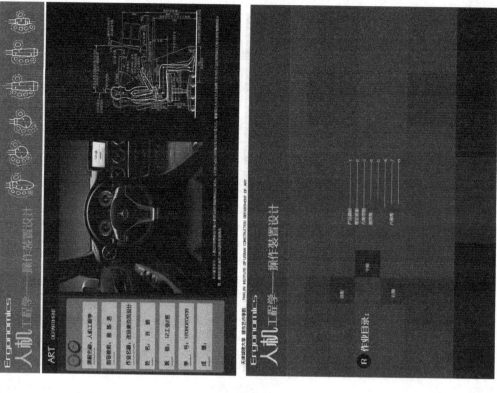

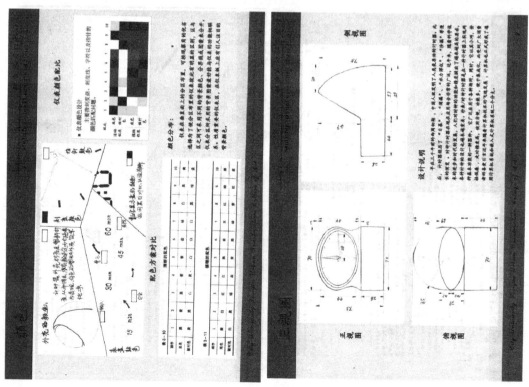

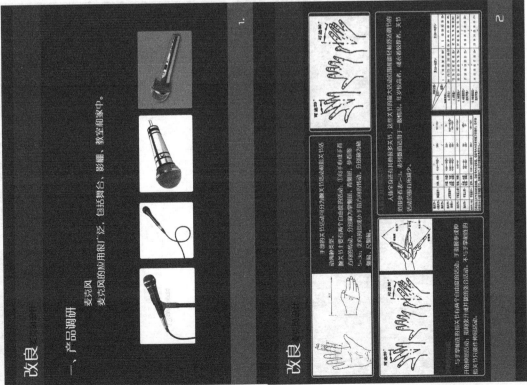

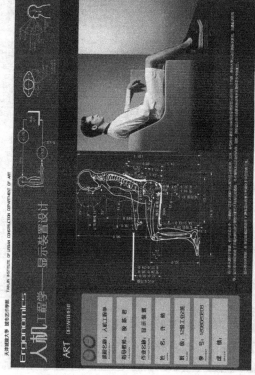

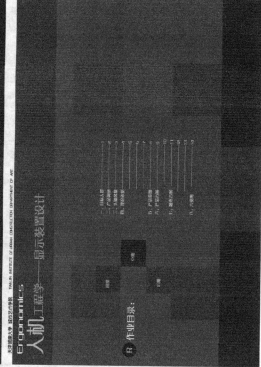

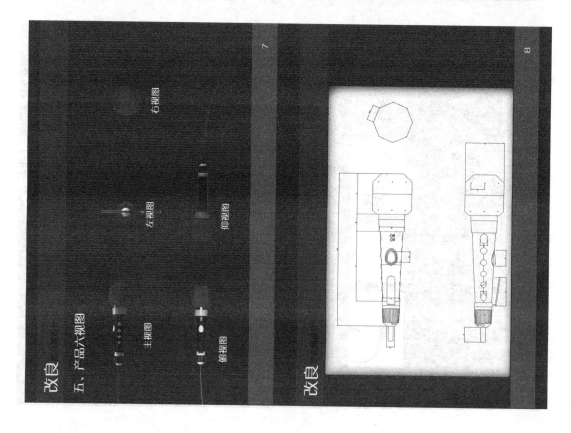

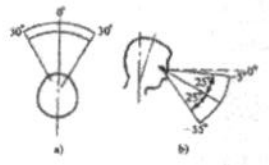

天津城建大学 城市艺术学院 TIANJIN INSTITUTE OF URBAN CONSTRUCTION DEPARTMENT OF ART

人机工程学——显示装置设计 Ergonomics

ART DEPARTMENT

六、产品方案

天津城建大学 城市艺术学院 TIANJIN INSTITUTE OF URBAN CONSTRUCTION DEPARTMENT OF ART

人机工程学——显示装置设计 Ergonomics

ART DEPARTMENT

根据人机工程学第4章显示装置设计和环境（教师授课、学生听课），并且不会打扰正常课堂教学。产品声音提示即应符合距离与声音的关系。

根据人机工程学第4章显示装置设计，产品的操作应该更加简洁，图形和图象应该设计得更加准确即进一步人性化。

天津城建大学 城市艺术学院 TIANJIN INSTITUTE OF URBAN CONSTRUCTION DEPARTMENT OF ART

人机工程学——显示装置设计

根据人机工程学第四章显示装置设计，评估高度、限高、人与台台的距离要求。

计算得出

人机尺寸结论表		
立姿眼高	1540~1740mm	60°~8°
进台高度	1300mm	视角
人与进台距离	1700~2000mm	视距 740~2048
进台与眼高差	240~440mm	字符高度 2.1~8
	视距	740~2048mm

人机工程学——显示装置设计

天津城建大学 城市艺术学院 TIANJIN INSTITUTE OF URBAN CONSTRUCTION DEPARTMENT OF ART

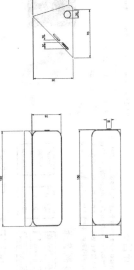

随着计时的顺时针转动，显示该段时间在全量程中的位置。

倒计时1min时，数字变为红色以提醒。

倒计时时开始。

点击计时后后出现这个界面。

13.

人机工程学——显示装置设计

天津城建大学 城市艺术学院 TIANJIN INSTITUTE OF URBAN CONSTRUCTION DEPARTMENT OF ART

八、产品三视图

14.

人机工程学——显示装置设计

天津城建大学 城市艺术学院 TIANJIN INSTITUTE OF URBAN CONSTRUCTION DEPARTMENT OF ART

产品字符高度为 8mm

倾斜角度为30°

长为150mm，高70mm

提示音参照电子时钟，提示音"滴"，时长1s，50日。

12.

人机工程学——显示装置设计

Ergonomics

天津城建大学 城市艺术学院 TIANJIN INSTITUTE OF URBAN CONSTRUCTION DEPARTMENT OF ART

ART

七、最终方案

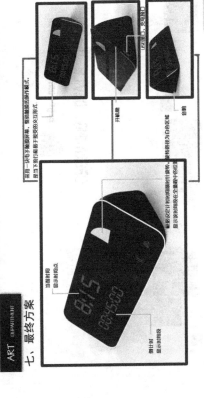

11.

OPERATING DEVICE DESIGN
Ergonomic operation

姓 名：章慧慧
班 级：工业设计1班
学 号：1208020114
指导老师：殷陈君

CONTENTS

设计目的

操作装置是设计的在于我们在工上我们了解操作键人的手足尺寸与人体关节活动，控制精度的改变以及其选择标准。控制器设计中的人机因素，为能控制器的编码等方法。设计出更符合人机工程的操作装置，不产生误操作达到安全、舒适、高效。

课题选择

- 脚动操纵器
- 手动操纵器 —— 旋转式 / 按压式 / 移动式 —— 开关式 / 转换式 / 调节式 / 紧急停车
- 声控操纵器
- 按脑部按钮与手柄 —— 手柄＋按键

调研

用途：用于医疗检查探测的仪器

工作原理：将电信号等变换为超声波信号或相反，地将超声波发送，进行电子，信号接收，信号转换，能够将由主机发送来的电信号转换为超声波高频信号，又能将从组织纹理反射回来的超声声回波信号，信号传递，显示在主机的显示屏上。

分类：凸阵探头、线阵探头、高频线阵、腔体探头、心脏探头、相控阵

探头：凸阵探头、三维探头

使用人群：医生、医务人员

使用环境：医院

现有产品：

操作装置设计人机工程资料

手足尺寸与人体关节活动

人体手足尺寸是操纵操尺寸设计的的基本依据，据/T 10000—1988找出了中国成年人的手部基本尺寸，和足部基本尺寸。

操作装置需要手掌受力分析

与手掌相连的腕关节有有两个自由度的活动，手指屈伸或伸开的伸屈活动；掌向端开或向尺侧的基合活动，不与手掌相连的指关节能作伸屈活动。在工作或生活中，人们使用器械、操纵机器，只有手掌需要使用腕关节的屈？、握力、指力。

手部关节活动范围手部前的关节无论可分为腕关节活动和腕关节活动两种类型。腕关节主要有两个可自由度的活动：①向手心或向手背方向的屈伸活动，角度为屈腕，背腕活动，分别能为掌侧屈、背侧屈，参看图5-3a；②向桡所指侧小手指。

| | | 身体主要部位 | 产生力值 |

三视图

10

11

医疗操作案整效果图及说明

说明：

根据医生倾诊是通过探头产生人射线（红外线）来探听，远离收集和起声

效（回波）来，它通探头收集病人的声部，这探测头先录制病人的手部数

部，电收的的小机工程学设计的，探头为一体，将你上，探

拍病的红色起示灯用于调节到操作的方位上，探

只于对的工作的结检到操作的处和回路，形状视

头中部的绿色起示灯，闪烁明为此起，他入直接的感受是用

笔头相形产，细握笔的手势，

换指按钮

绿色显示灯

黑白显示灯

电源灯

手握处为状硅胶

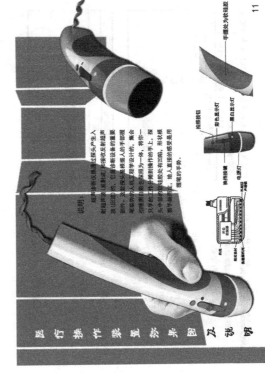

4

手柄的形状及其解剖学分析

按键相关人机工程

手握直径：32～50

尺寸长度：150～250

最大最大转动角度：

45°（左右）

30°（前后）

按键：分级调节，采用双工作位

5

坐姿手臂操纵力的测试方位方向和指向

坐姿的手臂操纵力（中等体力的男子，右利者）

握力：在两臂自然下垂，手掌向内（即手掌朝

向大腿）执握握力器的条件下测试，一般男子

优势手的握力为自身体重的47%～58%；

女子为自身体重的40%～48%。但年经人

的瞬时最大握力常高于这个水平。非优势手

的握力小于手优势手。随着施力持续时间加长

，力量逐渐减小。例如以来坐类型肌力持续线

到4min时，就会表减到最大值的1／4左右；

且肌力表减到最大值1／2所经历的持续时间

，对多数人是基本相同的。

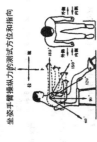

Contents

设计目的：

作　业：计时显示器的设计。人机工程课程
的作业。使用人群是教师，为教师上课提供好
的计时显示。应用于上课时间，设计计时显
示器主要涉及之，预计符合教室主要音乐和人机
工程，涉及人的感觉和知觉，感觉器官的基本
感觉类型，感觉的基本特征，视觉机制、视觉
特征、视觉特征，听觉特征。

分　类：刻度指针计时器、数字计时器

使用人群：大学教师

使用环境：大学教室、多媒体教师、置于讲台
之上

现有产品：

视觉显示装置人机工程资料

视觉显示装置主要是符合人的视觉机制和视觉特征

视觉机制包括波长和强度效应、视角、视
力、视野、视距、视觉、色觉。

a) 最佳的水平直接视野（双眼） b) 最佳的垂直直接视野

色觉

通过上图与表格数的对比选用黄色、底色黑色视角大对比度高

教师计时显示装置效果图

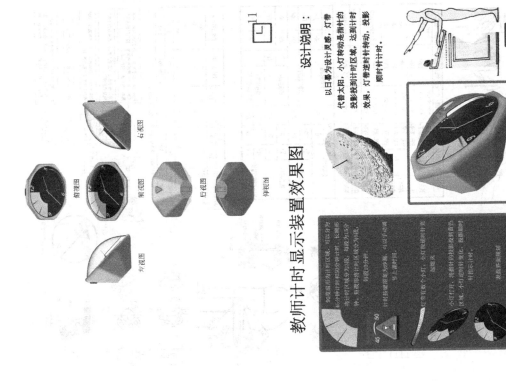

俯视图　前视图　后视图　仰视图　侧视图　附视图

设计说明：

以日暮为设计灵感，灯带代替太阳，小灯转动是指针的投影投到计时区域，远测计时投影效果，灯带逆时针转动，投影顺时针计时。

90处最后为计时区域，可以分为45分钟计时和50分钟计时两种，长针是将计时区域分为块，每段为15分。如扇形计时区分为块，每段为0.5分钟。

计时按显着亮为得屏幕。

计时一个专属有两个小灯，小灯板逆时针发光亮灭。

小灯打开，亮度针的投影投影黄色区域，小灯逆时针变化，投影闪时针打示针。

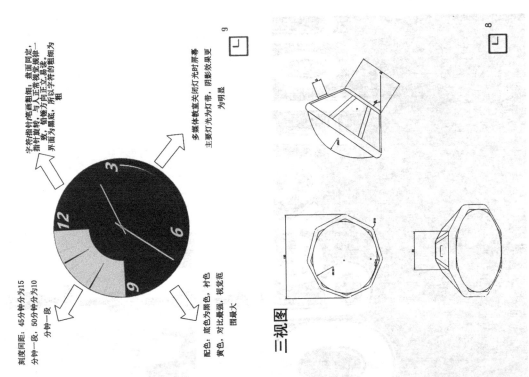

三视图

刻度间距：45分钟分为15分钟一段，50分钟分为10分钟一段。

字符指针笔画粗细，盘面同宽，指针旋转，与正常视觉规律一致，单练为向正文字体，界面为黑底，所以字符的粗细为粗

多媒体教室关闭灯光时屏幕主要灯光为灯带，阴影效果更为明显

配色：底色为黑色，衬色黄色，对比最强，视觉范围最大

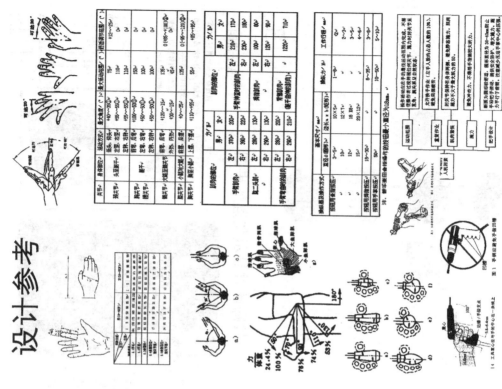

设计参考

ERONOMICS

Operation

姓名：朱磊
班级：工业三班
学号：120800319
指导老师：魏陈君

顶视图　　右视图

主视图　　后视图

左视图　　仰视图

RELAX
DESIGN
TIME
DISPLAY
SHOW
TEACH
BYE
DESIGN

ZX Timer

电动手摇钻效果图

效果图

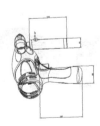

三视图

使用场景图

使用动作场景

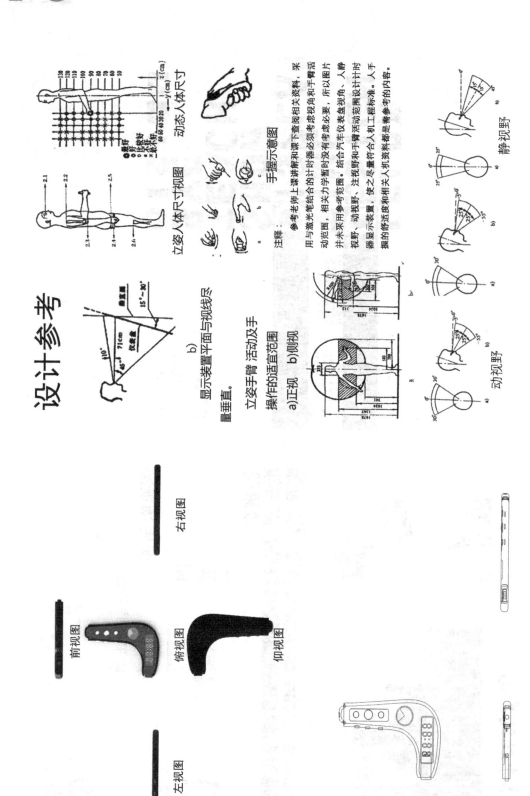

设计参考

动态人体尺寸

立姿人体尺寸视图

手握示意图

显示装置平面与视线尽量垂直。

立姿手臂活动及手操作的适宜范围
a)正视 b)侧视

静视野

动视野

注释：
参考老师上课讲解和课下查阅相关资料，采用与激光笔结合的设计时器必须考虑视角和手臂活动范围，相关力学暂时没有考虑必要，所以图片并未采用参考范围。结合汽车仪表盘视角、人静视野、动视野，注视野和手臂活动范围设计时时器显示装置，使之尽量符合相关人机工程标准。人手握的舒适度和相关人机资料都是需参考的内容。

右视图

左视图

前视图

俯视图

仰视图

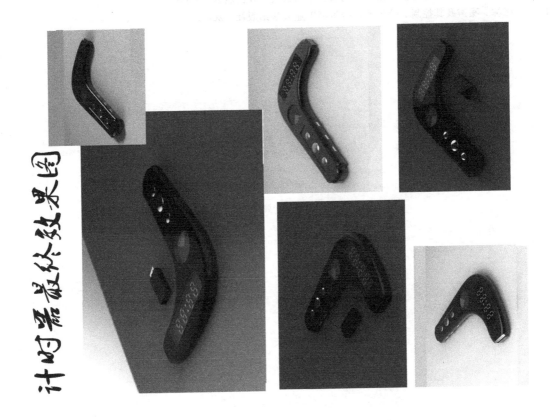

计时器罩壳效果图

参 考 文 献

[1]　阮宝湘，董明明，邵祥华. 工业设计人机工程. 第 2 版. 北京：机械工业出版社，2010.
[2]　丁玉兰. 人机工程学（修订版）. 北京：北京理工大学出版社，2000.
[3]　[美] Mark Sanders，Ernest J McCormick. 工程和设计中的人因学. 北京：清华大学出版社，2009.
[4]　张绮曼，郑曙旸. 室内设计资料集. 北京. 中国建筑工业出版社，1991.
[5]　刘怀敏. 人体工程应用与实训. 上海：东方出版中心，2011.
[6]　刘峰，朱宁嘉. 人体工程学. 沈阳：辽宁美术出版社，2011.
[7]　徐磊青. 人体工程学与环境行为学. 北京：中国建筑工业出版社，2006.
[8]　柴春雷，汪颖，孙守迁. 人体工程学. 北京：中国建筑工业出版社，2007.
[9]　钱燕. 基于无障碍化设计的感官代偿产品设计研究. 中国知网，2007.
[10]　常怀生. 环境心理与室内设计. 北京：中国建筑工业出版社，2000.
[11]　张林. 噪声及其控制. 哈尔滨：哈尔滨工业大学出版社，2002.